自動車軽量化と複合材料

Lightweight and Composite Materials for Automobiles

《普及版／Popular Edition》

監修 金原　勲，松井醇一

シーエムシー出版

巻頭言

2008年秋以降，米国の金融危機に端を発して，瞬く間に世界中に広がった大不況の直撃を受けた自動車業界の苦境は，いまだ出口が見えない状態が続いている。一方で，より安全で環境負荷の少ない持続可能な車社会実現のためのロードマップを明確に打ち出す要請は世界的にますます強まっている。自動車に対する社会的要請は環境面および安全面から多岐にわたり，「軽量化」ひとつをとっても，軽量材料を適材適所に使う最適設計が必要とされ，いわゆる「マルチマテリアル」戦略により，先を見据えた総合的な取り組みが必要とされる。

これまで自動車用軽量材料に対する総合書は数多く出版されているが，本書では，従来は「その他の材料」として紹介されることが多かった「プラスチックおよび繊維強化複合材料」を中心に据えて，「材料技術先導性」の観点から，自動車軽量化のための材料技術開発の現状と将来を展望する。

とくに，2003～2007年に行なわれた革新温暖化対策プログラム「自動車軽量化炭素繊維複合材料の研究開発」の成果を詳しく紹介する。航空宇宙を中心に発展してきたキーマテリアルである炭素繊維複合材料（CFRP）を自動車のような量産型製品へ応用するには，補修，廃棄，再生，コストパフォーマンスを含めた「材料システム」としての最適化が必要であり，開発内容も異なるいくつかの要素技術を包含する多元的なものとなった。いずれも我が国の強みである材料技術として，世界に発信しうる基盤技術成果と考えられる。

本書の構成は，地球環境問題と自動車軽量化から，自動車と複合材料との関わり，プラスチック化が進む自動車部品の現状，CFRPの自動車への応用，自動車軽量化CFRP研究開発成果，自動車用複合材料の内外の事例紹介，次世代自動車への複合材料適用可能性について総合的な見地から論述したものである。

本書の出版が，21世紀の大転換期に生き残りをかけて日夜奮闘されている自動車・関連業界の方々および素材・化学メーカーの方々に，「材料技術先導性」という観点から次世代自動車を構想していただく一助となれば望外の幸せである。

平成22年9月

金原　　勲
松井　醇一

普及版の刊行にあたって

本書は2010年に『自動車軽量化のためのプラスチックおよび繊維強化複合材料』として刊行されました。普及版の刊行にあたり，内容は当時のままであり加筆・訂正などの手は加えておりませんので，ご了承ください。

2016年９月

シーエムシー出版　編集部

執筆者一覧（執筆順）

金原　勲	金沢工業大学　副学長・教授；ものづくり研究所　所長；大学院工学研究科　高信頼ものづくり専攻主任
髙橋　淳	東京大学　大学院工学系研究科　システム創成学専攻　教授
松井醇一	金沢工業大学　客員教授
山中　亨	東レ㈱　オートモーティブセンター　所長
大村昭洋	東レ㈱　樹脂技術部　部長
寺田　幹	東レ㈱　自動車材料戦略推進室　課長（研究・技術担当）
北野彰彦	東レ㈱　複合材料研究所　所長
山口晃司	東レ㈱　オートモーティブセンター　課長代理
野間口兼政	金沢工業大学　大学院工学研究科　高信頼ものづくり専攻　客員教授；㈳強化プラスチック協会理事　樹脂ライニング工業会　会長
今泉洋行	三菱化学㈱　コーポレートマーケティング部　自動車関連事業推進センター　開発グループ
大高　淳	BASF ジャパン㈱　ポリマー本部　ゼネラルマネージャー
阿部　徹	ディーフェンバッハー社　成形部門　コーディネーター
吉田智晃	クオドラント・プラスチック・コンポジット・ジャパン㈱　営業・市場開発部　ヘッド
鈴木繁生	日立化成工業㈱　自動車部品事業部　車体系樹脂コンポーネンツ部門　開発部　主任技師

執筆者の所属表記は，2010 年当時のものを使用しております。

目　次

はじめに ― 自動車軽量化のマルチマテリアル戦略　金原　勲

第1章　地球環境問題と自動車軽量化　髙橋　淳

第2章　自動車と複合材料との関わり　松井醇一

第3章　プラスチック化が進む自動車部品

第4章　炭素繊維複合材料の自動車への適用　**北野彰彦**

第5章　革新温暖化対策プログラム「自動車軽量化炭素繊維複合材料の研究開発」　**山口晃司**

第6章　材料技術先導性から見た自動車用複合材料の諸問題　**野間口兼政**

はじめに－自動車軽量化のマルチマテリアル戦略

金原　勲*

1　自動車軽量化への取り組み

自動車を輸送機器として，航空機，船舶，鉄道車輌と比較した場合，自動車が一般個人にも使用される民需品であること，大量に（または多量に）生産されること，道路を走るものであるという3つの点から，能力，形状，構造，外見などが制約を受け，自動車の特徴が生まれてくる。自動車も軽ければ軽いほど移動体としてあらゆる面でメリットが大きく，経済的な相乗効果が生まれてくるが，軽量化されたものの生産コスト，維持コストがその効果に見合わない場合には採用されないのが普通である。このため，自動車では軽量材料を採用するよりも，より効果的な設計，工作によってシャシーやボディ構造の強度や剛性を犠牲にすることなく，重量を軽減することが最も望ましいとされてきた。航空機に端を発した応力外皮構造による構造軽量化思想の普及も，自動車のみならず車両等の輸送機器の軽量化に大きな役割を果たしてきた[1]。

しかしながら，1990年代になると，車体の衝突安全性の向上，エンジン排気システムの改良，安全装置の追加や車内快適設備の標準化が進められ，車両重量が増加する傾向が強まった。また，1990年代後半以降は，地球温暖化防止の観点から，自動車のCO_2排出量削減や燃費規制が世界的な潮流となり，いったん増加した車両重量を元に戻す以上の，更なる重量軽減のための様々な手法が広範に検討されるようになってきた。

現在，金属材料は自動車重量の80％以上を占めており，このうちスチールは約70％を占める主要材料であり，その確立された生産技術と量産性の高さから，スチールベースの材料で軽量化の可能性を探ることは最もインパクトが大きい。世界鉄鋼協会ではULSAB（Ultra Light Steel Auto Body）(1994～98年)，ULSAB-AVC（Ultra Light Steel Auto Body-Advanced Vehicle Concepts）(1999～2002年）など一連のスチール製超軽量車プロジェクトに引き続き，2008年からFSV（Future Steel Vehicle）プロジェクトで次世代車におけるスチール製車体の最適構造の提案を推進しており，2020年をターゲットに，ハイテン（高張力鋼板）と新たな加工技術の適用で車体の35％軽量化を図ろうとしている[2]。

---

*　Isao Kimpara　金沢工業大学　副学長・教授；ものづくり研究所　所長；大学院工学研究科　高信頼ものづくり専攻主任

プラグインハイブリッド車（PHEV），電気自動車（BEV），燃料電池車（FCEV）などの環境対応車の需要は世界的にますます高まっている。これらの次世代車は，モーターやバッテリー等の機能部品の重量が増えるため，ボディの一層の軽量化が求められる一方，エンジンよりも小さいモーターが搭載されることにより，フロント部の設計自由度が高まり，衝突安全性の確保を前提にフレーム構造が大きく変わる可能性があると考えられている。このため，最新の材料と工法を駆使した設計自由度が一段と大きくなることから，スチール以外の軽量材料の適用範囲が広がることが予想される。

金属の中でも，非鉄金属は自動車重量の約10％と比率は高くないが，軽金属としてアルミニウムの車体への採用が増加しつつあり，さらに最軽量のマグネシウムなどの従来は一部にしか使われていなかった材料も適用拡大が検討されている。一方，非金属材料は約20％であるが，このうちプラスチック（樹脂）は8％くらいでアルミニウムと同程度である。最近では従来から使われていた内装部品に加え，エンジン部品や外装部品にも使用が拡大されてきたが，強度の必要なボディ外板パネルへの適用は繊維強化プラスチック等のまだ一部に限られる。プラスチックは，使用される種類が多いためリサイクルが難しく，自動車材料として敬遠される傾向もあったが，プラスチックの使用量は10％くらいに増加してきており，体積では50％を越え，自動車の軽量化にとってなくてはならない存在になっている[3)]。

徹底した軽量化を行うためには，軽量材料を適材適所に使う最適設計が必要であり，このようなアプローチは一般に「マルチマテリアル」設計と呼ばれる。世界的な「省エネ・省力化」，「温暖化ガス削減」への要請により，また，次世代自動車の実用化を加速するためにも，自動車に対する軽量化への要請は緊急の課題であり，あらゆる自動車材料に目を向けた軽量化プロジェクトが検討されている。自動車の設計自由度が増大する中で全体最適化を追求するため，マルチマテリアル設計にはライフサイクル・エネルギー・コスト・マネジメントの視点を取り入れることが必須となっている。

2　繊維強化複合材料としてのFRP

一口に繊維強化プラスチック（FRP）と言っても，強化繊維のみならず，マトリックス樹脂も多種多様である。強化繊維はガラス繊維（GF）が89％と大部分を占め，炭素繊維（CF）やアラミド繊維（AF）の生産量はそれぞれ0.6％，0.4％であり，非常に少ない。また，マトリックス樹脂から見れば，熱硬化性樹脂（Thermosets：TS）(70％）をマトリックスとするFRTSと，熱可塑性樹脂（Thermoplastics：TP)(30％）をマトリックスとするFRTPとに大別される。

このように強化繊維全体の0.6％の生産量しかない炭素繊維が注目されるのは，その中心的存在であるポリアクリロニトリル（PAN）を原料とするPAN系炭素繊維が日本発の技術であり，炭素繊維製造はその黎明期から日本企業が先導し，国内の3メーカおよびその海外系列会社による世界シェアは約70％を維持しているからである。しかし，炭素繊維利用技術は航空宇宙を中心に欧米主導で行われ，国内需要は世界生産量の15％程度しかない。構造軽量化が燃費という形で直接的な経済効果がもたらされるため，炭素繊維複合材料（CFRP）を最も必要とする航空機では，ボーイング社とエアバス社の熾烈な競争を背景に，従来の二次構造部材から尾翼・床支持材のような一次構造部材に適用が拡大され，ボーイング社の次世代旅客機787では尾翼・主翼・胴体等の構造重量の約50％にCFRPが用いられるまでに至っている。これに伴い，我が国の航空機メーカの生産比率も全体の35％に増加しているが，これには優れたCFRP構造成形技術とともに低コスト・高効率で生産ラインをまとめる我が国の技術力の高さが国際分業に貢献している。

このような発展は，品質均一性に優れる炭素繊維／熱硬化性樹脂の「プリプレグ」のオートクレーブ成形技術の確立によりもたらされた。航空機のような徹底した品質・信頼性保証を他の輸送機器の分野にそのまま転用することは困難であるが，複合材構造システムとしてのあり方は本質的に共通している。最も大きなポイントは，プリプレグの積層という効率の低い製造方式の転換をはかりながら，インプロセスの品質保証体制，ライフサイクルにわたるコストとパフォーマンスのバランスをどうとるかにかかってくる。航空機分野でも，熱硬化性樹脂だけでなく，熱可塑性樹脂複合材料も着実に適用範囲を広げており，VaRTM（Vacuum-assisted Resin Transfer Molding）のような大型CFRP部材の低コスト成形も検討されている。

FRPと地球環境との関わりでは，プラス要因は，航空機・自動車等の輸送機器の軽量化・耐久性向上によるエネルギー消費の減少で，軽量化による燃費減少は民間航空機で証明されている。マイナス要因は，製造・廃棄段階の環境負荷が大きいこと，また，本質的にリサイクル性が欠如していることである。

たとえば，航空機の次に期待されている自動車分野への参入については，製造プロセスの転換のうえで，大きな技術的課題があり，CFRPの自動車への適用は高級スポーツカー等の特殊な場合に限られていた。しかし，昨今の地球温暖化防止新技術への要請が急務となり，自動車軽量化のためにCFRPの本格的採用が再び注目され，欧州で行われたTECABS（Technologies for Carbon-Fiber Reinforced Modular Automotive Body Structures）(2000～2004年）では，三次元炭素繊維プリフォームとRTM（Resin Transfer Molding）成形によるCFRP一体構造の採用により，フロアパンをスチール比で50％軽量化，部品点数の70％削減を実現したという。

CFRPの自動車のような量産型製品への応用に際しては，補修，廃棄，再生，コストパフォーマンスを含めた「材料システム」としての最適化が必要であり，開発目標も異なるいくつかの要素技術を包含する多元的なものとなる。たとえば，2003～2007年のNEDOの革新温暖化対策プログラム「自動車軽量化炭素繊維複合材料の研究開発」では，ハイサイクル成形技術，設計技術，接合技術，リサイクル技術の4つの課題を掲げて進められた。超軽量・安全設計のCFRP車体を開発するために，スチール比で50％軽量化，1.5倍安全なCFRP製プラットフォームの設計・製作，試験評価が行われているが，開発の最も大きなポイントは，熱硬化性樹脂を用いながら，30,000台／年という生産量に見合う生産速度を想定し，成形サイクル10分以内というハイサイクル成形の実現にあった。

自動車はコストを抑えて，パフォーマンスの向上を目指してきた。航空宇宙分野では，コストを度外視してきたが，現在ではパフォーマンスは少々落としても大幅なコストダウンが要求されている。コストとパフォーマンスの関係はプロセスを抜きにしては考えられない。複合材構造のコストとパフォーマンスは単純な比例関係にはないので，パフォーマンスを少し落とすだけで，大幅なコストダウンができる可能性がある。一般に繊維の連続性と配向性を高めるほど，複合材のコストとパフォーマンスが大きくなるが（図1），これまではともすれば両極端のみが取り上げられ，中間領域の検討があまり行われてこなかったきらいがある。とくに基材については，繊維プリフォームの多様化とマトリックス樹脂の選択により，高効率な成形プロセスへの転換を図っていくことが求められるであろう。また，マトリックス樹脂も熱硬化性樹脂から熱可塑性樹脂への転換やハイブリッド化も本格的に検討されるであろう。

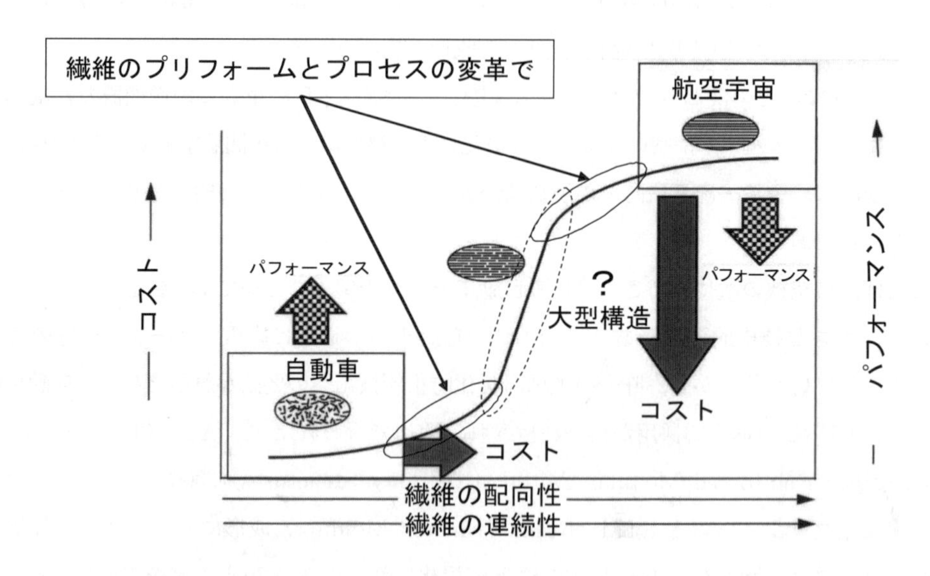

図1　繊維強化複合材料のコスト・パフォーマンスと繊維の配向性・連続性の関係

3　本書の構成

本書では，自動車材料の 80 %を占める金属材料以外の「その他の材料」として紹介されることが多かった「プラスチックおよび繊維強化複合材料」を中心に据えて，「材料技術先導性」の観点から，自動車軽量化のための材料技術開発の現状と将来を展望する。とくに，2003 ～ 2007 年に行なわれた NEDO 革新温暖化対策プログラム「自動車軽量化炭素繊維複合材料の研究開発」の成果を系統的に紹介し，自動車軽量化のためにプラスチックおよび繊維強化複合材料の果たす役割の拡がりの中に位置づけることを主目的としている。本書は 6 章から構成され，各章の内容は以下の通りである。

第 1 章　地球環境問題と自動車軽量化

地球環境問題の観点から，マクロな省エネ目標における自動車軽量化の意義を LCA の視点から説明する。本書のプロローグとして位置づける。

第 2 章　自動車と複合材料との関わり

複合材料の歴史から見て，複合材料の自動車への適用は古くから行なわれてきた。これらを展望して，温故知新の観点から今後への指針とする。

第 3 章　プラスチック化が進む自動車用部品・材料

自動車部品プラスチック化の現状について，各種材料特性と事例を紹介し，部品設計による軽量化，素材融合による軽量化への取り組みについて述べる。

第 4 章　炭素繊維複合材料の自動車への適用

炭素繊維複合材料の自動車部品への適用のこれまでの取り組みについて，欧州車，米国車，日本車における事例を紹介し，次世代自動車における可能性について論じる。

第 5 章　革新温暖化対策プログラム「自動車軽量化炭素繊維複合材料の研究開発」

プロジェクトの研究成果をハイサイクル一体成形，異種材料との接合技術，安全設計技術，リサイクル技術のテーマごとに述べる。ナショプロの成果として，まとまった技術資料を提示する。

第 6 章　材料技術先導性から見た自動車用複合材料の諸問題

新材料技術として，ガラスの樹脂化，エンプラの適用，LFT，GMT およびそれらの応用例を紹介し，材料技術先導性の可能性を論じる。

文　　献

1）坪井　信男，第 31 章　自動車，林　毅　編：軽構造の理論とその応用　下，㈶日本科学技術連盟，p.505（1966）
2）しんにってつ　2010 年 5 月号，p.8（2010）
3）間瀬　清芝，自動車技術 Vol.63，No.4，p.4（2009）

第1章　地球環境問題と自動車軽量化

髙橋　淳*

1　はじめに

輸送機器の軽量化が燃費向上や温暖化対策に効果的であることは明白であるが，超軽量構造材であるCFRP（炭素繊維強化熱硬化性プラスチック）はコスト，信頼性，生産性（製造速度，二次加工性），リサイクル性などの観点から汎用輸送機器にはほとんど採用されていない。しかしながら，中国・インドをはじめとする非OECD諸国の今後の人口増加と経済発展が，現在以上のグローバルな環境・エネルギー問題を引き起こすのはそれほど遠い将来のことではなく，適用可能な省エネ技術を総動員する必要がある。しかし，何から手を付ければよいのか。その場しのぎではなく，中長期的にも役に立つ技術開発とは何なのか。

以下では，このような状況における意志決定のためのLCA（Life Cycle Assessment）とマクロ分析の考え方を紹介し，そこから導かれる自動車の軽量化とCFRPを例にとった樹脂材料の技術開発の方向性について考察する。

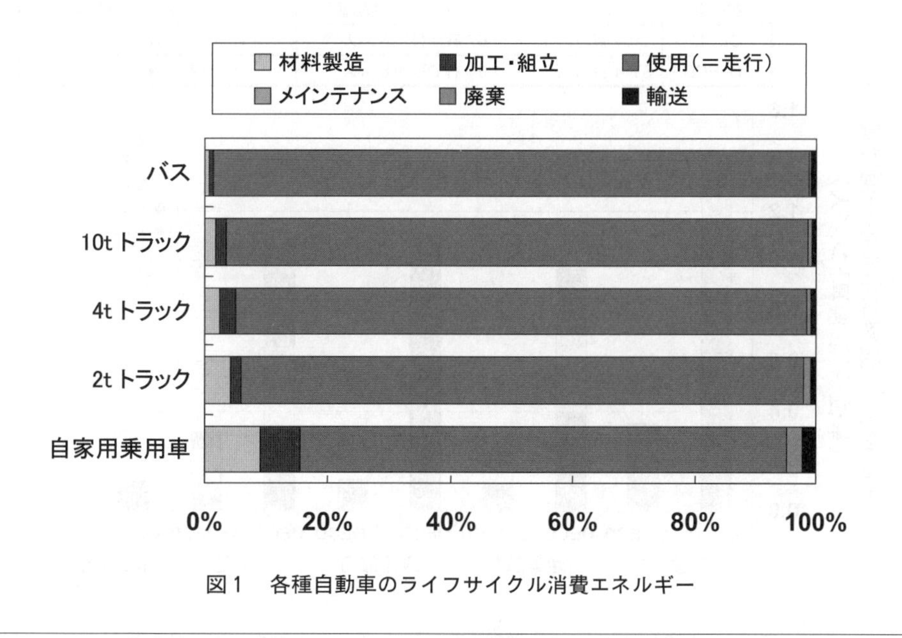

図1　各種自動車のライフサイクル消費エネルギー

＊　Jun Takahashi　東京大学　大学院工学系研究科　システム創成学専攻　教授

2　LCA とマクロ分析

LCA は資源・環境制約下での技術開発の方向性を考察するにあたっての情報を提供するツールとして有効である。例えば，図 1 は様々な自動車のライフサイクルでの消費エネルギーの割合を示しており，どのタイプの自動車においても走行時のエネルギー消費量が圧倒的に大きいこと，またその傾向は大型車ほど顕著であることなどが読みとれる。すなわち，自動車単体の技術開発で考えると，材料製造や加工組立の省エネよりも軽量化などの燃費向上化技術の効果が高いことが理解できる。

しかし，そのような自動車単体の技術開発自体が世界全体の省エネや温暖化対策に役に立つのかについては，もう少しマクロな視点から見る必要がある。すなわち，例えば図 2 は一人あたりのエネルギー消費量を OECD 諸国と非 OECD 諸国に分けて示したものであり，まず，運輸部門がほとんど石油のみに依存していることがわかる。また，図 3 は日本の例ではあるが，運輸部門でのエネルギー消費のほとんどが自家用乗用車とトラックによることがわかる。すなわち，このままでは，非 OECD 諸国のモータリゼーションにより石油はまず間違いなく供給不足になり，天然ガスも将来的には同様であって，短～中期的には自動車の燃費向上が，また，中～長期的には自動車燃料の脱化石資源化が課題であることが理解できよう。

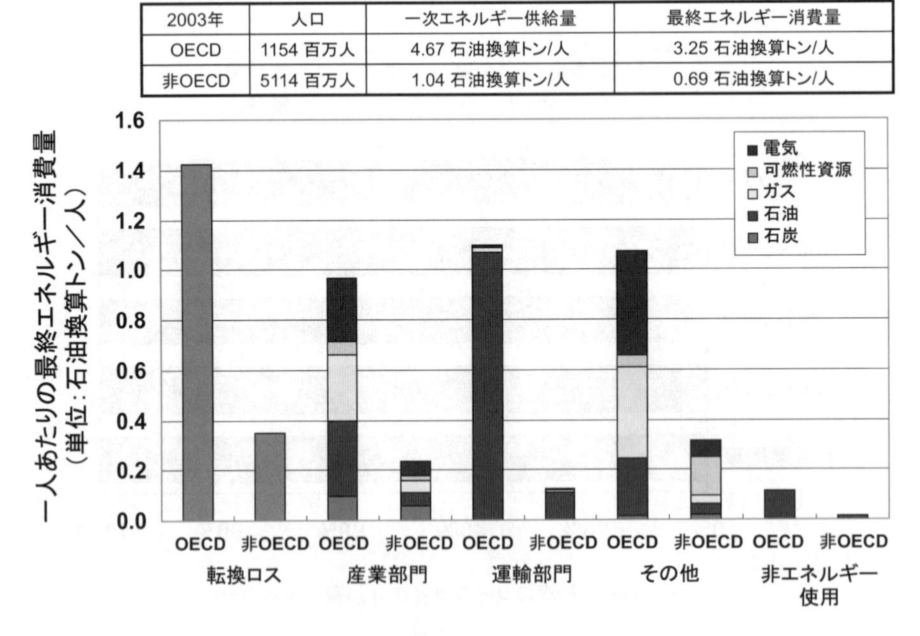

2003年	人口	一次エネルギー供給量	最終エネルギー消費量
OECD	1154 百万人	4.67 石油換算トン/人	3.25 石油換算トン/人
非OECD	5114 百万人	1.04 石油換算トン/人	0.69 石油換算トン/人

図 2　部門別・エネルギー源別に見た一人あたりのエネルギー消費量
（IEA 統計等をもとに著者ら作成）

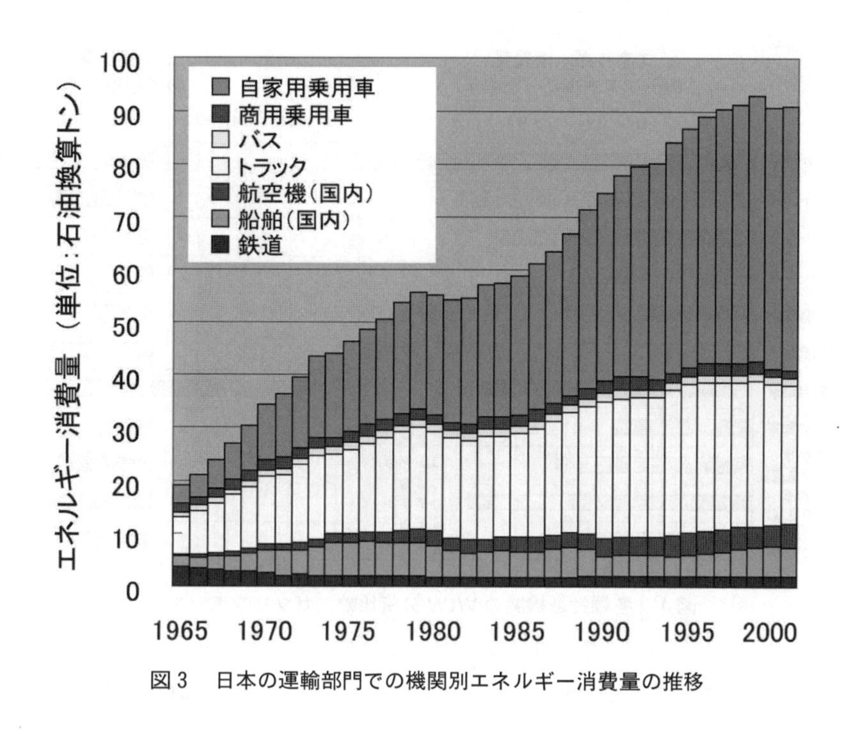

図3　日本の運輸部門での機関別エネルギー消費量の推移

このように，図1と図2では，レベルの違う意志決定が行われることになるが，共通していることがある。それは，材料製造（図2では産業部門の石炭・石油消費部分），加工組立（図2では産業部門の電気消費部分），ユーザーによる走行（図2では運輸部門）におけるエネルギー消費量や二酸化炭素排出量を個別に議論すると，それぞれの削減努力が全体にどの程度貢献するかがわからないが，図1のLCAや図2のマクロ分析の考え方により，最も効果の大きな技術開発の方向性が定量的に議論可能となる点である。

3　自動車燃料の脱化石資源化と車体軽量化

図4は内燃機関の効率向上の視点からWtW（Well to Wheel）分析により各種推進機関の効率を比較したものであり，発電所からの電気を使う場合でも，電気自動車が省エネ（特に脱石油）と温暖化対策に極めて優れていることが読みとれる。なお，発電所からの電気を使うとは言っても，夜間電力を利用した充電が想定されることから，発電所を増やすことにはならないことを付記しておく。

また，電気は様々な手段で得ることができ，図5に示されるように，その手段によって，さらに大きな省エネと温暖化対策効果が期待できる。なお，図5のEV（MIX）とは，我が国の現在の電源構成による電気を使用した場合（電源ミックス）を意味する。

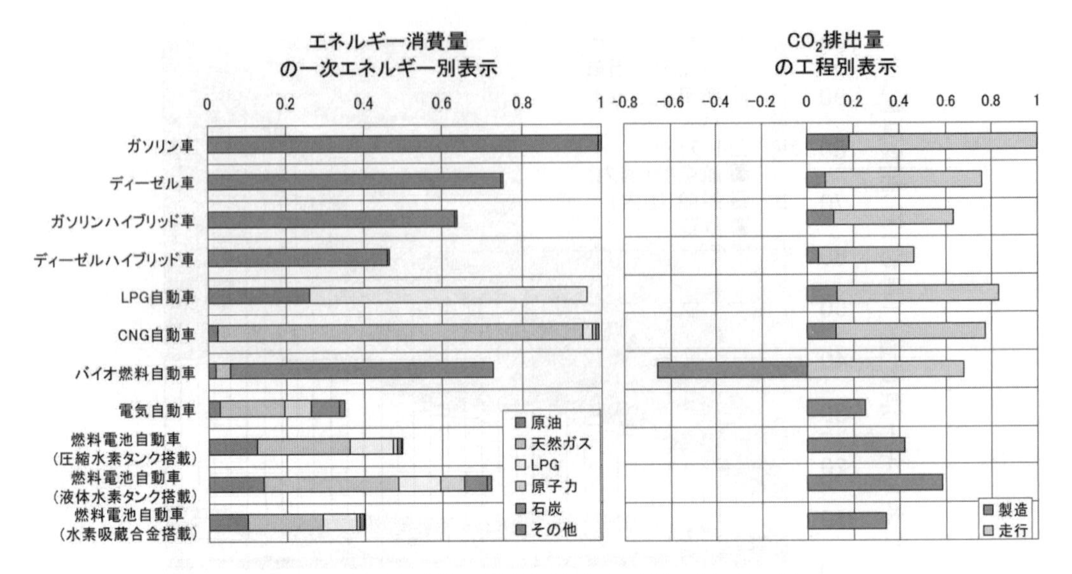

図4　各種推進機関の WtW 分析比較（ガソリン車＝1）

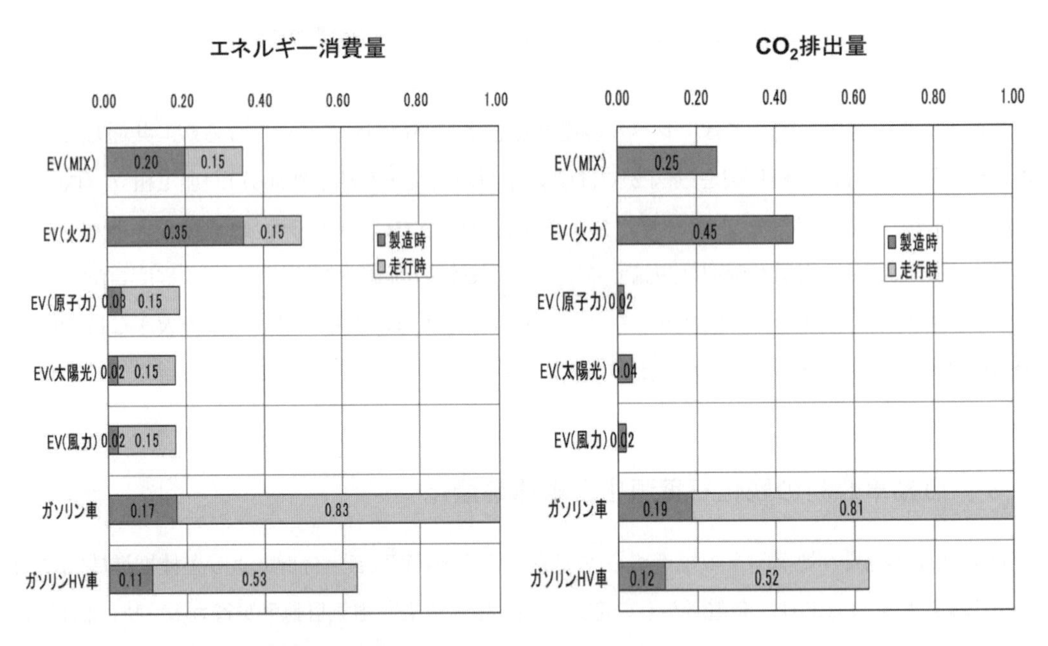

図5　電源別電気自動車（EV）の WtW 分析比較（ガソリン車＝1）

すなわち，地球上に降り注いでいる太陽エネルギーの総量は世界で使用している化石燃料の約1万倍あり，エネルギー密度が小さいとはいえ，屋根に設置した太陽光パネルで一般家庭の消費電力が賄えていることを考えると，太陽エネルギーによる電気自動車の運用が現在考えられる最も現実的で環境に優しい持続可能なモビリティの実現手段ではないだろうか。

いずれにせよ，電気自動車の実用化のためには，車載用二次電池の性能とコストがネックとなっているが，この重くて高い車載用二次電池の必要量は車体軽量化率に比例して減らすことができることから，車体軽量化技術は電気自動車時代にこそ威力を発揮する技術となる。

4　CFRPによる車体軽量化ポテンシャル

内燃機関の車であっても，乗用車の軽量化はもちろん燃費向上に直結し，トラックの軽量化は積み荷の増加という形で結果的に輸送トンキロあたりの消費エネルギー削減となって，これらは図3に示されたようにマクロな環境負荷低減効果が大きい。本章では，日米欧で開発競争の激しい量産車用CFRPについて，その軽量化ポテンシャルを紹介する。

図6は自動車の構造部材として考えられる各種材料の比強度と比曲げ剛性を比較したものであり，それぞれの値が大きい方が強度部材・曲げ剛性部材（≒板材）を軽量化できる。同図より，金属材料は強度にバリエーションがあるものの剛性は一定であるのに対し，複合材料は繊維形態・繊維含有率・成形方法によって幅の広い特性を発現し，CFRTS（熱硬化性樹脂によるCFRP）は強度部材，剛性部材共に金属材料よりも大幅な軽量化が期待できること，CFRTP（熱可塑性樹脂によるCFRP）は強度で競合するものの剛性部材としての軽量化ポテンシャルが大きいことがわかる。

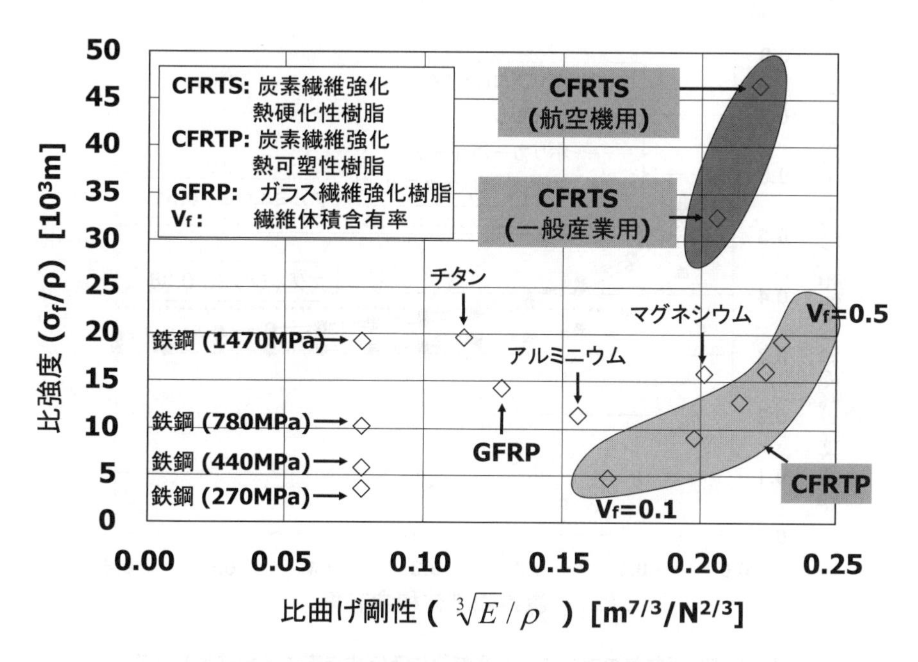

図6　各種構造用材料の比強度・比曲げ剛性比較

図7は複合材料のマトリックスとして用いられているいくつかの樹脂に関して炭素繊維の体積含有率を変化させて同じ曲げ剛性を発現する板材の重量を示したものであり，スチール板はアルミニウムにより約半分に，マグネシウムにより約4割に，CFRPにより最高で約3割にまで軽量化できることがわかる。また，CFRPにおいては高価な炭素繊維の体積含有率を増やしても曲げ部材の軽量化効果はそれほど上がらないこともわかるが，逆にあまり炭素繊維の含有量が低いと，同じ曲げ剛性を発現するための板厚が厚くなったり（図8参照），弾性変形するひずみ範囲が狭く疲労しやすくなるため，用途に応じた適量の炭素繊維の含有が必要となる。

もちろん以上で示したようなCFRTSもCFRTPも量産車用には開発途上であるが，開発目標値とその効果がある程度明らかとなってきたことから，ここ数年で特に熱可塑性樹脂関連技術の向上がめざましい[1~4]。図9は，この種の新素材を適用した場合の段階的な車体軽量化の例であり，コスト，成形加工（迅速成形，接合等二次加工），リサイクルの面からそれぞれ問題解決のための技術開発が進んでおり，超軽量量産車の実現可能性が高まってきていると考えている。

また，図9に示されるように，内燃機関による乗用車の場合，構造部分の軽量化がエンジン等の小型化には直結しないが，電気自動車では航空機に見られるような構造部分の軽量化の副次的効果が見られることになる。すなわち，電気自動車では，高価で重い二次電池の制約から，1回のチャージでの走行可能距離が短くなるという難点が指摘されているが，構造部分の軽量化によりこれが実用的な範囲になるので，二次電池技術の革新的進展を待つことなく電気自動車の社会

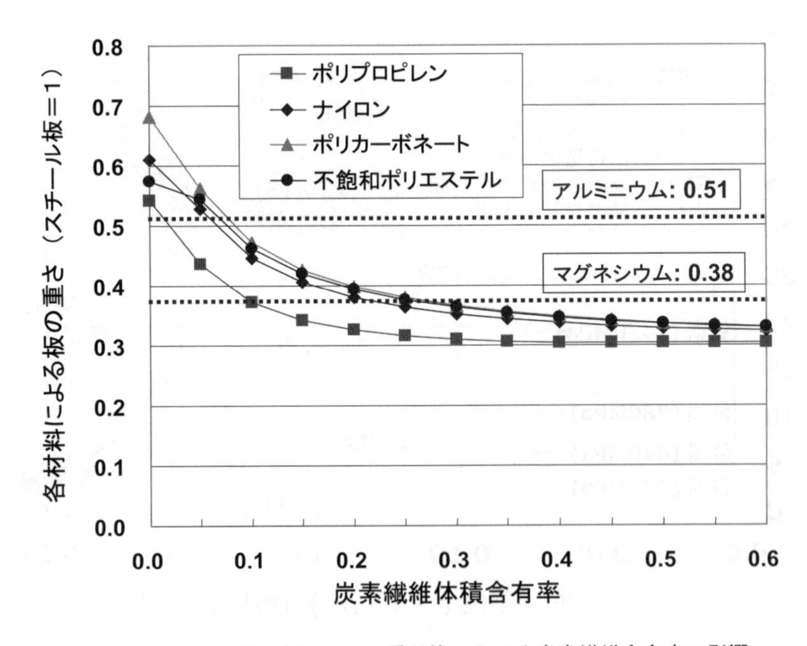

図7　CFRP板材等の対スチール重量比に及ぼす炭素繊維含有率の影響

導入が可能となる。あるいは，市内限定走行のようなコミュータスタイルの車であれば，構造部分の軽量化により二次電池の必要量が減るため，電気自動車の価格が低下して，やはり社会への導入時期を早めることが可能となる。

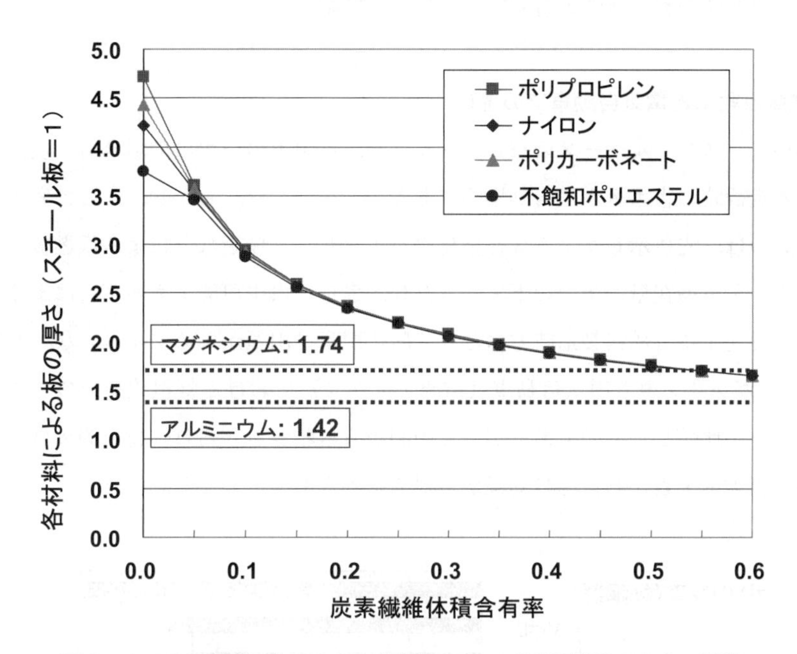

図８　CFRP 板材等の対スチール板厚比に及ぼす炭素繊維含有率の影響

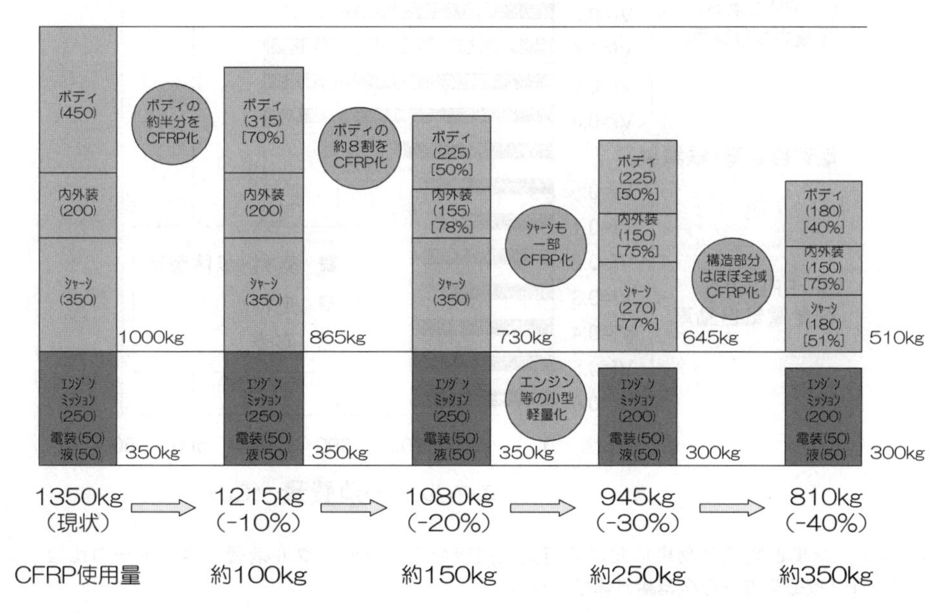

図９　自家用乗用車（内燃機関）の CFRP による段階的軽量化の例

5　自動車のLCAとCFRP技術開発の方向性

次に，燃料製造時や運転時の効率向上だけでなく，素材製造・加工組立・廃棄も含むライフサイクル全体で見た時の省エネ性と有効な技術について紹介する。

5.1　内燃機関自動車と電気自動車での違い

図1において，スチールベースのバス，トラック，乗用車のいずれの場合も，現段階では，軽量化等による走行時の省エネが最も効果的であることを示した。しかし，ここで考えておかなければいけないのは，先に示したような軽量化やハイブリッド技術などによる低燃費化が進み，走行段階のエネルギー消費量が半分以下になったり，さらに再生可能エネルギーによる電気自動車により走行に関連する（燃料製造時も含む）二酸化炭素排出量が極めて小さくなった時のことである。図10はガソリン車と電気自動車（電源ミックス）における軽量化前後のライフサイクル消費エネルギーを比較したものであるが，この図からもわかるとおり，将来的には素材製造と車体製造段階の省エネ・省化石資源の効果が相対的に大きくなってくる。

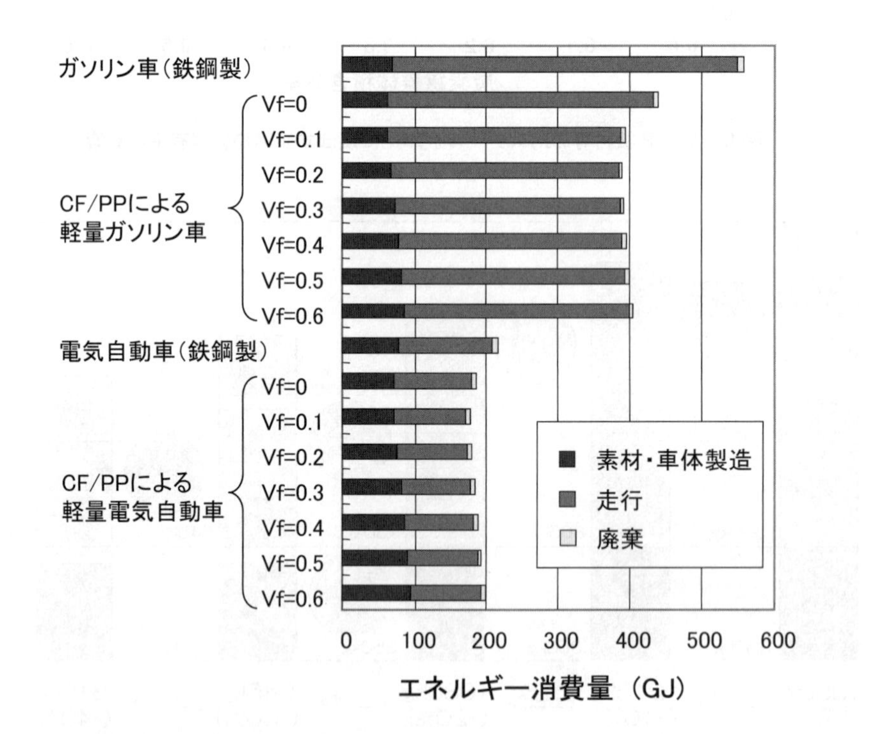

図10　ガソリン車と電気自動車における軽量化前後のライフサイクル消費エネルギーの比較（Vf は CF/PP 擬似等方材の炭素繊維体積含有率）

図11は1kgのスチール製部品と同じ曲げ剛性を持つCF/PP部材を製造したときのエネルギー消費構造であり，炭素繊維，しかもその製造工程に起因するエネルギー消費量が大きいことから，炭素繊維の性能を有効に再利用するリサイクルや炭素繊維製造エネルギーの低減が重要となることが理解できる。

5.2　リサイクルの効果

図12は現在のPAN系炭素繊維の原単位を用いてCFRP部品を1kg製造するために必要なエネルギーを計算したものであり，リサイクルすることで極めて省エネな素材・部品として再生

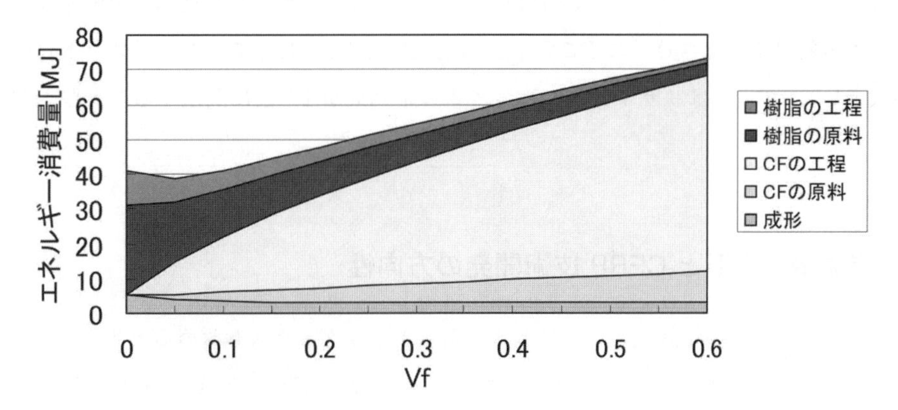

図11　1kgのスチール製部品と同じ曲げ剛性を持つCF/PP部材を製造したときのエネルギー消費構造

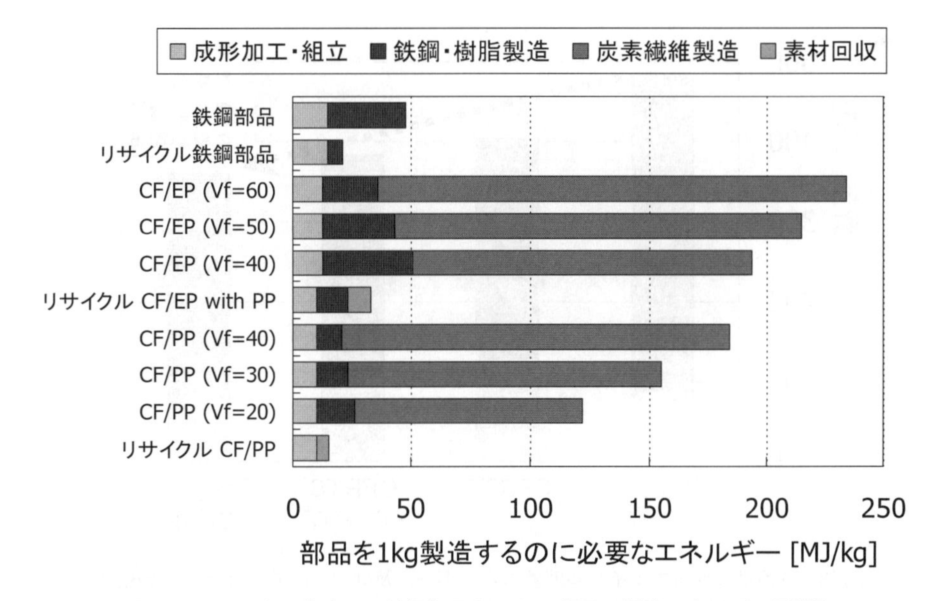

図12　リサイクル前後での鉄鋼部品とCFRP部品の製造エネルギー原単位

できることが読みとれる。またこのことは高価な炭素繊維の再利用によりトータルで素材コスト削減が可能となることとも符合しており，リサイクルCFRP部品の物性も乗用車の二次部材として適用可能なレベルにまで向上してきていることからも，CFRP部品のリサイクルはゴミ問題とコスト高の問題を同時に解決しながらLCA的にも優等生となる極めて優れたソリューションであると言えよう。

図13は，CFRPにより30%の軽量化を行った乗用車のライフサイクルでのエネルギー消費量を計算した結果である。すなわち，炭素繊維の製造エネルギー原単位の大きさに起因して，CFRTSだけで軽量化した場合には部材製造までのエネルギーが大きく，ライフサイクルでの省エネ効果は−17%にとどまること，CFRTPの併用（主として板材への適用）で軽量化率を損なわずに省エネ効果を向上させられること（この場合はLCAには出てこない低コスト化の効果のほうが大きい），さらにはリサイクルによって省エネ効果が1.5倍に向上することなどが読みとれる。

6　炭素繊維需要とCFRP技術開発の方向性

現在，世界の乗用車の年間生産台数は5千万台（トラック・バスも含めると7千万台）であるが，中国・インド等のモータリゼーションにより，これが1億台を超えるのはほぼ確実である。一方，現在の炭素繊維の主流であるPAN系炭素繊維の世界生産量は年間数万トンであって，こ

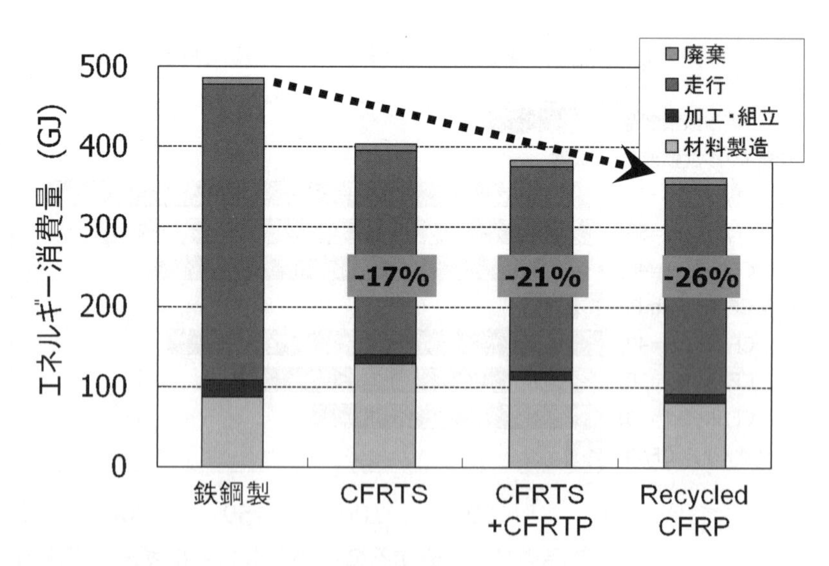

図13　乗用車のライフサイクル消費エネルギーに及ぼすCFRPリサイクルの効果
（30%軽量内燃機関乗用車の場合）

れでは世界で毎年生産される乗用車のうちの1%も軽くできず，抜本的な省エネ・省化石資源に寄与することはできない。

図14はCFRP関連の今後の重要技術をこのような状況からバックキャストしたものであり，次のような未来像が想像できる。

(1) まず，現在のPAN系炭素繊維と熱硬化性樹脂によるCFRPは，今後も航空・宇宙分野や陸上の最先端分野を支えると考えられるが，その高コスト・難加工性と成形速度・リサイクル性の制約から，需要量が数十万トンを超える近未来の量産車分野では熱可塑性樹脂によるCFRPの開発が不可欠となるであろう[1~4]。これは，軽量性だけではなくデザインの自由度・二次加工性・耐食性・コスト・リサイクル性の観点から，乗用車で可能な部分はすべて樹脂化してきたことからも容易に推論できることである。そしてその際には，熱可塑性樹脂用に表面を活性にした炭素繊維やそれを用いた超高速成形・二次加工技術の開発が重要となると考えられる[1]。

(2) 次に，さらに需要量が百万トンを超えてくると，炭素繊維の原料をバイオマスに求めるのが自然であろう。この種の研究は胎動期にあり，プリカーサーごとのブレークスルーの時期や到達物性の予測は困難ではあるが，必ず部材ごとに棲み分けてシェアを伸ばしてくると考えられる。

(3) また，需要がこの規模に達すると，不連続繊維のCFRPも多くなり，低グレードな製品への段階的なカスケード利用も現実のものとなって，炭素繊維の高度再利用技術という意味でのリサイクル技術やそれを支える繊維強化理論の高度化が必要となるであろう。

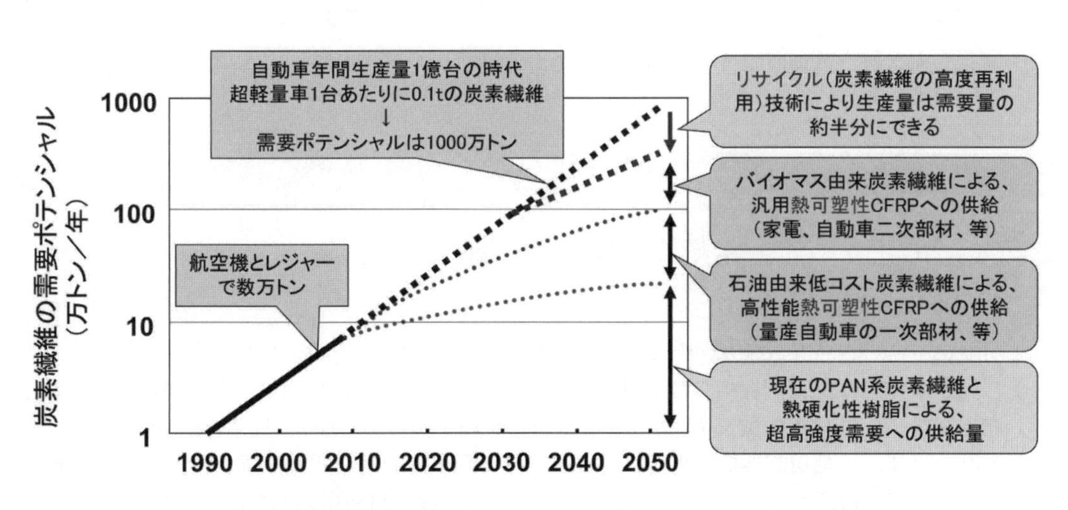

図14　炭素繊維の需要ポテンシャルからバックキャストされる重要技術

(4) さらに，これらの素材と成形加工に関する評価・標準化を主導することも以上のようなビジョンの達成には不可欠であろう。

また，CFRP は力学特性も特異であるが，熱的・電気的にも特異な性質を持つ材料であり，例えば，1％を超える線形弾性変形能力を活用することによりソフトスキン部材とすることができ，歩行者保護に有効であったり，極めて小さい熱膨張係数を利用することで精度良い部材ができる一方で，今後，金属材料では問題なくクリアしていたことが課題となる可能性もある。未来の人類社会のために，まだまだこれから取り組むべき課題山積の魅力ある材料であると言えよう。

7 おわりに

LCA と言うと，基礎素材やその加工・リサイクルの原単位を集めて製品の原単位を計算し，同じ目的を達成するための異なる手段や製品を比較するツールだと思われがちであるが，本稿に示してきたように，LCA やマクロ分析の目的は「同じ目的を達成するための効果的な手段を見つけるだけでなく，より効果的な手段とするための改善方針を見出すこと」であって，CFRP のように組み合わせる樹脂によって極めて多岐にわたる性能を発現できる発展途上の材料においては，その技術開発の方向性を検討する上で重要なツールとなる。

なお，本稿では紙面の都合上，LCA やマクロ分析を行ったり，それを用いて改善や未来予測を行う場合の注意点などの詳細は割愛した。興味のある読者は既報[5,6]を参照されたい。また，先ごろ炭素繊維協会から CFRP を用いた自動車と航空機の LCA が公表され[7]，さらに炭素繊維協会は炭素繊維やそのリサイクルの原単位を今後更新する予定であるが，本稿での計算では文献 8）に記載された各種原単位を用いているのでご注意いただきたい。

文　　献

1） http://www.nedo.go.jp/activities/portal/gaiyou/p 08024/p 08024.html

2） 平成 19 年度：熱可塑性樹脂複合材料の機械工業分野への適用に関する調査報告書，日機連 19 先端-12，㈳日本機械工業連合会，㈶次世代金属・複合材料研究開発協会，(2008-3).

3） 平成 20 年度：熱可塑性樹脂複合材料の航空機分野への適用に関する調査報告書，日機連 20 高度化-11，㈳日本機械工業連合会，㈶次世代金属・複合材料研究開発協会，(2009-3).

4） 炭素繊維・複合材料のリサイクル技術等に関する調査，平成 21 年度経済産業省委託調査，(2010-3).

5）　高橋淳，FRP の LCA，強化プラスチックス，Vol.51，No.8，(2005-8)，pp.61-64.
6）　高橋淳，軽量化に寄与する高分子系複合材料の現状と将来，自動車技術，Vol.59，No.11，(2005-11)，pp.17-23.
7）　http://www.carbonfiber.gr.jp/lcamodel.pdf
8）　炭素繊維協会，炭素繊維強化熱硬化性プラスチックのリサイクル技術について―炭素繊維協会での取り組み―，強化プラスチックス，Vol.52，No.10，(2006-10)，pp.485-491.

第2章　自動車と複合材料との関わり

松井醇一*

自動車の発達については，エリック・エッカーマンの著作を松本廉平氏がほん訳された“自動車の世界史”に従った。本書は自動車の進歩のみならず材料についても論及されており，複合材料の記述を参考にした[1]。

1　自動車の黎明期（1769年から1895年）

蒸気機関はT. サヴェリィ（1698年），T. ニューコメン（1712年），J. ワット（1769年）らによって発明され，改良を加えて実用された。フランス陸軍大臣E. F. ド・ショワズールは，L. A. プランタから火力で水を蒸気として利用し大砲を運搬する車の話を聴き，馬の代わりに大砲の牽引に使えるか否かの検討を砲兵部隊総監グリボーバルに命じ，N・J・キュニョーが蒸気車の製作に当たった。蒸気車は5トンの大砲を運ぶ車両として計画され，1号車は目標の2分の1の大きさで試作され，4人を乗せ時速3.5～4 kmでゆっくりと走った（1769年）。2号車は長さ7.25 m，幅2.19メートル，車両空重量2.8トン，積載時重量約8トンであり，資金源のルイ15世を招いて試運転された。ボイラーは15分毎に給水が必要であり，4.5 km走行するのに1時間を要した。前輪ハンドルで操作し前進・後退できるが，たいへん激しい動きで御しきれず，進行方向にあった壁にぶつかり倒してしまい，使用が見送られたという（1770年）。その後ド・ショワズールの失脚によってプロジェクトが中断し，再開されることはなかった[2]。図1にパリ工芸博物館所蔵のキュニョーの3輪蒸気車ファルディエを掲げる。

蒸気機関に続いてガス機関の研究が行われ，P・ダンベルサン，I・ドゥリバ，J. ルノワール，N・オットーらによってガスエンジンが開発された。オットーのエンジン（1876年）は，G. ダイムラーとW. マイバッハが注目するところとなり，2輪車や4輪車に適用して初期の自動車が製作された（1886年）[3]。図2にダイムラーの自動車を掲げる。同じ頃K. ベンツも3輪車と4輪車を開発している。

最初の空気タイヤは，R. トムソンが作ったキャンバス製チューブを皮革で覆ったタイヤであ

＊　Junichi Matsui　金沢工業大学　客員教授

図1　N. キュニョーの3輪蒸気車ファルディエ[2)]

図2　ダイムラーの1/2馬力，260 CC 空冷ガソリンエンジンを動力とした自動車[3)]

り，製造に手間のかかる方法であったうえ，当時は用途も少なく実用には至らなかった（1847年)。今日のタイヤの原型は，J. ダンロップによって考案された薄いゴムシート製チューブに空気を入れる方法であり，自転車から始まって自動車に広く採用された（1887年)。

1895年のパリ－ボルドウ往復1200 km レースは22車が参加し，その中に世界最初のミシェラン製空気タイヤを装着したプジョー車が出場した。出場車のうち13車が途中で棄権する過酷な条件のもと，最短記録はパナール・ルヴァソールの48時間48分であり，アンドレ・ミシェランのプジョー車は完走したが，150 km 走るとタイヤの空気が漏れ，取り換えに30分を要するという惨憺たる結果であり，制限時間の100時間をオーバーして最下位9位でゴールした[4, 5, 6)]。図3に空気タイヤを装置したプジョー車を掲げる。この経験から空気タイヤの改良と普及が進み，

図3　ミシュランの空気タイヤを装着したプジョー車[6]

取外しできるタイヤ，ラジアルタイヤ，チューブレスタイヤなど新技術が生み出されてきた。タイヤは今日の複合材料の源泉に位置し，学ぶべきところが多い。

2　ヘンリー・フォードの大豆自動車（1941年）

1930年代の米国は，暗黒の木曜日に始まる大恐慌時代であり，ニューディール政策によって農産物価格の回復が促された。ヘンリー・フォードは工業と農業がそろって発展するのが望ましいと考え，ガソリンの代りに農産物からのアルコールを使うとか，自動車部品に大豆・麻・綿など天然繊維と樹脂の複合材料を用いて鉄鋼部品を代替するべく大豆研究所（Soybean Experimental Laboratory）を設置した。1941年8月14日ディアボーンで開催されたホームカミングディの催会場に大豆自動車（Soybean Car）が研究の成果として展示された（図4）。車体は，鋼パイプ製フレームに14枚の大豆パネルを取付けた構造であり，全鋼鉄製であれば900 kgのところ，プラスチック化によって450 kgに軽量化できると説明された。大豆パネルの現物が残っていないため，その内容については諸説あるが，“大豆”のみで作ったのではなく，大豆から植物油を搾った残りの“搾りかす”に含まれる繊維成分に大麻・亜麻・ラミーなどを加えて強化繊維とし，フェノール－フォルマリン樹脂をマトリックスに用いた複合材料で製作されたと推察されている[7]。その後の大豆自動車の動向はよく判らないが，1939年に始まる第2次世界大戦によって，ゼネラルモーターズを始め，グッドイヤー，ボーイング，ウエスティングハウス，ユニロイヤルなど大企業の各社が戦時協力体制に組み込まれたことからして，フォード社も開発を中断せざるを得なかったと推察される。

2009年11月，フォード社はオンタリオ・バイオカー・イニシャティブの研究成果として麦わ

Robert Boyer and Henry Ford with the Soybean Car.

図4　ヘンリー・フォードの大豆自動車[7)]

らを強化材に用いたFRPを開発し，内装材部品のストレージビンとして2010年型フォード・フレックスに採用すると発表した。折からの地球環境問題に対する解答の一つであり，詳細は分からないが麦わらを20％含んだ複合材料である。天然物複合材料を自動車部品に採用する動きの中で，量産車への使用は注目に値する。

3　ウイリアム・スタウトのGFRP自動車スカラベ（1946年）

スタウトはパッカード社，フォード社などでエンジン開発に従事したが，新エンジンについてヘンリー・フォード社長と衝突して会社を辞めてしまい，新しい設計思想の自動車を造るため独立した。その構想は，古代エジプトの黄金虫スカラベを模したスタイル，鋼フレームにアルミ板を貼り合せた航空機型の車体，広い空間を確保するためのリアエンジン，電動扉，走行中の振動がほとんどない設計であり，試作車の評判は悪くなかった。タイヤのファイヤストン，化学品のダウケミカル，チューインガムのフィリップ・リグリィ各社が宣伝車として購入したが，後が続かず7台で製造を止めた。ここまではFRPとは関係ないが，8台目は1946年に試作したGFRPボデー車であり，ガラス繊維のオーエンス・コーニング社の協力にもかかわらず量産には至らなかった。図5にスカラベの外観と内部構造を示す。なお，GFRP車はデトロイト歴史博物館に保存されている。スカラベの量産化には失敗したが，スタウトは羽ばたき航空機（オーニソプター）や空飛ぶ自動車（コンベアカー）に協力するなど，新しいモノ造りに賭けた羨ましい一生であっ

図5　ウイリアム・スタウトのスカラベ[9)]

た[8,9)]。

4　コンヴェアカー　空飛ぶ自動車（1946年）

空を飛び，しかも，道を走れる乗物があれば好都合であろうと思うのは人の常である。このアイデアは古くからあり，G. カーチスのオートプレーン（1917年），W. ウオーターマンのアローヴィル（1937年），R. フルトンのエアフィビアン（1946年）などあるが，GFRPを採用したのは航空機メーカー，コンソリデーテッド・ヴァルティ社（コンヴェア社と略）のコンヴェアカーが最初である。

空飛ぶ自動車のアイデアを提案したのは元コンヴェア社員のT. ホールであり，彼のアイデアに，いくつかの航空機メーカーが関心を示したが，結局，古巣のコンヴェア社が製作することになった。開発機はコンヴェアカー（ConvAirCar）と命名され，図6のように航空機に自動車を吊り下げる構造であり，自動車はアルミシャーシとGFRP外板で製作され，重さ330 kgである。自動車は空港で航空機に連結して目的地まで飛び，そこで切り離して自動車部分は道路を走行，航空機部分は空港に戻って2台目の車を次の目的地に運ぶ構想である。1号機は1946年7月12

図6　コンヴェア社のコンヴェアカー

日に試験飛行し，ニューヨーク・タイムス11月17日号は“サンディエゴ市を1時間15分で一周”と報道した。改良を加えた2号機は12月15日に公開飛行を行った。ところが，燃料パイプが“閉”になっていたというミスに気付かず，燃料切れを起こして道路に不時着してしまった。パイロットは脱出したが，翼は壊れ，自動車ボデーは大破して修理不能になってしまい，報道関係者が回りを取り囲んで大騒ぎになった。社内事情としては，コンヴェアカーが当初の製造コスト予測を大幅に越え，そのうえ市場調査の結果も思わしいものではなかったから，この事故を契機に開発を中止してしまった[10)]。しかし，空飛ぶ自動車の夢は今も持ち続けられていて，種々の試みがなされている。

5　ビル・トゥリットのGFRP自動車グラスパーG 2（1951年）

トゥリットは，1947年カリフォルニア州コスタメサでFRP小型ボート製造業を開業し，ヨットのマストやスパーを作っていた。その後，サンタ・アナに移転し，社名をグラスパー社に改めてから業績を伸ばし，1950年代中頃にはGFRPボート製造の全米シェア15～20％にまで成長した。トゥリットはボート以外に自動車にも関心があり，ジープの車台にGFRP製ボデーを取り付けた改造車作りを始めた。1951年の改造車を ブルックス・ボクサーと名づけ，この年に開かれたロスアンジェルス・モトラマに出展した。モトラマにはブルックス・ボクサー以外にビッグ・ランサー，スモール・スコーピオン，ワスプと名づけられた3台のGFRP改造車も展示されたが，その後の経緯をみるとトゥリットのブルックス・ボクサーのみが量産に乗り，手を加えて改良したグラスパーG 2がスポーツカーとしてデビューした。G 2を運転するトウリットを図7に掲げる。

図7　グラスパーＧ2に乗ったビル・トゥリット[11)]

1950年6月朝鮮戦争勃発，その影響で米国の不飽和ポリエステル樹脂の需給が逼迫し，中規模企業のグラスパー社は樹脂が手に入らなくなってしまった。しかし，捨てる神があれば拾う神もあるもので，ポリエステル樹脂メーカーのノーガタック・ケミカル社が供給を約束したうえ，同社樹脂の販売促進のためにグラスパーＧ2を使いたいという願ってもない提案があった。1952年，ノーガタック社仕様のアレンビックⅠがフィラデルフィア・プラスチック展示会に出品され，その開発物語が有名雑誌ライフに掲載され，ニューヨーク・タイムスやウオール・ストリート・ジャーナルなどが記事にする幸運に恵まれた。また，この展示会への出展がGM社シボレー部門のヒット作　コルベットにつながるきっかけともなった。トゥリットはすっかり有名になり，

① 自動車販売社主ロバート・ウッディルの依頼によるワイルドファイア

② スエーデンのボルボ社向けボルボＰ1900

③ 有名歌手ビリー・ボーンのためにただ1台作ったシンガー

④ 自動車デザイナーのダッチ・ダリンのデザインによるカイザー・ダリン

⑤ ディズニーランドの子供用サーキット・オートピアで走る1人乗り小型車

などを世にだした。トゥリットは，それぞれの好みに合わせ，少量でも作る体制をとった特異な自動車メーカーとして成功を収め，次のステップとして借り物の車台に借り物のエンジンを搭載した車ではなく自前の車を開発し始めたが，本業のボート・ヨット事業が発展してサイドビジネスに時間を割く余裕がなくなり，自動車から撤退した。ビル・トゥリットの業績は高く評価され，代表作グラスパーＧ2がスミソニアン米国歴史博物館に収納されている[11)]。

6　GM社　シボレー・コルベット

ゼネラルモータース社の主席スタイリスト H. エールが欧州の自動車レースを観戦して得たのは，やがて米国でもヨーロッパスタイルの小型スポーツカーが必ず流行するという直感であり，実現のため社内にGFRP自動車部品の研究グループを編成した。1951年末のことである。

年が明けて1952年，ライフ2月号は数ページをさいて“プラスチック・ボデー自動車”を特集し，その中でトゥリットを紹介する記事を掲載した。このような追い風が吹き始めたタイミングにあわせて，トウリットを支援していたノーガタック・ケミカル社は，先に述べたフィラデルフィア・プラスチック展示会にアレンビックⅠを出品した。展示会の見学にやってきたGM社シボレー部門のエンジニア達は，社内で検討を始めた新材料GFRP製の自動車に興味と関心を示した。これを絶好の機会と捉えたノーガタック・ケミカル社販売部長E. エバースは，GM社に出向いてエールにアレンビックⅠを見せ，PRしたことがGM社のスポーツカー開発を促進するきっかけになった。こうしてコルベット・プロジェクトがスタートし，半年足らずの1952年10月にはGFRP製ボデーのプロトタイプができあがるスピードで仕事が進み，鋼製より大幅に軽くなることや，ぶっつけてもへこんだり，傷がつかないのに驚いたという。

1953年1月ニューヨークで開催したGMモトラマにおいて，夢の車シボレー・コルベットがお目見えした。このとき，ビュイック・ワイルドキャット，オールズモビル・スターファイヤ，キャディラック・ルマンが展示され，その全てにGFRPが使用されるという惚れ込みようであった。売り出してみると，GFRP製部品が歪んで継ぎ目が拡がるとか，そのほかにも開発につきものの初期トラブルが起り，また，欧州のスポーツカーに比べるとスタイルが洗練されていない，エンジンの馬力が小さいなどと問題多発のため，1954年販売計画10,000台に対し実績は3,400台に留まった。しかし，レースに出場して積極的にPRに努め，技術課題を解決していった効果が表れ，1958年は9,200台を販売して黒字に転換，1960年は10,000台に到達しスポーツカーの地位を確立していった[12,13]。高速で走行するシボレー・コルベット・ロードスターを図8に掲げる。

コルベットは数年サイクルでモデルチェンジを行い，1954年車のC1から2006年に5代目のC6を発売した。コルベットZ06の材料は，軽量化のため，フレームを鋼からアルミ合金，コンロッドをチタン合金，フロントフェンダーをGFRPからCFRPに転換をはかっている。なお，GFRP（SMC）はフロントドア12.86 kg，フード10.50 kg，クオーターパネル13.91 kg，フロントシートフレームバック5.79 kgの合計43.24 kgを，CFRPは2.7 kgを使用している。

図8　GM　シボレー・コルベット　ロードスター（1957年）

7　レーシングカー

自動車競技は欧州が発祥であり，競技の形態にはレース，ラリー及びスピードイベントがある。レースにはフォーミュラカーレース，長期耐久レースおよびツーリングカーレースがあり，フォーミュラカーレースは単座席のスプリント競技でエンジン排気量によってＦ1レースやインディ500マイルレースが有名である。ル・マン24時間レースに代表される2座席の長距離耐久レースは，ガソリンの使用量の制限があるため車の軽量化は必須であり，CFRPが多用されている。ツーリングカーレースは一般車によって行われるが，この場合もCFRPが使用されている。ラリーはパリ－ダカール間ラリーが有名であるが，ほかにサファリ，モンテカルロ，英国RCAなど欧州域内では多くの競技が行われている。ベースは市販車であるが，内装は競走用に改装されCFRPが使用されている。

1980年初頭から90年代前半に欧州出張の機会をとらえ，ウイリアムス，マックラーレン，イプシロンなどレースカー各社を訪問してＦ1カーへの複合材料利用の状況を見聞する機会があった。

フォーミュラレーシングカーにCFRPを使用するようになったのは，1980年から81年であり，マックラーレン社がアルミニウム面板を用いたハニカムサンドイッチ材の代わりに，CFRP面板のハニカムサンドイッチ材を用いたのが最初である。Ｆ1カーは20 kg重くなるとトラック1周で0.2秒遅くなるため，規則に定められている最小重さ500 kgを守りながら極力軽くする必要があり，軽量の構造材料の出現が歓迎された。また，車体設計の要点は剛性にあり，比弾性率が高く，任意に剛性を選ぶことができるCFRPが好まれた。さらに，車が衝突した場合，金属板はクシャクシャに折りたたまれて壊れる（変形）のに対して，CFRP は粉々に壊れる（化学結合の切断）ため衝撃エネルギー吸収が大きく，ドライバーの生命維持と怪我の軽減につながり，今日ではＦ1カーの主構造は CFRP 製になっている。

図9はウイリアムス FW 14（1992 年）の複合材料部位を示したものであり，シャーシはドライバーと燃料 200 リットルの荷重を支えるため CFRP 製であった。エンジンカバー，サイドパネル，排気ダクトは空気力学的に抵抗が小さい形状と平滑な表面が望ましく，ある程度の剛性と軽さが求められるため AFRP が用いられた。アンダーボディはダウンフォースに寄与し，高温の排気ガスに曝され，路面からの衝突物に耐えねばならないため CFRP/AFRP ハイブリッド材が使用された。翼は比剛性と比強さが必要であり，振動特性を無視できないため CFRP を用いている。材料は炭素繊維の織物プリプレグ，一方向プリプレグ及びアラミド繊維織物プリプレグであり，ほとんどの部位は 121 ℃硬化型エポキシ樹脂を，また，耐熱性が必要なところには 177 ℃硬化樹脂が用いられている。炭素繊維は，主に引張弾性率 230 ～ 250 GPa の高強度タイプ品であるが，破断伸びの大きい中間弾性率・高強度タイプ（引張弾性率 300 GPa）に移行しつつあった。部品は，GFRP 製のツールを用い炭素繊維プリプレグをハンドレイアップ積層し，オートクレーブを用いて硬化しており，航空機と同じ成形方法が採用されている。走行中のウィリアムス FW 14 の写真を図 10 に掲げる。ちなみに，出会ったエンジニア達の多くは航空機産業からの

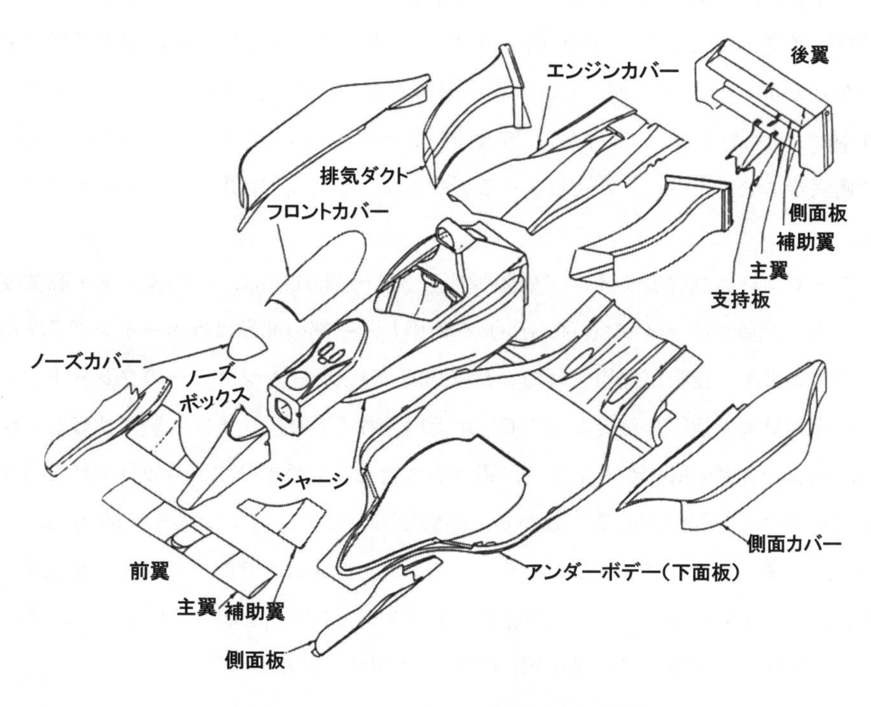

図9　Ｆ1レーシングカーの複合材料部位[14]

図10　CFRPを使用したウイリアムスFW 14（1992年）[15]

スピンアウト組であり，構造設計，積層設計にCAD/CAMを駆使していた。

フランスのリジェ社（1993年）の場合，複合材料の部位はウイリアムスFW 14とほぼ同じであり，全重量505 kgのうち複合材料を100 kg使用した。CFRPを95パーセント，AFRPを5パーセント用い，炭素繊維は高強度タイプ（引張弾性率230 GPa）を35パーセント，中間弾性率・高強度タイプ（引張弾性率300 GPa）を10パーセント，そして高弾性率タイプ（引張弾性率450 GPa）を50パーセント使用し，高弾性率糸の比率が高い。高弾性率糸CFRPのシャーシは，剛性が高く走行性に勝っていたが，破壊伸びが小さく，吸収エネルギーが小さいため，他のチームで衝突時にドライバーが大怪我をする事故が起こり，高弾性率糸の使用比率を低下しているという。

マックラーレン社は高強度タイプ（引張弾性率230～250 GPa），中間弾性率・高強度タイプ（300 GPa）及び高弾性率タイプ（400 GPa）を使用し，一部の部品にはボーイング777用に開発された高靭性エポキシ樹脂が採用されていた（1993年）。レーシングカーのブレーキディスク及びパッドは炭素繊維で強化した炭素（C/C）が使用されており，スチール製に比較して摩擦係数が大きい，高温でも摩擦抵抗が安定する，重さがスチール製の半分であり車体全体では13 kgの軽量化が可能といった利点がある。しかし，高価であって1台当りの価格が60万円，しかも1回のレースで交換しなければならない。レースチームの使命はグランプリレースを制することにつきるため，ウイリアムス社では年間の経費2千万ドルと200人をかけていると言い（1992年），それを考えると極めて高価なC/Cが採用されても不思議ではない[14,15]。

8　フォード社のCFRP実験車（1987年）

自動車の軽量化が課題になっている背景には，排出ガスによる地球温暖化と大気汚染の進行，さらに，いつ高騰するか先の読めない原油価格の動向がある。1974年の石油ショックへの対応策として，燃料を石油以外に求める，エンジンの性能を向上する，軽量化によって燃料消費の減少を図るなどの方策が真剣に検討され，米国においては複合材料をできるだけ多用する試みが行われてきた。フォード社は，米国技術アセスメント局の委託を受けて基幹製造産業に及ぼす新素材の影響を調査し，その結果が1988年に出版された。内容は，乗用車の主要な構成材料である鋼をCFRPによって置換した場合の燃料消費を調べると共に，CFRPなど新材料を使用するための課題が摘出され，解決策が述べられている。結論をあげると，

① 鋼の代わりにCFRPを使っても自動車は作れる。

② 鋼製1700 kgがCFRP製では1200 kgになり30％軽量化できる。

③ 実車走行の比較はないが，CFRPを使用すれば燃料消費量は減少する。

④ 炭素繊維1 kgの価格は＄55であり，CFRPは余りにも高価で実用化には程遠い。炭素繊維1 kgの価格が＄11～22になれば実用化が進む。

⑤ 材料及び部品の製造技術は開発途上にあり，技術進歩に期待したい。

実際に試作された自動車の写真とスケッチがあり，図11にスケッチを掲げておく。ハッチン

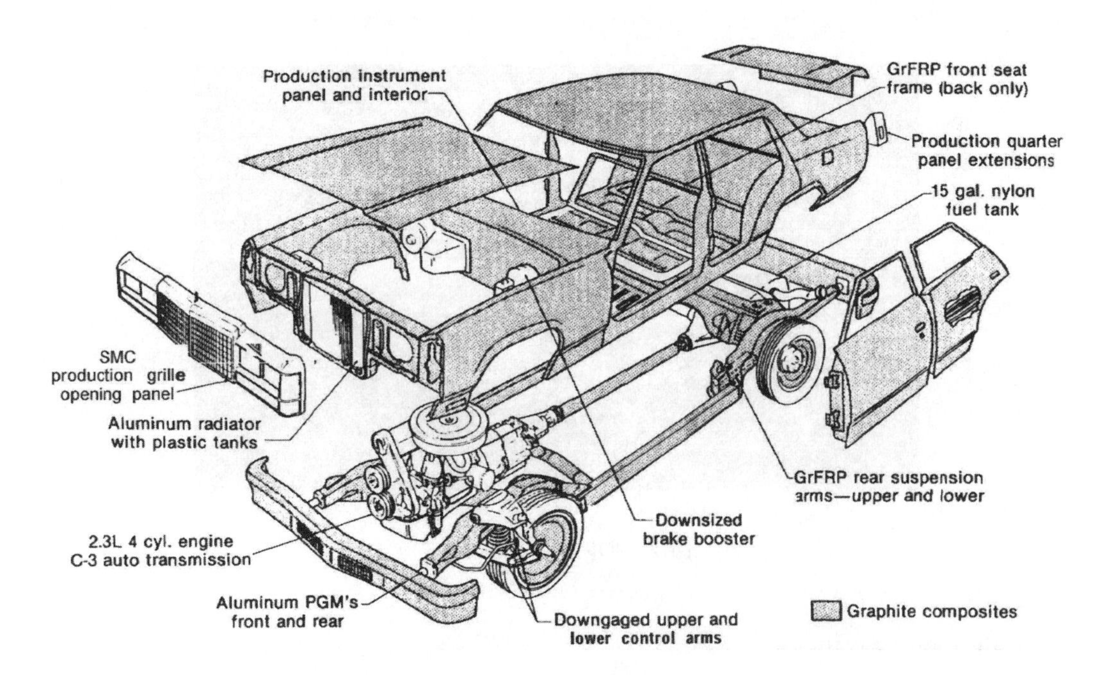

図11　フォード社のCFRP実験車（1987年）[16]

グ部がCFRPである。なお，引用した文献が出版された頃，米国では炭素繊維を "Graphite Fiber" と呼び，炭素繊維強化樹脂を "Graphite Fiber Reinforced Plastic", "GrFRP", "Graphite composites" と呼んでいた。図11の "GrFRP" はガラス繊維強化樹脂GFRPを指すものではない[16]。

9　高級スポーツカー

炭素繊維は釣竿，ゴルフクラブ，テニスラケットなどのスポーツ用品や航空機への利用が進み，特長の軽量と高剛性が認知されると共に生産量が増し，価格が低下した。また，ラージトウと称する衣料用アクリル繊維の太い糸束を原料にした安価グレードが開発されたため，限定的ではあるがCFRP製自動車部品，例えばボンネット，リアスポイラー，ボデー，プロペラシャフト，ホイールなどに使用されるようになってきた。ヨーロッパのスポーツカーメーカーはCFRPの導入に意欲的であり，ポルシェ・カレラGT（図12），メルセデス・マックラーレンSLR（図13），アストン・マーチン・ヴァンキッシュなどの超高価な車種に使用されている。

ポルシェ・カレラGTの複合材料使用部位の例として，炭素繊維強化シリコンカーバイド製ブレーキディスク及びCFRP製の耐クラッシュ構造モノコックシャーシを図14及び図15に示す[17]。

図12　ポルシェ・カレラGT

図13　メルセデス・マックラーレン SLR

図14　ポルシェ・カレラの炭素繊維強化シリコンカーバイド製クラッチディスク[17]

図15　ポルシェ・カレラの CFRP 製シャーシ・サブフレーム・クラッシュ構造体[17]

10 自動車軽量化と燃費

自動車の燃費削減は，経済性，地下資源の節約，温暖化に代表される地球環境変化の抑制において重要な課題であり，研究開発の事例を振り返ってみる。

(1) ULSABとFSV

世界の鉄鋼企業33社は，鉄鋼の強度向上による軽量化を実証するためULSAB（Ultra Light Auto Body）プロジェクトを行い，続いて1999年から2001年までULSAB-AVC（Advanced Vehicle Concept）において自動車車両全体をバーチャル・モデルで製作し，高張力鋼板を用いることによって1500 CCクラス小型乗用車で19％，2500 CCクラス普通乗用車で32％の軽量化を実証した。その結果，2008年欧州CO_2排出規制値140 g/km及び欧州衝突安全規格5★～4★を満足した[18]。2008年には，電気自動車及びハイブリッド車の需要が高まる中で，次世代鋼製車体プログラム（Future Steel Vehicle-FSVと略）を発足し，電気自動車・プラグインハイブリッド車・燃料電池車の技術課題が検討された。引き続き，2009年から2010年には，4人乗り電気自動車を対象に，近未来の車体設計のスタンダードを提案することになっている[19]。

(2) アルミ合金の利用

20世紀の初頭，カール・ベンツの小型スポーツカーボデー（1899年）やエンジン部品（1901年）にアルミ合金が用いられているが，この新材料に対する知識が乏しく，軽いけれども，加工が困難，しかも高価なため汎用されることはなかった。

アルミニウムが自動車部品に使用されたのは，第2次世界大戦の終結にともない軍用航空機需要が急減し，アルミニウム価格が下落して社会問題となったことに関係している。フランス政府は，余剰アルミの有効活用のため自動車部品アルミ化を積極的に推進し，1947年にパナール・ルバッソール・ディナビアのボデーに採用されたが，1953年モデルは鋼に替っている。英国においても事情は同様であり，ローバー・モーター社は軍用アルミ合金を農業用運搬車ランド・ローバーのボデーに用い，塗装も軍用のオリーブ色塗料を転用した。このような初期の経験を踏まえ，アルミ合金の適用部位は徐々に拡大し，ホンダNSX/インサイト，アウディA 8/A 2/S 8，BMW Z 8，フェラリ360モデナ，アストン・マーチン・ヴァンキッシュのボデー全体から，個々の部品としてエンジンフード，フェンダー，トランクリッド，テールゲート，ドア，サブフレーム，ルーフに使用されている。なお，2009年の軽量車のアルミ合金使用率は，日本が8.0%，EU 8.6%，米国8.6%とされている[20,21]。

(3) 米国の低燃費車開発

1993年自動車大手のGM，フォード，ダイムラー・クライスラーの3社と政府機関が連携し，低燃費車開発のためのThe Partnership for a New Generation of Vehicles（PNGV）をスタートした。目標は，燃費 34 km/L の中型車，エンジンはディーゼルと燃料電池のハイブリッドであり，GM 社はプリセプト，フォード社はプロディジィ，ダイムラー・クライスラー社は ESX 3 をモデルカーとして開発を進めた。燃費目標は達成されたが（2000 年），量産化のための課題を積み残したまま終了し，後述する FreedomCAR に引継がれた。一方，ホンダ・インサイトとトヨタ・プリウスは燃費 30 km/L と排出ガス汚染基準を満足し，米国において一歩先行したため，PNGV 車は量産されることなく消え去っていった[22]。

(4)　ダイハツ社の軽量実験車 UFE

ダイハツ社は 2001 年 UFE を発表し，4 人乗り軽自動車で車両重量 630 kg，燃費 55 km/L を記録した。2003 年 UFE-Ⅱは，さらに重量を 570 kg に軽減し 60 km/L を達成。2005 年 UFE-Ⅲは重量 440 kg，空気抵抗を減らすため流線型を採用し 72 km/L に達した[23]。

(5)　1 リットルカー

フォルクスワーゲン社は，2002 年に石油 1 リットルで 100 km 走行可能な実験車“1 リットルカー”を開発し，ピーヒ社長自ら運転して公道を時速 120 km で走行して性能を実証した。図 16 は走行試験中の状況である。1 リットルカーは幅 1.25 m，長さ 3.47 m，エンジンはアルミ，フレームはマグネシウム合金，ボデーは CFRP，塗装なしの超小型 2 人乗りタンデム車である[24]。

図16　フォルクスワーゲン社の 1 リットルカー[23]

11　複合材料による自動車省エネ研究の状況－米国・EU・日本

(1)　米国の省エネ技術開発研究

1980年代後半，原油価格の高騰や地球環境問題への世論の高まりによって，自動車の省エネと環境汚染防止に関心が寄せられた。この課題の解決には，米国自動車メーカー各社が独自に車両の軽量化を研究するよりも協調して対応するのが望ましいとの考えから，クライスラー，フォード，GM 3社を中心にThe Automotive Composites Consortium（ACC）を設立した（1988年）。近未来の研究課題である軽量化，水素燃料電池の開発，廃車リサイクル技術などを効果的に進めるため，ACCはThe United States Council for Automotive Research（USCAR）へと発展し（1992年），自動車産業の国際競争力向上を目的にUSCARと米国政府が連携したThe Partnership for a New Generation of Vehicles（PNGV）を発足した（1993年）。PNGVは，既存の乗用車に比べ燃費を3倍に向上する目標を掲げ，ハイブリッドエンジン，車体軽量化，電池，排気ガス処理をテーマに10年計画で技術開発が行われた。しかし，いくつかの課題を未解決のまま一旦終結し，2002年の新プロジェクトFreedomCARに引継がれた。翌2003年自動車3社にエネルギー関連企業5社が加わり，水素と燃料電池を重点化した開発計画The Freedom CAR & Fuel Partnershipが開始された。2004年12月には，これまでの自動車競争力強化に加えて，生産技術強化を目標にしたU.S.Alliance for Technology and Engineering for Automotive Manufacturing（USA-TEAM）が発足した[25]。

(2)　EUのCFRP自動車研究

EUでは，2000年から2004年にかけて6国14企業・大学・団体が参加したTechnologies for Carbon fibre reinforced modular Automotive Body Structures（TECABS）が行われた。航空機用途に使用されている細くて高価な炭素繊維ではなく，太くて安価な炭素繊維の織物及び組物を強化材に，発泡プラスチックをコア材に用い，樹脂注入成形法によって複雑な構造のサンドイッチ部品を一体成形する技術開発を行い，目標とする性能・生産性・コストを達成した[26]。

(3)　わが国のCFRP・アルミ自動車研究

新エネルギー・産業技術総合開発機構（NEDO）のプロジェクトとして，2002年（平成14年）から2007年（平成19年）まで ①CFRPを用いることによって，自動車用軟鋼板の車体に対して重量を50％軽量化し，かつ安全性を備えた車両の構造部材を開発し，さらにCFRP部品の成形サイクル時間を10分以内とする製造技術開発及び ②超軽量，高強度，衝突時の安全性に富むアルミニウム材を開発し自動車の軽量化を図る研究開発が行われた[27]。

(4)　米国ビッグスリーの苦境と中国の躍進

2008年9月，米国のサブプライムローン問題に端を発した金融危機の発生は，世界的な需要の低迷を招き，大型車を主力にした米国自動車産業にとって極めて大きい打撃となった。緊急措置としてGM，クライスラー両社が国有化され，その後，再建策が検討されてきた。GM社は国の支援のもとに新GM社として発足し，従来の大型車から地球環境を重視した中・小型車へのシフト及びハイブリッド車・燃料電池自動車開発によって再生を図る方向が示された。

2009年1月，恒例の北米自動車ショーでは，フォード・モーターが乗用車及びトラック部門の受賞を独占し，展示スペースを2008年の1.5倍となる過去最大に拡張したのに対し，GMは小型車シボレー・アベオRSとコンセプトカーEVの展示に留まり，クライスラーは新型車の発表すらないという異例の展示会になった。

米国の不況は，わが国の自動車産業にも多大の影響を及ぼし，2009年度国内乗用車生産台数は793万台に留まり2008年度に比べ31％の減少，トラックは800万台を下回る35％の減少であった。その結果，純損益はトヨタ▲4,300億円，日産▲2,300億円の大幅な赤字決算となった。

それに引き換え中国の発展は目覚ましく，中国汽車工業協会によれば2009年度の自動車販売台数は1,364万台であり，米国1,278万台，日本1,014万台，ドイツ553万台を凌駕し世界第一位に躍進した。主力企業の生産実績は，上海汽車270万台，第一汽車195万台，東風190万台，長安187万台であり，また，吉利によるボルボの買収が話題になっている[28]。中国における複合材料の利用については，ガラス繊維SMCのプレス成形によるトラック用フロントパネル，サイドパネル，バンパー，ヘッドランプ反射板などの生産実績がある。また，炭素繊維については，大連興科炭繊維公司，中国石油吉林石化公司，蘇州中凱工易，播州恵通公司など十数社が研究開発に取り組んでおり，大連興科炭繊維の年産800トンが最大生産能力であって，他は小規模設備による試験研究段階と推察される。

文　献

1）エリック・エッカーマン，松本廉平訳，自動車の世界史，p.22，グランプリ出版（1981）
2）ニコラ・ジョゼフ・キュニョー，
http://wpedia.mobile.goo.ne.jp/wiki/;http://ja.wikipedia.org/wiki/
3）日本自動車百年史，
http://www.st.rim.or.jp/~iwat/zenshi-5/zenshi-5.html#shiso
4）The story of the Grand Prix,

http://www.ddavid.com/formula1/story.htm
5) Histoire,
http://www.michelin.ch/ch/front/affich.jsp?&codeRubrique=1007&codePage=104_00_08&lang=FR
6) Les pneumatiques-Historique,
http://philippe.boursin.perso.sfr.fr/pdgpneu3.htm
7) Popular research topics-Soybean Car,
http://www.thehenryford.org/research/soybeancar.aspx
8) Canadian Driver, William Stout and his Scarab,
http://www.canadiandriver.com/articles/bv/scarab.htm
9) Automotive History Online,
http://www.automotivehistoryonline.com/stout.htm
10) William B.Stout and his wonderful Skycar,
http://blog.modernmechanix.com/mags/qf/c/MechanixIllustrated/11-1943/sky_car
11) A History of the Car-The Glasspar G2 Sports Roadster,
http://clubs.hemmings.com/clubsites/glasspar-g2/history.htm
12) Chevrolet_Corvette,
http://en.wikipedia.org/wiki/Chevrolet_Corvette
13) Chronology of Chevrolet Corvettes,
http://www.islandnet.com/~kpolsson/vettehis/
14) B.P. O'Rourke, Proceeding 14th International SAMPE European Conf., p.149 (1993)
15) 1992 Williams FW14 black test livery,
http://f1onboard.com/viewtopic.php?f=18&t=33136
16) Advanced materials by design-New structural materials technologies, Congress of the United States, Office of Technology Assessment, Library of Congress Catalogue Card Number 87-619860 (June 1988) NTIS order #PB88-243548,
www.govinfo.library.unt.edu/ota/Ota_3/DATA/1988/8801.PDF
17) Porsche Engineering Magazine, Issue 02/2004, p.6 and p.9.,
http://www.porscheengineering.com/filestore.aspx/default.pdf?pool=peg&type=download&id=press-magazine-2004-02&lang=en&filetype=default
18) 栗山幸久, 山崎一正, 橋本浩二, 大橋　浩, ULSAB-AVCの開発の経緯と成果　溶接学会誌, **71**, (8), 554-558 (2002),
http://ci.nii.ac.jp/naid/110003401629
19) Global Steel Industry Developing Vehicle Concept Around Next Generation Electrics, Hybrids,
http://www.worldautosteel.org/Projects/Future-Steel-Vehicle/Phase-1-Results-Phase-2-Launch.aspx
20) 社団法人日本アルミニウム協会　自動車アルミ化委員会ホームページ,
http://www.aluminum.or.jp
21) New Data Details Automakers' Material Use, The Aluminum Association's Auto &

Light Truck Group, Webinar, 2009-4-7,
http://www.autoaluminum.org
22) The Partnership for a new generation of vehicles (PNGV),
http://www.pngv.org/main/index.php?option=com_content&task=blogcategory&id=14&itemid=26
23) ダイハツ，東京モーターショーUFE-III出展，
http://www.daihatsu.co.jp/wn/051011-1f.htm
24) Volkswagen-The 1 Litter Car,
http://www.autointell-news.com/european_companies/volkswagen/vw_marke/volkswagen-concepts/volkswagen-1-liter/volkswagen-1-literauto-02.htm
25) USCAR Home,
http://www.uscar.org/guest/history.php
26) Success for low-weight auto parts project,
http://ec.europa.eu/research/transport/news/article_1507_en.html
27) 新エネルギー・産業技術総合開発機構，省エネルギー技術開発プログラム－自動車軽量化炭素繊維強化複合材料の研究開発，
http://www.nedo.go.jp/activities/portal/p03005.html
28) 柯　隆，欧米メーカーに触手伸ばす中国自動車業界，日本ビジネスプレス（2010-01-15），
http://jbpress.ismedia.jp/articles/-/2595.

第3章　プラスチック化が進む自動車部品

1　プラスチックによる自動車の軽量化

山中　亨*

1.1　プラスチックとその特性

通常，プラスチックは炭素（C），水素（H），酸素（O）を主要な構成元素とする有機高分子化合物に分類され，非常に多くの種類のものが生産されている。窒素（N），硫黄（S），フッ素（F），塩素（C1）などの元素を構成成分として含むものもあり，その特性も多種多様である。共通した性質として，プラスチック単体の比重はおおよそ0.9～1.5であり，金属材料と比較すると比重が小さく，電気絶縁性を有する，錆を生じないという特徴がある。一方，一般的に高温に弱く，傷つきやすい，特定の化学薬品に対する耐性が弱いという傾向を示す。

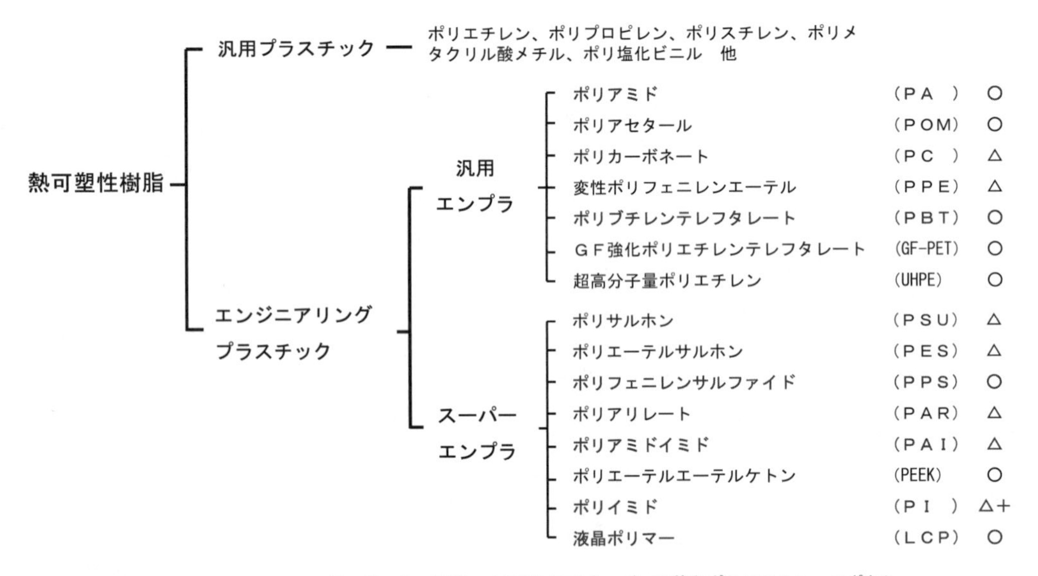

図1　合成樹脂の分類

*　Toru Yamanaka　東レ㈱　オートモーティブセンター　所長

プラスチックという言葉は日本語では，合成樹脂を意味するが，合成樹脂は図1に示すように，熱可塑性樹脂と熱硬化性樹脂に分類される。

熱可塑性樹脂は，この言葉が意味するとおり，熱を加えることにより可塑化する（溶融する）性質を有するため，この性質を活かして（熱を加え）「可塑化して」，「流して」，（冷やして）「固める」というプロセスにより成形することができる。熱可塑性樹脂は通常ペレットと呼ばれる数mm大の粒状体として製造され，さまざまな形の部材，部品に成形される。代表的な成形方法として，射出成形，押出成形（チューブやシートなど），ブロー成形（ボトルなど），プレス成形などが挙げられる。熱可塑性樹脂は，一般に各種の成形品に加工された後も熱を加えることにより，再び可塑化（溶融）するため，2色成形，溶着などの2次加工性やリサイクル性に優れる。なお，熱可塑性樹脂は英語でthermoplastic resinであり，プラスチックという言葉の語源はここから来ている。

一方，熱硬化性樹脂では，加熱することにより一旦液状になった，比較的分子量の低い分子が，更に加熱されることにより，化学反応を生じ，互いに繋がり合い，編み目のような構造を作り，固体になる。この現象を硬化反応と呼ぶ。熱硬化性樹脂は，硬化反応の後，不溶不融となり，再度加熱しても流動状態にはならないため，熱可塑性樹脂とはリサイクルや2次加工の方法が異なる。熱硬化性樹脂は，英語でthermoset resinであるが，日本語のプラスチックには通常，熱硬化性樹脂も含まれる。熱可塑性樹脂と熱硬化性樹脂の模式図を図2に示す。

熱可塑性樹脂		熱硬化性樹脂
非晶性樹脂	結晶性樹脂	
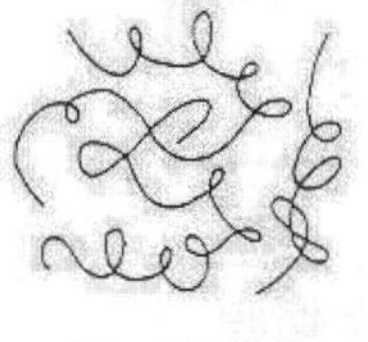 無定形分子 （ランダム構造）	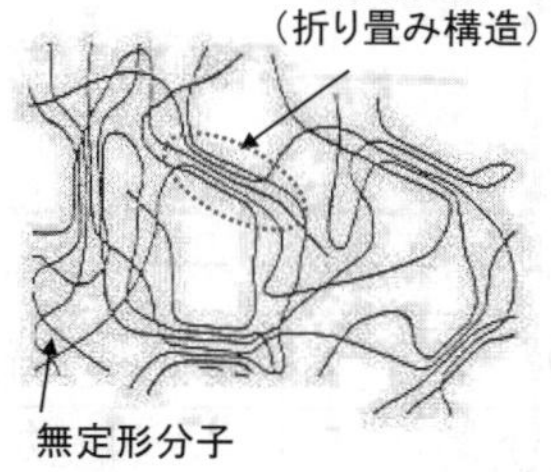 結晶組織 （折り畳み構造） 無定形分子	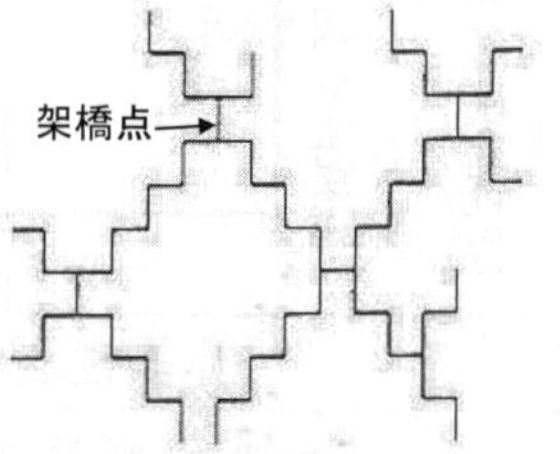 架橋点 （架橋構造）
<例> ポリスチレン ポリカーボネート 変性PPO ポリスルホン ポリエーテルイミド	<例> ポリプロピレン ポリアミド（ナイロン） PBT ポリアセタール（POM） PPS	<例> フェノール樹脂 エポキシ樹脂 メラミン樹脂 ユリア樹脂

図2　熱可塑性樹脂と熱硬化性樹脂のちがい

熱可塑性樹脂，熱硬化樹脂のいずれにおいても，材料としての特性を改良する目的で樹脂に種々の添加剤を混合して使用される。特に，ガラス繊維や炭素繊維などの強化繊維や，タルク，マイカ，炭酸カルシウムなどの無機充填剤を樹脂成分に混合して使用することにより，機械的強度や弾性率，耐熱性を高める効果があるため，必要に応じて使用される。

特に熱可塑性樹脂では，その種類により機械特性や耐熱性が大きく異なる。樹脂材料が結晶構造を有するものを結晶性樹脂，結晶構造を持たないものを非晶性樹脂と呼んでいる。結晶性樹脂と非晶性樹脂の特徴を図3に示す。

結晶性樹脂は，ガラス転移点（T_g）と融点（T_m）を有するが，非晶性樹脂は T_g のみを有する。一般には結晶性樹脂は硬く，剛性があり，非晶性樹脂は透明性を有している。いずれも T_g よりも高い温度では非晶部の分子運動が活発になるため，剛性が低下するが，結晶性樹脂では，T_m 以下では結晶構造が存在するため，剛性の低下は非晶性樹脂よりも小さい。しかし，T_m よりも高い温度では結晶構造が消失するため剛性は大きく低下する。

熱可塑性樹脂の特性を制御する方法として，ポリマーブレンド（ポリマーアロイ）という手法が使用されることがある。異なる複数の種類の樹脂を溶融し，混合することにより，新たな特性

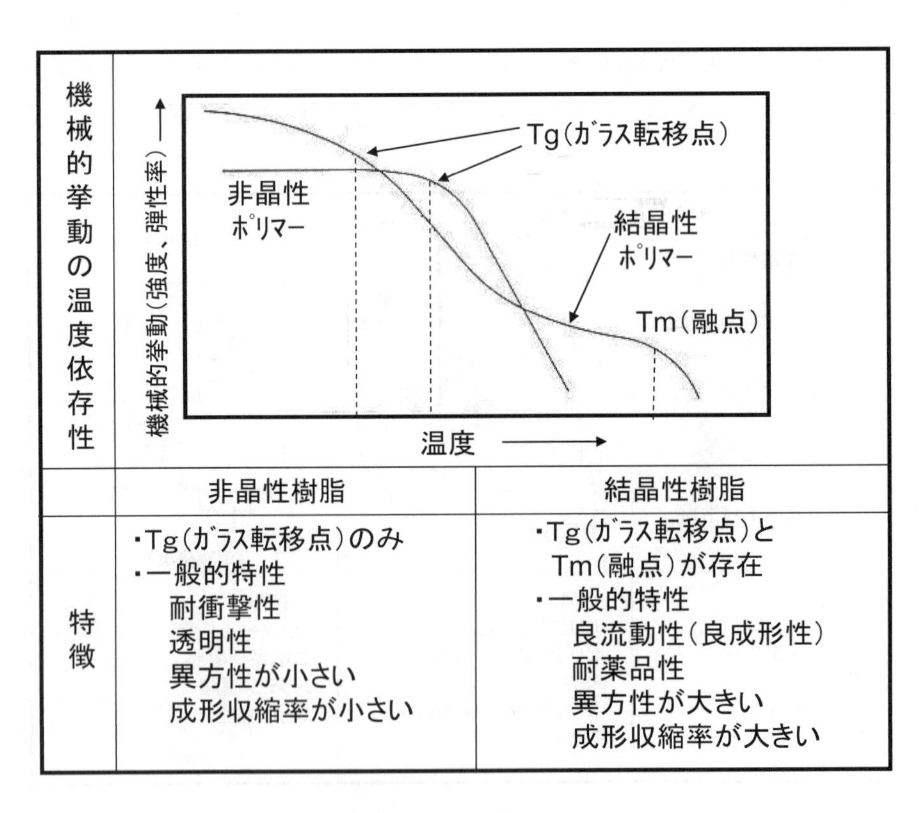

図3　結晶性樹脂と非晶性樹脂の特徴

や機能を持った材料を製造する技術および得られた材料を総称して，ポリマーブレンドあるいはポリマーアロイと呼んでいる。新たな機能を有する材料が，既存の樹脂材料と押出機を用いることにより，僅かな設備投資で製造できるため，近年，非常に盛んに行われるようになった手法である。例えば，汎用エンジニアリングプラスチックの1種である変性ポリフェニレンエーテル樹脂（m-PPE）は，ポリスチレンとポリ（2,6-ジメチル-1,4-フェニレンエーテル）の2種類のポリマーが完全に相溶したポリマーアロイである。

1.2　プラスチックの生産量，使用量

プラスチック（本書では熱可塑性樹脂と熱硬化性樹脂の両方を含む）の2008年度国内生産量は，急激な景気後退のため縮小したものの，過去5年間，年産1400万t前後の規模で推移している（図4）。

2008年度の生産量1304万tの内訳は図5に示すとおり，熱可塑性樹脂が全体の約9割を占め，残り1割が熱硬化性樹脂である。更に熱可塑性樹脂の約50％をポリエチレンとポリプロピレンが占めている。熱可塑性樹脂は，その耐熱性により，汎用プラスチックとエンジニアリングプラスチック（エンプラ）に分類されるが，耐熱性の尺度としての荷重たわみ温度（DTUL）が100℃未満のものを汎用プラスチック，100℃以上のものをエンプラ，150℃以上のものをスーパーエンプラとして区別している。汎用エンプラの内，ポリアミド（PA），ポリカーボネート（PC），ポリアセタール（ポリオキシメチレン，POM），ポリブチレンテレフタレート（PBT），および

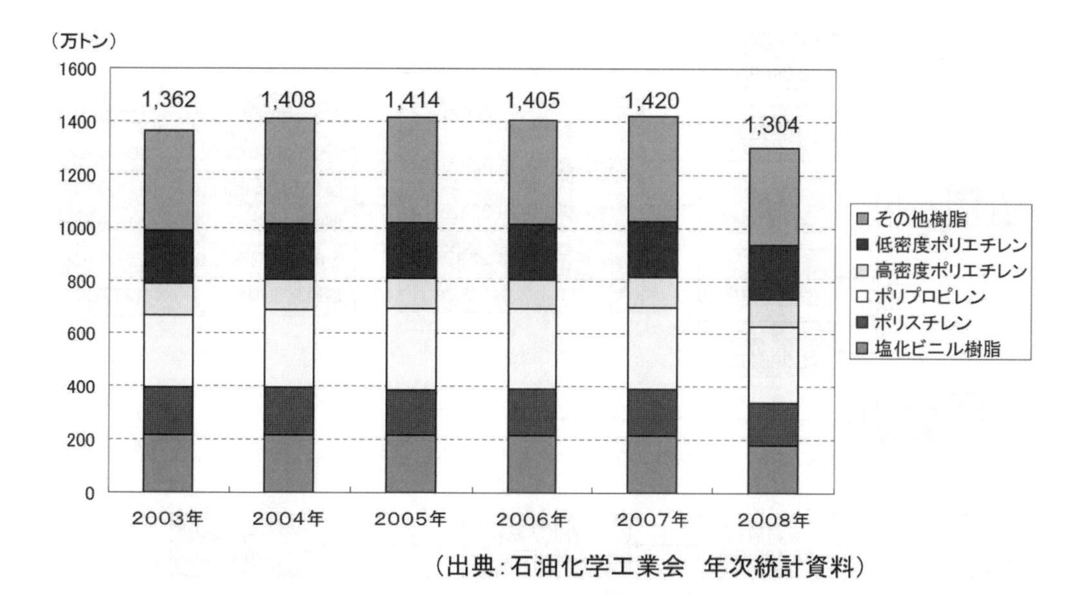

図4　プラスチックの国内生産量

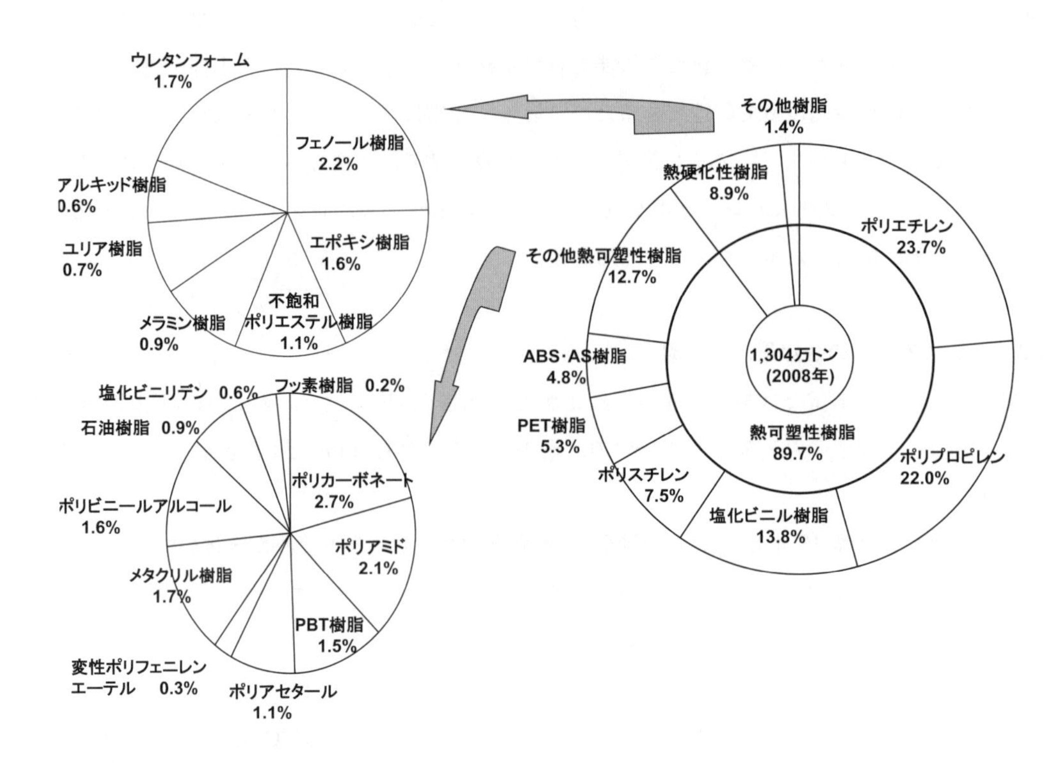

図5 プラスチック生産量の内訳

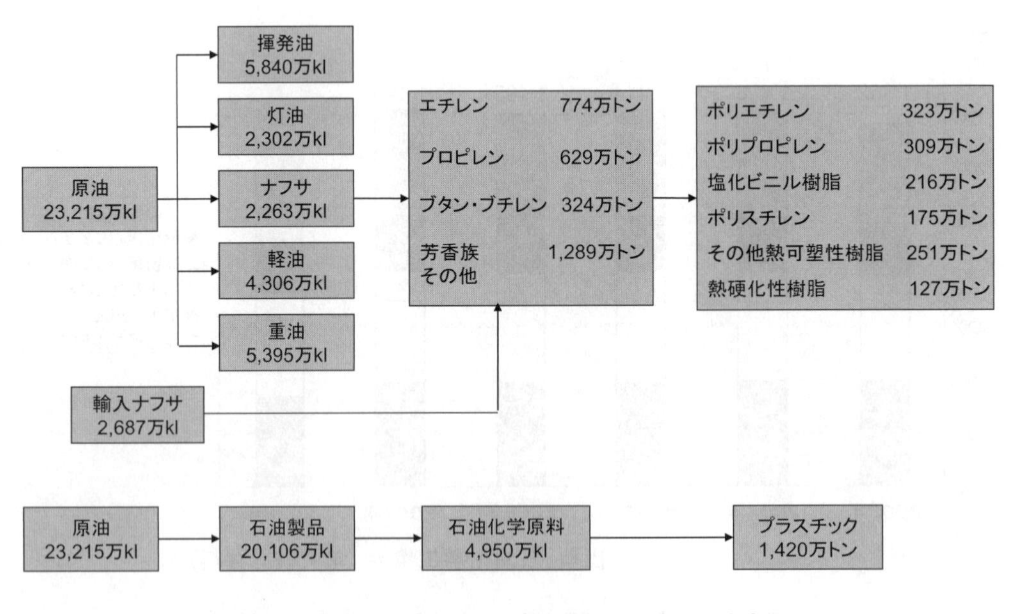

図6 石油からのプラスチック生産フローと製品別生産量

変性ポリフェニレンエーテル（m-PPE）の5種を特に汎用5大エンプラと呼んでいる。汎用5大エンプラがプラスチック全体に占める生産量は，約7.7％である。

これらプラスチックの殆どは石油を原料として製造されている。図6に原油からプラスチックの製造の流れを示すが，原油を蒸留して製造されるナフサ（粗製ガソリン）を原料とする石油基礎化学製品（エチレン，プロピレン，ブタン，ブチレン，ベンゼン，トルエン，キシレンなど）からプラスチックが製造される。日本が輸入する原油と輸入ナフサの合計に対して約16重量％が石油基礎化学製品の原料として使用されており，プラスチックの生産に向けられた量は年間に使用される原油と輸入ナフサの約6.5重量％に相当する。石油基礎化学製品以外の84重量％の原油の用途は揮発油，灯油，軽油，重油などであり，動力源や熱源として使用されている。

1.3　プラスチックと自動車の軽量化

図7に普通乗用車の重量別保有台数と車両重量の推移を示す。1980年には車両重量平均値が1000 kg以下であったのが，2006年には1380 kgと40％程度の重量増加がみられる。これは，容量比率に換算すると約30％に達しているものと推定される。1985年頃をピークに1000 kg以下の車両は減少に転じ，逆に1990年頃から1500 kgを越える車両が増加の一途をたどっている。これには，安全対策や，快適性向上のための装備，ライフスタイルの変化，高級車嗜好などの影響が考えられる。

一方，図8に普通乗用車を構成する素材の構成比を示す。1980年時点で，プラスチック材料の構成比率は約5％であったが，2005年時点では約9％に増大していると考えられる。1980年当時とは車両重量平均値が異なるため，この25年間で，自動車1台あたりに使用されるプラスチックは，約50 kgから約120 kgと約2.5倍の量になっている。逆の言い方をすれば，プラス

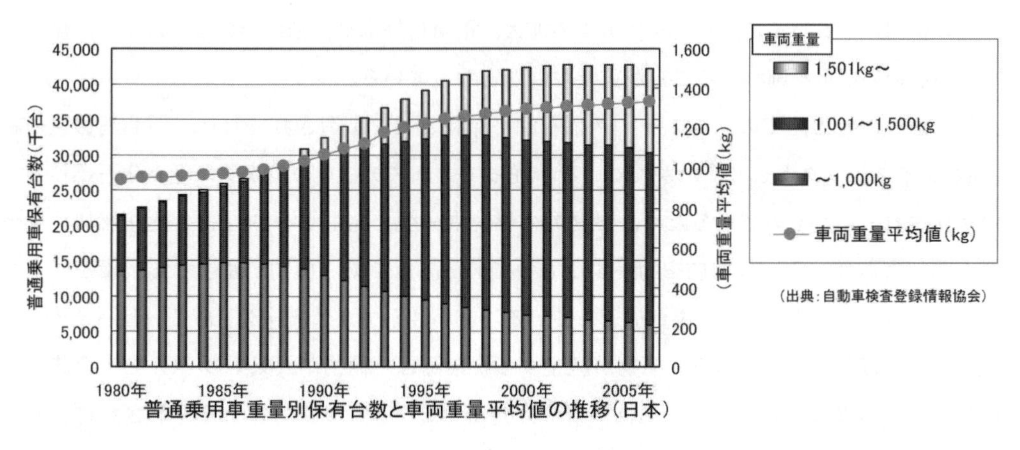

図7　自動車台数と重量

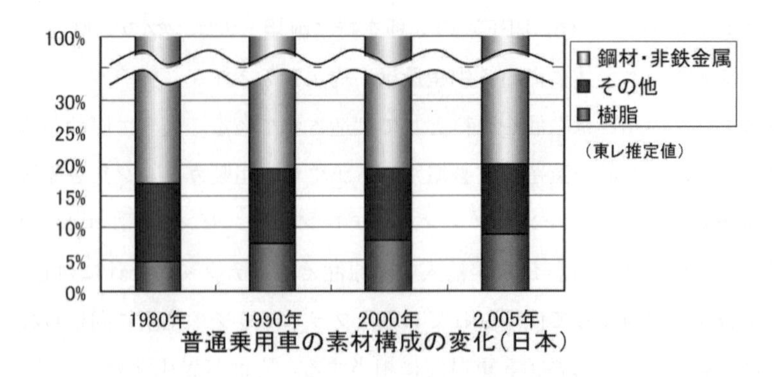

図8　自動車の素材別構成比率

チックの多用により，この四半世紀の国産車の重量増大が大幅に抑えられたと言うことができる。

プラスチックの使用は単に部品単体の重量軽減に留まらず，複雑な形状の部品を一体成形することによる締結部品の省略や，部品軽量化によりその周囲の構造自体を簡略化できるなどの副次効果が期待でき，車両の軽量化に大きく寄与できるものと考えられる。

エンジニアリングプラスチックを中心とする，自動車に使用されるプラスチックの詳細については，第2節で述べる。

1.4　新しいプラスチックの開発

前述の通り，プラスチックの殆どは原料を石油に依存している。2010年以降には石油の産出量のピークを築くいわゆるピークオイルを迎えるとされている。さらに地球規模での環境保全の考え方から，CO_2排出型社会から循環型社会への転換が緊急の課題であり，石油に依存しない社会を構築する必要がある。そのために自動車メーカーではさらに効率の良い駆動系の開発，モーターとの併用によるハイブリッドシステムの拡大，電気自動車や自動車の軽量化により，燃料としての石油の使用量を削減することが重要な課題となっている。

前述の通り，殆ど全てのプラスチックは石油を原料として製造されており，石油消費量の約6.5％がプラスチックとして使用されている。従ってプラスチックの炭素源は元々化石燃料として固定化されていたものであるため，最終的に燃焼や分解で発生するCO_2は，化石燃料の燃焼と全く同じであり，CO_2の増加を助長するものである。そこで，植物が産生する炭素をプラスチックの原料として使用する動きが加速している。非石油系プラスチック，あるいはバイオプラスチックと呼ばれるものである。植物が産生する炭素源は，植物が大気中のCO_2を光合成により固定化したものであり，通常は植物が寿命を終えるとバクテリア等により分解され再びCO_2として大気中に戻っていく。従って，長い目で見た場合，植物が固定した炭素をCO_2として大気に戻したとしても CO_2 のトータル量は変動しない。この考え方を「カーボンニュートラル」と呼んでいる。

そこで植物が産生する炭素をプラスチックの原料として使用した場合，プラスチックを燃焼させたとしても，CO_2 の増加には直接繋がらないと考えられる。

代表的な非石油系プラスチックとしては，ポリ乳酸などのバイオポリエステルや，原料モノマーの一部に植物由来の原料を使用したナイロン610などのポリアミド樹脂があるが，東レでは非可食性のバイオマスから微生物を利用して合成した1,5-ペンタンジアミンを原料とするバイオナイロンの試作に成功した[1]。

また，前述のポリマーアロイに関しては，2000年以降，複数のポリマーの分散構造をナノメーターのオーダーで制御した材料が開発されるようになり，従来のポリマーアロイと比較して飛躍的な特性の向上が見出され，特徴のある樹脂材料が産み出されている[2]。

文　　献

1）東レホームページ http://www.toray.co.jp/news/rd/nr 090518.html
2）小林定之，自動車技術，"ナノアロイ" 樹脂の技術開発，**63**，No.4（2009）

2　自動車に使用されるプラスチックと軽量化への取り組み事例

2.1　ポリアミド樹脂

大村昭洋*

2.1.1　はじめに

ポリアミド樹脂はDuPont社のCarothersが発明し，1939年にDuPont社がポリアミド66を，1942年にIG社がポリアミド6の商業生産を開始した材料である。なお，日本においては1951年に東洋レーヨン（現東レ）がポリアミド6の商業生産を開始している。生産開始当時は繊維としての利用が主であったが，1950年以降，樹脂としての利用が増加し，現在では，PBT，PC，m-PPO，POMとあわせ汎用5大エンプラとして多くの分野で利用されている。

ポリアミドの代表例であるポリアミド6とポリアミド66の2007年国内市場はそれぞれ約15万tと約8.5万tと推定される[1]。それぞれの市場の内，ポリアミド6の自動車用途は約35%であり，フィルム用途，電気電子用途とおおよそ三分している。またポリアミド66はポリアミド6よりも高融点であることを活かし，約65%が自動車用途に用いられており，少なからず自動車の軽量化に貢献していると言える。

ポリアミド6やポリアミド66以外にも，融点はやや低いが低吸水や柔軟性を特徴とするポリアミド11やポリアミド610，高融点を特徴とするポリアミド46やポリアミド6T系材料，高強度・高剛性を特長とするポリアミドMXD6，各原料からなる共重合ポリアミドなど多種多様な品種がある。ポリアミド6やポリアミド66に比べると使用量自体は少量だが，その特徴に適した用途に使用されている。

2.1.2　材料特性

代表的なポリアミドの特性を表1[2]に示す。ポリアミド6やポリアミド66は強度・剛性に優れ，ガラス繊維（GF）によって効率よく補強されていること，ポリアミド610や，612，11，12は低比重，低吸水などの特長を有することがわかる。

また，軽量化を考える上では比強度，比剛性という見方が重要である。一例として，ガラス繊維30%強化ポリアミド6のスチールに対する軽量化率を表2に示す[3]。強度換算で23%，剛性換算で49%の軽量化率を見込むことができる。

また，ガラス繊維を増量すると高比重となることから軽量化とは逆行すると思われることがあるが，比強度，比剛性の観点で見ると軽量化できる可能性がある（表3）。流動性や表面外観などが悪化する可能性があること，成形品を一律薄肉化できるわけではないことなどを考慮し，材料を選択することが重要である。

---

*　Akihiro Ohmura　東レ㈱　樹脂技術部　部長

表1　代表的ナイロン樹脂の一般物性

性能＼種類	単位	ナイロン6		ナイロン6-6		ナイロン6-10		ナイロン6-12		ナイロン11	ナイロン12	
		標準品	30% GF強化	標準品	30% GF強化	標準品	30% GF強化	標準品	30% GF強化	標準品	標準品	30% GF強化
比重	—	1.14	1.36	1.14	1.37	1.09	1.32	1.07	1.30	1.04	1.02	1.23
融点	℃	220	220	260	260	213	213	210	210	187	178	178
成形収縮率	%	0.6〜1.6	0.4	0.8〜1.5	0.5	1.2	0.4	1.1	0.3	1.2	0.3〜1.5	0.3
引張り強さ	kg/cm^2	740	1,600	800	1,700	600	1,400	620	1,450	550	500	1,220
引張り弾性率	kg/cm^2	2.5×10^4	7×10^4	2.9×10^4	7.5×10^4	2.0×10^4	7×10^4	2.0×10^4	7×10^4	1.3×10^4	1.3×10^4	5×10^4
伸び	%	200	5	60	5	200	5	200	5	300	300	5
曲げ弾性率	kg/cm^2	2.6×10^4	7.5×10^4	3.0×10^4	8.0×10^4	2.2×10^4	7×10^4	2.0×10^4	7×10^4	1.0×10^4	1.4×10^4	6×10^4
アイゾッド衝撃強さ	kg-cm/cm	5.6	11.0	4.0	8.0	5.6	9.0	5.4	9.5	4	5	10
硬さ(ロックウェル)	—	R 114	R 120	R 118	R 121	R 116	R 120	R 114	R 120	R 108	R 106	R 119
熱変形温度 (18.6 kg/cm^2)	℃	63	190	70	240	57	190	60	190	55	55	168
耐熱温度(連続使用)	℃	105	115	105	125	—	—	—	—	90	90	—
吸水率 (24 hr, 1/8 in 厚)	%	1.8	1.2	1.3	1.0	0.5	0.3	0.4	0.3	0.3	0.25	0.17

表2　スチールに対する軽量化率

物性	単位	高張力鋼板 780 MPa級	PA 6-GF 30
密度 ρ	kg/m^3	7800	1360
引張強度 TS	MPa	780	170
比強度 TS/ ρ	MPa/(kg/m^3)	0.10	0.13
軽量化率	%	—	23
曲げ弾性率 FM	MPa	210000	9200
比剛性 $(FM)^{1/3}/\rho$	$(MPa)^{1/3}/(kg/m^3)$	7.6×10^{-3}	15×10^{-3}
軽量化率	%	—	49

表3　ガラス繊維の比強度，比剛性

物性	単位	PA 6 非強化	PA 6-GF 15%	PA 6-GF 30	PA 6-GF 45
密度 ρ	kg/m^3	1130	1250	1360	1500
引張強度 TS	MPa	85	130	170	205
比強度 TS/ ρ	MPa/(kg/m^3)	0.08	0.10	0.13	0.14
軽量化率	%	—	28	40	45
曲げ弾性率 FM	MPa	3000	5800	9200	16100
比剛性 $(FM)^{1/3}/\rho$	$(MPa)^{1/3}/(kg/m^3)$	13×10^{-3}	14×10^{-3}	15×10^{-3}	17×10^{-3}
軽量化率	%	—	11	17	24

2.1.3 最近の開発事例

この項では新聞や文献などに記載・発表された最近の開発事例を紹介する。

(1) バイオベースポリアミド

バイオベースポリアミドとは，非石油素材を原料としたポリアミドである。本書は軽量化に焦点を当てたものであるが，LCAを考えると軽量化と共に非石油素材という観点も重要であり，本項にて紹介する。

(a) ポリアミド610

石油由来のヘキサメチレンジアミンとヒマシ油由来のセバシン酸からなるポリアミドであり，約60%が非石油由来原料である。従来，モノフィラメントとして多く使用されていたが，最近は樹脂成形品としてのアイテムが増えて来ており，参入メーカーも東レ，DuPont，BASF他と増えつつある。特徴としては非石油由来，アミド基濃度が低いことに起因する低吸水，ポリアミド6と同等の融点などが挙げられる。

デンソーとDuPontは低吸水の特徴を活かし，耐塩化カルシウム性を向上させたポリアミド610製ラジエータタンクを開発・上市した[4]。

(b) ポリアミド410

DSMが開発した，ポリアミド610と同様にヒマシ油を原料としたポリアミドである。非石油由来原料の割合は70%，融点は約250℃といずれもポリアミド610より高いという特徴を有する。今後の市場展開が期待される材料である。

(c) その他

東レは微生物を利用した非可食バイオマス原料を用いたポリアミドの開発に成功したと発表し[5]，EMS，Arkemaは植物由来の半芳香族ポリアミドを発表した。また，100%植物由来のポリアミド1010が市場に投入されている[6]。

いずれの材料も今後の市場展開が期待・注目される材料である。

(2) 高剛性ポリアミド

これまでにも旭化成の90Gシリーズ，東レのCM35シリーズ，三菱エンプラの"レニー"など高剛性グレードが開発・上市されていたが，さらに高剛性であり炭素繊維強化樹脂に匹敵するガラス繊維強化ポリアミドが東洋紡によって開発された[7]。ガラス繊維含有量が高いために1.87と高比重ではあるが，スチールに比べれば低比重であり，これまで物性面で金属からの代替が進まなかった部品の樹脂化が期待される材料である。

(3) 非粘弾性ポリアミド

東レと山形大学の共同研究によって開発された材料であり，通常は高機能プラスチックとしての特性を示し，急激に衝撃を加えたときにゴムのように変形して衝撃を吸収する特徴を有する[8]。

強度・剛性と靭性を両立させるために高強度・高剛性材と高靭性材を組み合わせて使用していた部品に対して1材料で設計できれば，部品点数削減による軽量化および工数削減が期待できる。

(4)　流動性改良剤

ポリアミドに限らず，材料メーカー各社が種々検討している材料である。良流動化により薄肉部への流動が可能となるため軽量化に直結する添加剤である。東レやBASFはポリアミド中に1％のナノ微粒子を分散させることで既存品同等の機械特性を維持しつつ，流動性を向上できる材料を開発したと発表した[9,10]。

2.1.4　工法

ポリアミドは他のエンプラに比べて振動溶着，DSI（Die Slide Injection），レーザー溶着など各種工法に適した材料であり，インテークマニホールドなどに採用されている（図1～3[11]）。

いずれの工法も融点や結晶化温度，結晶化度の影響を受けるが，ポリアミド，特にポリアミド6はこれら工法に適した特徴を有している。一例として，各種エンジニアリングプラスチックのレーザー透過性を図4に示す。ポリアミドはPBTやPPSと比較して，結晶化度が低いためレーザー透過性が優れ，良好な溶着強度が期待できる。

溶着強度が高ければ，設計・形状の自由度が高まり，また溶着部の薄肉化などが可能となるため軽量化につながると考えられる。

2.1.5　用途例

主な用途を表4[12]に示す。外装部品のように外観が要求される部品や，アンダーフード部品のように耐熱や高強度などが求められる機能部品など多くの部位に使用されている。

軽量化を目的とした金属からの置換えは一通り完了した感が伺え，今後は一体化による部品点数および工数の削減や，材料の高機能化が必要と考えられる。

このような事例として樹脂フェンダーとバックドアを以下に紹介する。共にポリアミド66とPPOのアロイ材が採用されているが，フェンダーの採用の伸びは鈍い。寸法安定性やコストなどの課題があり，軽量化だけでは採用が伸び難い事例と言える。一方，バックドアは軽量化だけでなく，モジュール化，組み立て工数削減が可能のため，フェンダーよりも採用例の伸びが見られる[13]。

材料での軽量化だけでは効果が限定されており，今後の一層の軽量化のためには部品形状（設計）と工法との組み合わせが重要であり，部品メーカー，加工機メーカー，材料メーカーの協業が必要になってくると考えられる。

図１　振動溶着工法によるインテークマニホールド

図２　DSI 工法によるインテークマニホールド

図3　レーザー溶着事例[11)]

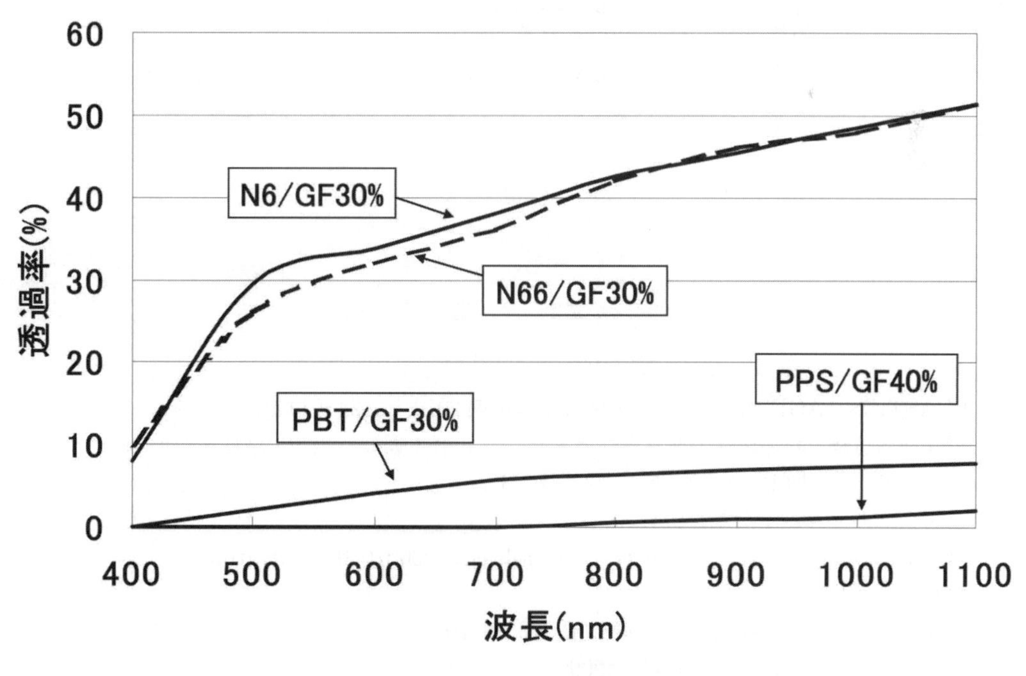

図4　ポリマー種とレーザー透過性（厚み3 mm）

表4　主な用途

区分	部品名	
シャシー部品	エンジンマウント	
外装部品	ホイールキャップ	スポイラ
	アウタドアハンドル	フェンダー
	バックドア	
アンダーフード部品	エアインレットパイプ	エアインテークダクト
	レゾネータ	インテークマニホールド
	タイミングベルトカバー	サージタンク
	エンジンカバー	ハイテンションコードカバー
	ラジエータタンク	シリンダヘットカバー
	ウォータインレット	LLCリザーブタンク
	オイルフィラーキャップ	オイルレベルゲージ
	フューエルストレーナ	オイルストレーナ
	インタークーラータンク	フューエルインジェクター
	オイルリザーブタンク	インタークーラーダクト
	バキュームタンク	キャニスター
	クーリングファン	フューエルデリバリーパイプ
内装部品	スリップジョイント	ベンチレータフィン
	ワイパレバー	
電装部品	コネクタ	フューズブロック
	センサハウジング	スイッチケース
駆動部品	シフトレバーベース	
その他部品	フューエルタンク	フレオンホースインナ
	バンパサポート	フューエルチューブ
	クリップ	ファスナー

文　献

1）PLASTICS　AGE　ENCYCLOPEDIA 進歩編 2010, p.124（2009）
2）平井利昌監修, エンジニアリングプラスチック, 第3版, p.32（1990）
3）岩野昌夫, 成形加工, 20, No.6, p.325（2008）
4）デンソーホームページ
http://www.denso.co.jp/ja/news/newsreleases/2009/090114-01.html
5）東レホームページ
http://www.toray.co.jp/news/rd/nr 090518.html
6）プラスチックス 60, No.6, p 44　(2009)

7） 東洋紡績ホームページ
http://www.toyobo.co.jp/press/press 340.htm
8） 東レホームページ
http://www.toray.co.jp/news/pla/nr 070131.html
9） 東レホームページ
http://www.toray.co.jp/news/pla/nr 090602.html
10） 2009-03-17付け化学工業日報掲載記事
11） 藤森義次監修，これからの自動車材料・技術 初版，大成社 p.127 （1998）
12） PLASTICS　AGE　ENCYCLOPEDIA　進歩編 2010，p.42 （2009）
13） アイシン精機ホームページ
http://www.aisin.co.jp/pickup/watch_aisin/episode 03/episode 03_06.htm

2.2 ポリブチレンテレフタレート（PBT）樹脂

2.2.1 はじめに

ポリブチレンテレフタレート（以下 PBT）樹脂は，テレフタル酸（TPA）または，テレフタル酸ジメチル（DMT）と，1,4 ブタンジオール（1,4-BD）を出発原料として，重縮合反応により得られる熱可塑性ポリエステルである。

PBT 樹脂の特徴は，結晶化速度が速く成形サイクル時間を短縮できること，優れた機械特性，電気特性を有すること，連続使用温度が 120℃～140℃であること，難燃化が容易であること，耐薬品性に優れること，低吸水性に基づき寸法安定性が高いことなどがあり，コネクタなどの電子部品や OA 機器の機能部品，自動車部品，住宅資材，精密機器など，幅広く使用されている。特に近年は，自動車の安全性向上や環境負荷低減の要求から，電装化，軽量化，モジュール化が進み，自動車一台あたりのスイッチ，リレー，ECU ケース，ワイヤハーネスコネクタなど電装部品の搭載数が増加し，自動車用途の PBT 樹脂使用量は増加傾向にある。

PBT 樹脂が使用される電装部品の多くは比較的小型であり，また金属部材を含む部品であるため，軽量化については，従来あまり議論がされていなかった。しかし電装部品の搭載数が増えるに従い，自動車重量への影響度も増すことから，今後はより軽量性に優れる材料が求められるものと予想される。PBT 樹脂に求められる軽量性としては，樹脂材料自体の比重低減と，電装部品を薄肉化する技術が挙げられる。それぞれの技術開発動向を以下に述べる。

2.2.2 PBT 樹脂の開発事例

(1) 低比重材料

PBT 樹脂は，比重が 1.31 と汎用 5 大エンプラ中でポリアセタールに次いで高く，且つガラス繊維などで強化されることが多いため，比較的重い樹脂材料と言える。材料の比重低減を図る手段としては，PBT 樹脂にスチレン系の非晶性樹脂やポリオレフィンなど，比重の低い樹脂を配合するアロイ化が有効であるが，PBT 樹脂とスチレン系樹脂やポリオレフィンは相溶性に乏しいため，単に配合するだけでは機械的強度の低下を招く。そこで，PBT 樹脂に配合する低比重樹脂に適した相溶化剤を選択し，最適な条件で溶融混練するアロイ化技術が重要となる。また，非晶性樹脂とのアロイ化は，PBT 樹脂の弱点である成形品の反りを軽減する効果もある。材料の低反り化が図られることによって，寸法安定化のために配するリブが削減でき，その様な観点からも部品の軽量化に貢献できるものと思われる。

東レでは相溶化技術を駆使することで，材料の機械特性を損なうことなく，比重の低減を図った低反りグレードを開発しており，その一例を表 1 に示す。近年これら低比重材料が採用される事例が増えてきている。

表1　低比重・低反りグレードの基本特性

項目			単位	試験法	GF 30%	
					低比重・低反りグレード	標準グレード
機械的性質	比重		–	ASTM D 792	1.43	1.55
	引張強度	23℃	MPa	ISO 527-1,2	135	145
	引張伸び	23℃	%		1.8	2.5
	曲げ強度	23℃	MPa	ISO 178	186	220
	曲げ弾性率	23℃	GPa		9.6	9.6
	シャルピー衝撃強度	23℃	kj/m	ISO 179	6.8	10
熱的性質	熱変形温度	1.82 MPa	g/10 min	ISO 75-1,2	171	213
	耐湿熱性[121℃/100% RH 処理 引張強度保持率]	50 hr	%	ISO 527-1,2	72	42
		100 hr	%		50	20
寸法特性	内反り	30×30×30 1.5 mmt 箱型	mm	東レ法	0.24	0.56
	平面度	150×50×12 2 mmt 箱型	mm	東レ法	0.30	0.61

(2)　良流動グレード

樹脂材料の成形加工において流動性の向上は，成形品の薄肉化による使用材料削減，成形機のダウンサイジングや金型寿命の向上といったハード面のコスト低減のみならず，成形加工温度を低下させることで成形サイクルの短縮や，成形加工に必要なエネルギーの削減が可能となる。更に自動車部品においては，成形品の小型・薄肉化によって軽量化が達成でき，燃費向上・CO_2排出量削減に貢献できる。

PBT樹脂の良流動化を図るには，一般に分子量を低下させることで容易に達成できるが，分子量の低下は衝撃強度などの機械的強度を損ない，PBT樹脂本来の特性の維持が困難である。東レでは独自のポリマ改質技術により，分子量や機械物性を低下させることなく，流動性を大幅に向上させる技術を開発した。本技術を用いたGF 15%強化，GF 30%強化開発品の特性を表2，図1，2に示す。260℃でのバーフロー長は，従来品（標準グレード）に比べ約50%向上しており，成形温度を約20℃低下させることが可能である。一方，良流動化効果を薄肉化に適用すると，同じバーフロー長が得られる成形品厚みは約80%に削減でき，今後様々な製品への展開が期待される。

表 2　良流動グレードの基本特性

項目			単位	試験法	GF 15%		GF 30%	
					良流動グレード	標準グレード	良流動グレード	標準グレード
機械的性質	密度		kg/m^3	ISO 1183	1420	1420	1550	1550
	引張強度	23℃	MPa	ISO 527-1,2	100	100	145	145
	引張伸び	23℃	%		3.5	4.0	2.5	2.5
	曲げ強度	23℃	MPa	ISO 178	165	170	220	220
	曲げ弾性率	23℃	GPa		5.9	5.6	9.7	9.6
	シャルピー衝撃強度	23℃	kj/m	ISO 179	5.2	5.0	9.2	10
熱的性質	熱変形温度	1.82 MPa	g/10 min	ISO 75-1,2	200	200	213	213
	燃焼性		–	UL 94	HB (1/32")	HB (1/32")	HB (1/32")	HB (1/32")
流動性	バーフロー流動長	260℃, 90 MPa, 1 mm 厚	mm	東レ法	145	90	150	105

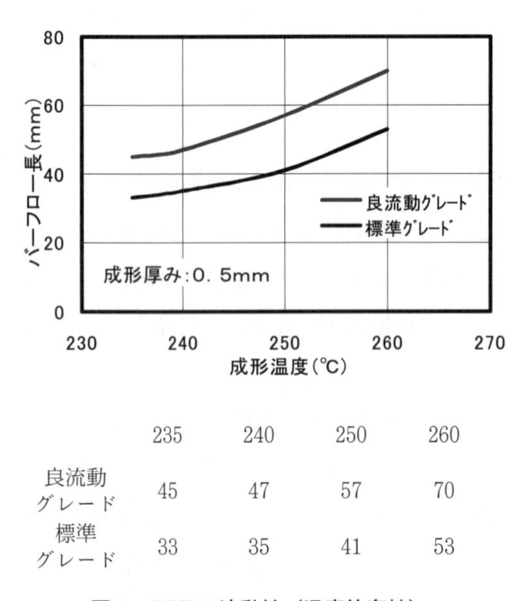

	235	240	250	260
良流動グレード	45	47	57	70
標準グレード	33	35	41	53

図 1　PBT の流動性（温度依存性）

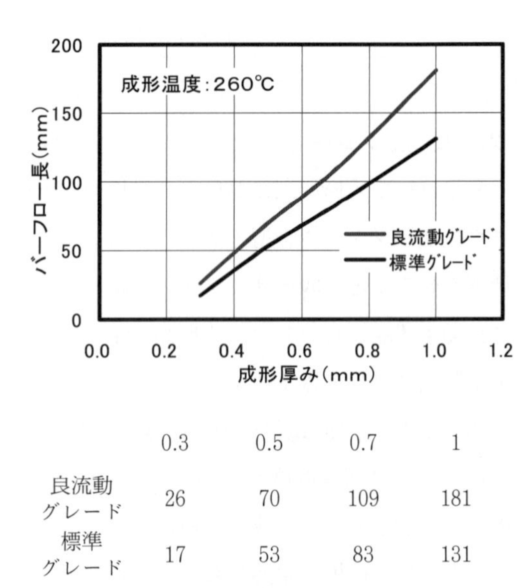

	0.3	0.5	0.7	1
良流動グレード	26	70	109	181
標準グレード	17	53	83	131

図 2　PBT の流動性（成形厚み依存性）

(3)　溶着接合グレード

PBT樹脂が使用される自動車部品の中でハウジング部品は，内部に電子基板などの部品を組み込んだ後に防水や防塵のためカバーが取り付けられる。カバー部材との接合には，従来は接着剤や金属部材，パッキン部材などが用いられてきたが，近年ではより簡便に加工を行なうために，振動溶着やレーザ溶着といった新たな接合技術が用いられるようになってきた。この様なニーズを背景に，より振動溶着に適したグレードやレーザ溶着が可能なグレードが開発されておりその事例を表3，4，図3に示す。振動溶着グレードでは，溶着強度を向上させると同時に，耐湿熱性や耐冷熱性などの耐久性も向上させている。

一方，レーザ溶着グレードでは，成形品の厚みが3mmでもレーザ溶着が可能であり，溶着強度を大幅に向上させることができている。

なお，これら溶着接合グレードは，エラストマなどのアロイ化を行なっているため，材料の比重面でも軽量化に寄与している。

表3　振動溶着グレードの基本特性

項目			単位	試験法	GF 30%	
					振動溶着グレード	標準グレード
機械的性質	密度		kg/m³	ISO 1183	1490	1.55
	引張強度	23℃	MPa	ISO 527-1,2	125	145
	引張伸び	23℃	%		3.0	2.5
	曲げ強度	23℃	MPa	ISO 178	195	220
	曲げ弾性率	23℃	GPa		7.9	9.6
	シャルピー衝撃強度	23℃	kj/m	ISO 179	12	10
熱的性質	熱変形温度	1.82 MPa	g/10 min	ISO 75-1,2	208	213
	耐湿熱性[121℃/100% RH処理 引張強度保持率]	50 hr	%	ISO 527-1,2	78	42
		100 hr	%		42	20
振動溶着性	耐冷熱性[金属インサート割れ]	130℃⇔−40℃	サイクル	東レ法	280	<10
	バースト圧[パイプ状溶着成形品が破裂する水圧]	溶着圧 0.7 MPa	MPa	東レ法	0.68	0.37
		溶着圧 1.2 MPa	MPa		0.56	0.37
		溶着圧 1.8 MPa	MPa		0.55	0.39

表4　レーザー溶着グレードの基本特性

項目			単位	試験法	GF 30%	
					レーザ溶着グレード	標準グレード
機械的性質	密度		kg/m^3	ISO 1183	1490	1.55
	引張強度	23℃	MPa	ISO 527-1,2	138	145
	引張伸び	23℃	%		3.1	2.5
	曲げ強度	23℃	MPa	ISO 178	208	220
	曲げ弾性率	23℃	GPa		8.5	9.6
	シャルピー衝撃強度	23℃	kj/m	ISO 179	11	10
熱的性質	熱変形温度	1.82 MPa	g /10 min	ISO 75-1,2	205	213
	耐湿熱性［121℃/100% RH 処理 引張強度保持率］	50 hr	%	ISO 527-1,2	72	42
		100 hr	%		51	20
レーザ溶着性	レーザ透過率（940 nm）	2 mmt	%	東レ法	19	13
		3 mmt	%		13	7
	レーザ溶着強度［引張せん断強度］	2 mmt	MPa	東レ法	35	35
		3 mmt	MPa		50	溶着不可

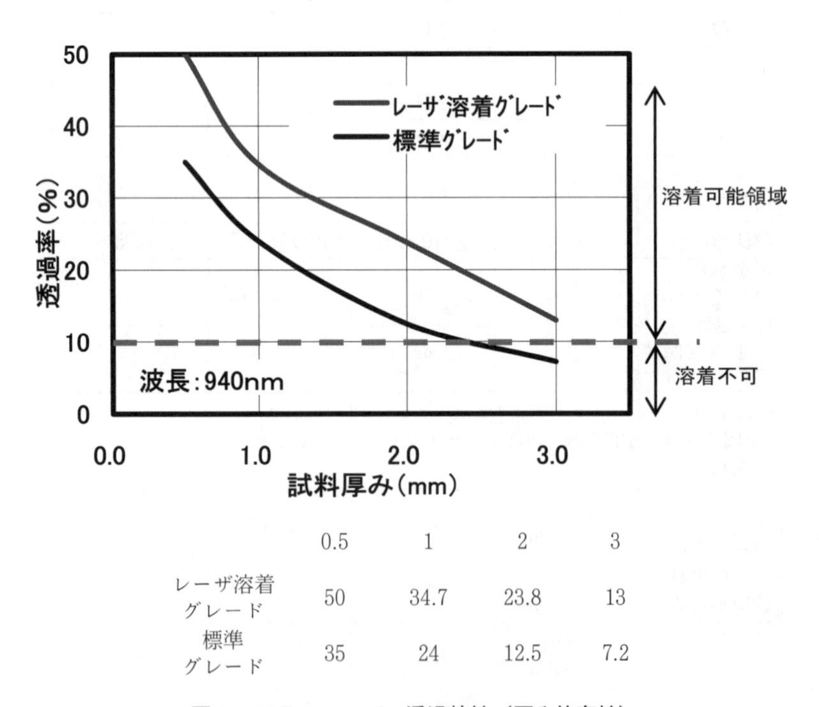

	0.5	1	2	3
レーザ溶着グレード	50	34.7	23.8	13
標準グレード	35	24	12.5	7.2

図3　PBT のレーザー透過特性（厚み依存性）

2.3　ポリフェニレンスルフィド（PPS）樹脂

2.3.1　はじめに

ポリフェニレンスルフィド樹脂（以下PPS樹脂）は，構成単位が1,4-フェニレンスルフィドからなる，比較的単純な化学構造（図1）を有する結晶性の熱可塑性樹脂である。PPS樹脂は，優れた耐熱性（融点約275～280℃，連続使用温度200℃以上），各種薬品に対する耐性，寸法安定性，難燃性，耐熱水性などの固有の優れた特徴を有する樹脂であり，それらの特性を活かし，自動車用途，電子・電機部品用途，機構部品用途に使用されている[1)]。

2.3.2　PPS樹脂の特性（射出成形用途主体）

自動車用途（含　電装部品）は，PPS樹脂全体需要の約60%を占めると推定されている[2)]。PPS樹脂は，その耐薬品性（特に低ガソリン透過・膨潤性，耐熱水性），高耐熱性，寸法安定性などの特長を活かし，従来からガソリン・ディーゼルなどの内燃機関車用途に用いられている。いくつかを例示すると，ランプリフレクター，ポンプ部品，オルタネーター部品，スロットル部品，スターター部品，冷却水チューブ部品，燃料ポンプ部品，燃料チューブ部品などが挙げられる。更に近年，環境対応車輌として注目されているハイブリッドカーや電気自動車においても，上記特性・用途に加え，耐湿熱電気特性に対する高い信頼性を有するＰＰＳ樹脂は，パワーモジュールを構成するインバーター，コンバーター，リアクトル，コンデンサー部品やケース，モーター部品，リチウム2次電池部品およびその周辺部品などに用いられ（図2），自動車1台当たりのPPS樹脂使用量は，これまでの1kg弱程度から3～4倍に増加している[2)]。

2.3.3　フィルム

PPSフィルムは東レが1987年に生産を開始してからコンデンサーや電気絶縁材，回路基板，電解コンデンサー用素子止め粘着テープ，離型材などで用途開拓に取り組んでいる。近年，携帯電話などに搭載されるチップ積層フィルムコンデンサー用途が増加してきている。また，主力の電気・電子用途以外では自動車用途が立ち上がってきており，既にカーエアコン部品で高級車種に搭載されている。また耐熱性面でポリエステルフィルムとポリイミドフィルムの中間の性能を有するフィルム素材として，ハイブリッドカーや電気自動車を中心とした用途・技術開発が進められている。

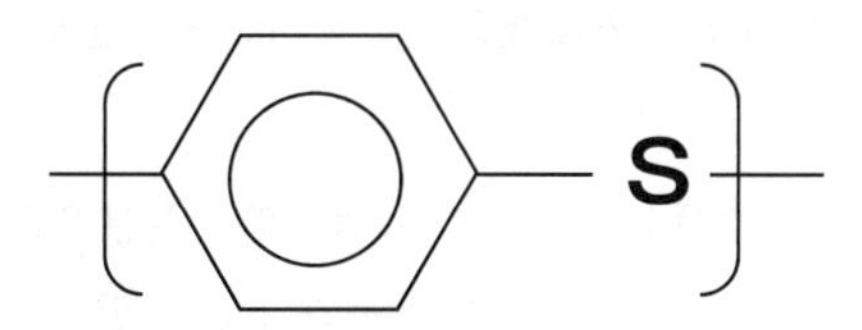

図1　PPSの化学構造

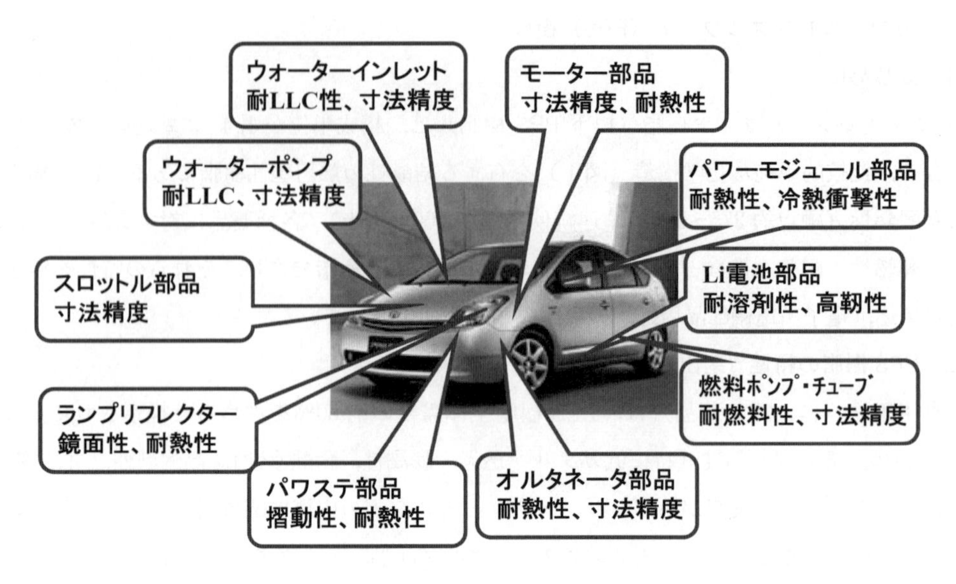

図2　PPS 樹脂の自動車部品への適用例

2.3.4　繊維

PPS 繊維は，優れた耐熱性，耐薬品性から主に耐熱バグフィルター，ドライヤーキャンバス，液体濾過布，電気材料部品などの分野で採用されている。自動車用途でも既にモーター部品で搭載されており，更にハイブリッドカーや電気自動車を中心とした用途・技術開発が進められている。

2.3.5　自動車用 PPS 樹脂の開発事例

以下では，自動車部品に適用されている特徴的な PPS 樹脂材料を紹介する。

(1)　高冷熱サイクル材料

HEV のパワーモジュール部品材料には，電気的信頼性とともに，冷熱サイクル性・低そり性などが要求される。高い冷熱サイクル性を付与するためには PPS の弱点である，靭性を改良する必要がある。その手法としては，ベースポリマーの改良の他に，エラストマーアロイ化手法が挙げられ，従来から活発に検討されている。エラストマーアロイの手法では，流動性，離型性が悪化する場合があり，その改良も求められる。東レでは，独自のアロイ化技術，重合改良技術を駆使し，良流動性で，かつ高冷熱サイクル性を有し，低そり性にも優れた材料「A 575 W 20」を開発・上市している（表1）。また，最近では更に成形時のガスの発生を抑制した材料も開発している。

(2)　低ソリ，高寸法精度材料

パワーモジュールの半導体部品を保持する部材には，低ソリ性や高寸法精度が強く要求される。その要求を満たすには，適切なフィラーを多量に混合する手法が一般的にとられる。また PPS 樹脂の成形は一般に金型温度 130℃以上で行われるが，本用途では手作業を伴う複雑なインサー

表1　高冷熱サイクル材料

	Property		Unit	Test method (ISO)	High Heat Cycle A 575 W 20	Standard A 504 X 90
	Filler rate		%		50	40
	Density		kg/m^3	1183	1700	1650
	Werter Absorption(24 hrs. in 23℃ water)		%	62	0.02	0.02
Mechanical	Tensile Strength	23℃	MPa	527-1, -2	152	194
Mechanical	Elongation	23℃	%	527-1, -2	1.7	1.7
Mechanical	Flexural Strength	23℃	MPa	178	247	305
Mechanical	Flexural Modulus	23℃	GPa	178	16.8	15.8
Mechanical	Shalpy Impact(V-noched)	23℃	J/m	179	7	11
Thermal	Melting Point		℃	ISO 11357-3	278	278
Thermal	Linear Thermal Expansion	Machine direction	$\times 10^{-5}$/k	TORAY	2.0	2.3
Thermal	Linear Thermal Expansion	Transverse derection	$\times 10^{-5}$/k	TORAY	2.2	3.2
Moldability	Mold shrinkage (3 mm)	Machine direction	%	TORAY	0.25	0.20
Moldability	Mold shrinkage (3 mm)	Transverse derection	%	TORAY	0.60	0.75
Moldability	Bar flow 320℃, 98 MPa, 1 mm thick		$\times 10^{-3}$/m	TORAY	230	135
	Heat cycle residence				>2000	10
	Color				Black	Black

These values are typical data for this product under specific test conditions and not intended for use as limiting specifications.

ト成形が必要となる場合があり80～100℃といった低温金型が用いられる場合もある。そのため低温金型成形でも，優れた流動性や強度とともに，金型転写性の保持が要求される。東レではフィラー種の適正化や重合改良技術によりこのような要求に応える技術を開発し，グレード「A 310 MG」「A 610 MG」シリーズを上市している。

(3)　良エポキシ密着性材料

HEVのパワーモジュール部品材料では，電子・電気部品をエポキシ樹脂で封止する場合もある。その様な用途の場合，広い使用環境条件下でエポキシ樹脂との優れた密着性が要求される。PPS樹脂は高い耐薬品性を有するため，一般的にはエポキシ樹脂との密着性はあまり高くない。一方，電気的信頼性や高い耐湿熱性の特長を有するPPS樹脂は，エポキシ密着性を除くと本用途に好適な材料である。そこで，東レではポリマー／コンパウンド技術両面から各種特性を並立する材料開発を進め，電気的信頼性や高い耐湿熱性の特長を損なうことなくエポキシ密着性を大きく向上させた材料「A 490 MA 50 B」を上市している（表2）。

表2 良エポキシ密着性材料

Property	Unit	A 490 MA 50 B	A 310 MX 04 B
Filler Rate	%	55	65
Specific Gravity	kg/m^3	1820	1970
Tensile Strength	MPa	155	130
Tensile Elogation	%	1.7	0.8
Flexural Strength	MPa	235	210
Flexural Modulus	GPa	17.5	22.0
Charpy Impact strength(V-notched)	kJ/m^2	11	8
DTUL 1.8 MPa	℃	>260	>260
Bar flow(1 mm thick)	mm	130	105
Mold Shrinkage MD	%	0.2	0.2
TD	%	0.8	0.6
Adhesion strength with epoxy	MPa	10.3	3.0

Notes : Plate Sample(80×80×3 t, film gate)has been used for the mold shrinkage
These values are typical data for this product under specific test conditions and not intended for use as limiting specifications.

(4) 低オリゴマー材料

カーエアコンを含め，エアコンのモーターインシュレーター材料は，冷媒への溶出物のできる限り少ないポリマーが要求される。PPS は耐薬品性に優れた樹脂ではあるが，その重合方法によってはオリゴマーを主体とする溶出物が微量認められる。東レは世界でも最小レベルの低オリゴマー PPS を商業的に重合する技術を有しており，その重合技術に基づき開発した材料「A 604」がモーターインシュレーター材に適用されている（表 3）。

また，最近では更なる省スペース・軽量化の要求が強く，薄肉成形性に優れた材料も開発している。

(5) 低燃料膨潤材料

PPS 樹脂は基本的に耐熱水性や耐有機薬品性に優れたポリマーであり，自動車燃料廻り部品にも多く使用・検討されている。しかし，燃料の膨潤に対する要求は年々高まっており，その要求に応えるべく，東レではポリマー／コンパウンド技術両面からその特性改良を進め，既存の低燃料膨潤材に比較しても，燃料膨潤による寸法変化を大きく抑制したグレード「A 410 MX 07 B」を上市している。

(6) 高鏡面性材料

自動車のランプリフレクターには種々の樹脂が使用されている。ランプリフレクター材料には，高鏡面性が必要とされることから熱膨張変化の小さい高 T_g 非結晶性ポリマーが多く使用されてきた。しかし，高 T_g 非結晶性ポリマーは一般に流動性が低く，また価格が高い難点がある。

表3　低オリゴマー材料

Grade			A 604
Reinforced Materials			GF/ filler
% of Reinforced Materials			40
Density		kg/m^3	1650
Tensile Strength	23℃	MPa	203
Elongation	23℃	%	1.8
Flexural Strength	23℃	MPa	295
Flexural Modulus	23℃	GPa	14.5
Charpy impact strength	V-notched	J/m	12
Heat Deformation Temperature	1.82 MPa	℃	>260
Linear Thermal Expansion	MD	$\times 10^{-5}$/K	2.3
	TD		3.2
Flammability		－	V-0(0.20 mmt)
Mold shrinkage(3 mm)	MD	%	0.20
	TD		0.70
Bar flow(320℃, 98 Mpa,1 mm thick)		$\times 10^{-3}$m	120

These values are typical data for this product under specific test conditions and not intended for use as limiting specifications.

PPSは多量にフィラーを混合すると熱膨張変化を低減させることは可能であるが，結晶性ポリマーであるため鏡面性を発現させることは難しい。東レではポリマー／コンパウンド技術両面からその特性改良を進め，強度・鏡面性に優れた材料「A 680 M」を開発・上市している（表4）。

(7)　高熱伝導性材料

照明の省エネルギー化に向けてLED照明の開発が急速に進められており，自動車用照明としてもLEDは今後更に広がると考えられる。LEDは温度の上昇によりその性能が大きく損なわれるため，放熱部材の設計が重要である。現在は放熱部材として主にアルミが用いられているが，今後，軽量化を目的として樹脂化が進むと思われる。PPS樹脂は耐熱性が高いことから，有力な材料であるが，PPSに限らずポリマーはアルミに比べると熱伝導性が低く，その向上が重要な技術となる。

一般的に高度な熱伝導性を達成するには，熱伝導性フィラーを多量に充填し，伝熱路を確保することが重要であるが，単純な熱伝導性フィラーの多量充填は設備的にも限界があり，また成形性を大きく低減させてしまう問題があった。東レでは独自の有機・無機ハイブリッド技術により，熱伝導率を大幅に向上（導電タイプ：26 W/mK，非導電タイプ：2.8 W/mK）しつつ，生産性，流動性にも優れた材料を開発・一部上市している。表5には一例として，熱伝導性に特に優れる導電タイプの基本物性を示す。

表4　高鏡面性材料

Property	Unit	A 680 M
Filler Rate	%	60
Specific Gravity	−	1.90
Tensile Strength	MPa	90
Tensile Elogation	%	1.5
Flexural Strength	MPa	115
Flexural Modulus	GPa	12.5
Izod Impact (V-notched)	J/m	27
(unnotched)	k J/m²	20
DTUL 1.8 MPa	℃	160
Surface Roughness Ra	nm	32
Mold Shrinkage MD	%	0.5
TD	%	0.6
characteristic appearance	−	◎
strength	−	○

Notes : Plate Sample (100×70×3 t, film gate) has been used for the mold shrinkage
These values are typical data for this product under specific test conditions and not intended for use as limiting specifications.

表5　高熱伝導性材料

Property		unit	H 100 B high thermal conductivity	H 400 B thermal conductivity/ high strength	A 310 MX 04 standard grade
Specific Gravity		−	1.91	1.79	1.96
Flow Rate (injection pressure)*		MPa	6.6	8.2	4.0
Tensile Strength (3.2 mmt)**		MPa	65	80	150
Elongation (3.2 mmt)		%	0.7	0.8	2.3
Flexural Strength (3.2 mmt)		MPa	70	115	195
Flexural Modulus (3.2 mmt)		GPa	24.0	40.0	18.9
N-Izod Impact (3.2 mmt)		J/m	25	25	120
Heat Deformation Temp.		℃	>260	>260	>260
Thermal conductivity (Thickness direction)		W/m-k	26	17	0.2
Surface Resistance		Ω	1.6×10^{-1}	1.4×10^{2}	−
Volume Resistance		Ωcm	3.0×10^{-2}	5.0×10^{0}	10^{12}
Mold Shrinkage	MD	%	0.05	0.02	0.15
	TD	%	0.11	0.01	0.55
coefficient of linear expansion (30→200℃)	MD	$\times10^{-5}$/℃	1.0	0.7	1.6
	TD	$\times10^{-5}$/℃	1.6	1.3	2.3

* measured with by using 80×80×3 mmt (film gate) test sample
** The tensile test piece is molded by high speed Injection molding machine.
(These values are typical data obtained under given fixed conditions)

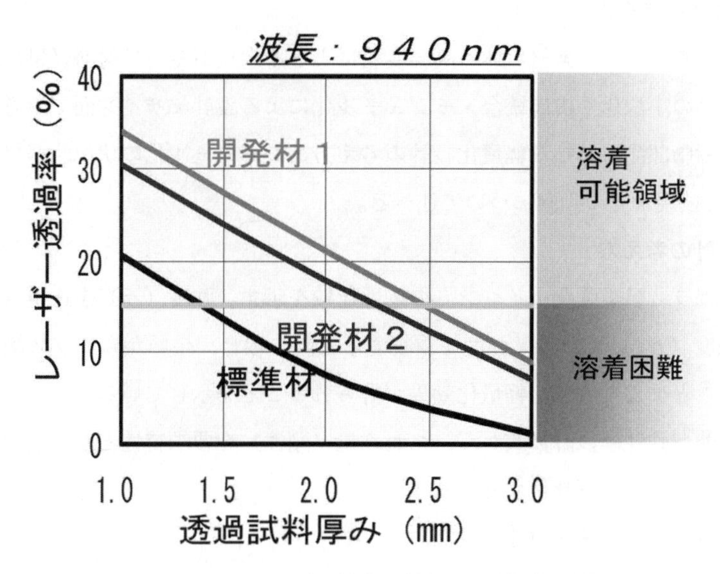

図3　レーザー透過性向上材料と標準材の比較

(8)　レーザ溶着用材料

熱可塑性樹脂の溶着技術としては，熱板溶着，振動溶着，超音波溶着などの方法が多く用いられてきた。しかし，高集積電子部品のケース類の溶着需要増に伴い，従来の熱板溶着，振動溶着，超音波溶着では，熱や振動による内部電子部品がダメージを与える場合があり，これらの溶着方法では対応が難しくなってきている。そこで近年レーザ溶着への需要が高まりを見せている。レーザ溶着の場合，熱はピンポイントですみ，振動も与えないため，上記用途に特に適している。しかし，PPS はナイロン等の汎用エンプラに比べレーザ透過性が低いため，適用が難しい。東レではレーザ溶着技術の将来性にいち早く着目し，レーザ透過メカニズムに立ち返り材料設計検討を進め，高レーザ透過性材料「A 602 LX 01」を開発した（図3）。

文　　献

1）　石王 敦，プラスチック・機能性高分子材料事典，産業調査会，p 320（2004）
2）　化工日報　2009.6.10

2.4 部品設計による軽量化

部品を軽量化するには，①素材自体の高強度化による薄肉化あるいは材料軽量化など材料面による方法と②部品の小型化や機能統合・モジュール化による設計デザイン面での方法がある。本項では，自動車樹脂部品における軽量化設計の考え方とモジュール化の状況，軽量化設計を実現するための CAE 技術とその動向について述べる。

2.4.1 軽量化設計の考え方

表 1 に金属とガラス繊維強化ナイロン 6 の物性比較を示す。強度（σ）を比重（ρ）で除して求められる比強度（σ/ρ）から，強度を重視する設計の場合，金属からガラス繊維強化ナイロン 6 に置換することにより大きな軽量化効果が得られることを示している。

長方形断面の曲げ弾性率の計算式から，たわみ量（剛性）を要求特性とした場合，必要な厚みは，曲げ弾性率の 1/3 乗に反比例する（式 1）。

$$d=(Wl\,3/4\,Eby)^{1/3} \quad \cdots \quad (1)$$

d ：厚み　　W：荷重

l ：支点間距離　　E ：曲げ弾性率

b ：幅　　y ：たわみ量

軽量化には，厚み（d）と比重（ρ）の積が小さい材料を選択すればよい。すなわち，式（1）右辺の曲げ弾性率（E）以外を定数とすると，$\rho/E^{1/3}$ が小さい材料を選択することになる（表 1）。

軽量化のためには樹脂材料の強度や剛性の向上が必要であり，ガラス繊維などによる補強が効果的であるが，射出成形時に流動性の低下につながる可能性が高い。つまり強度や剛性面で計算上，成形品の薄肉化が可能であっても，成形性の問題が生じる可能性があり，注意が必要である。

樹脂材料を用いた軽量化では，前記の考え方による材料の選定の上で，使用環境下（荷重，拘束条件）において必要最小限の重量で所望の機能を満足するための設計が行われている[1)]。

2.4.2 樹脂製品のモジュール化

モジュールとは，複数の部品や機能を統合・一体化することによって付加価値を高めた部品群

表 1　各種材料の物性比較[1)]

	鋼	アルミ	GF 45%強化 N 6
比重（ρ）	7.8	2.7	1.5
引張強度（σ）（MPa）	412	294	205
比強度（σ/ρ）（MPa）	52.8	109	137
弾性率（E）（GPa）	192	68.6	12.0
軽量化目安（$\rho/E^{1/3}$）	1.35	0.66	0.66

を意味する。その結果，組み立て時間の短縮，品質の向上，工程内不良率の低減，調整作業低減による開発の効率化に加えて，構造の一体化による軽量化の効果を見込むことができる。自動車の代表的なモジュールを図 1 に示す。

樹脂モジュールでは，形状の自由度を活かした部品一体化によって軽量化効果が期待できることから，近年では，フロントエンドモジュールやコクピットモジュール，バックドアモジュールなど大型モジュール部品が増加している。大型モジュール部品に樹脂を使用する際は，高剛性が要求される場合が多い。例えば，フロントエンドモジュールでは，部品一体化でコアサポート材に高剛性が必要となるため，長繊維補強樹脂が採用されるなど，高剛性材料の開発がモジュールへの樹脂材料の適用を推進している。更に，モジュール化では，樹脂材料の特徴である設計自由度を生かした複雑構造となるため，溶着工法などの加工技術と後述する CAE 設計技術が重要な役割を担っている。

溶着工法を生かしたモジュール化の事例として，図 2 に樹脂製のインテーク・マニホールド，シリンダーヘッドカバーなどから構成される吸気モジュールを示す。本インテーク・マニホールドは DSI（Die　Slide　Injection）工法を採用しており，パイプ部 2 ピースとタンク部の計 3 ピースを 1 次射出成形した後，これらを 2 次射出成形により接合する工程となっている。中空樹脂部品の成形に優れる DSI 工法の特長を活かした好例である[1]。

2.4.3　CAE を活用した樹脂製品設計

(1)　CAE（Computer Aided Engineering）

複雑化，多様化する樹脂製品の開発において，試作を代替する手段である CAE 技術は，製品

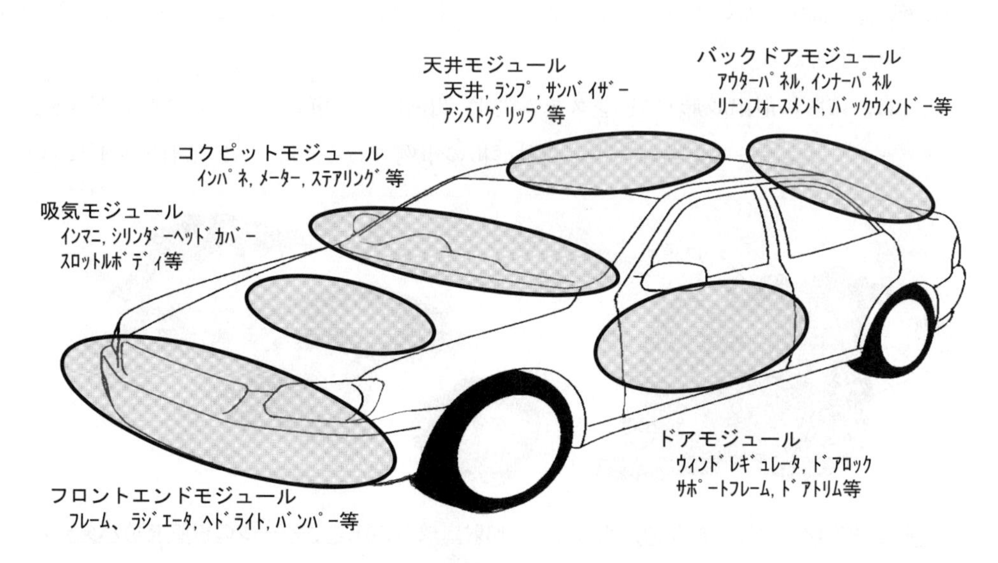

図 1　自動車のモジュール化例

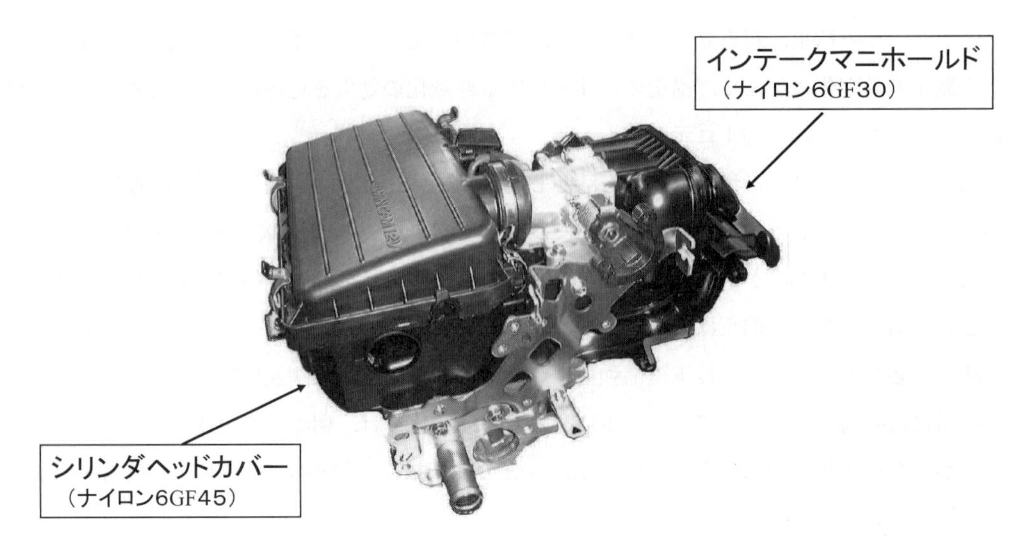

図2　吸気モジュール（インテーク・マニホールドとシリンダーヘッドカバー）

品質の向上，軽量化，コスト削減，スケジュール短縮に必要不可欠な手法として定着している。樹脂製品の開発におけるCAEは，主に，強度や剛性を計算する構造解析，射出成形時の流動，そりなどの成形性を予測，評価する射出成形CAEが広く活用されており，更にモジュール化に必要な接合（DSI，レーザー，振動溶着）に関する解析や部品の機能を評価するための振動・音響解析なども行われている。

図3(a)は，インテーク・マニホールドの耐圧強度解析の事例である。CAEで算出した応力状態に基づいて，補強のためのリブ追加や溶着部の形状変更を行うことにより効果的に強度を向上することが可能となる。

図3(b)は，市販の射出成形CAEシステム"3D TIMON"（東レエンジニアリング㈱製）によるインテーク・マニホールド各パーツの流動解析の事例である。同CAEは射出成形における

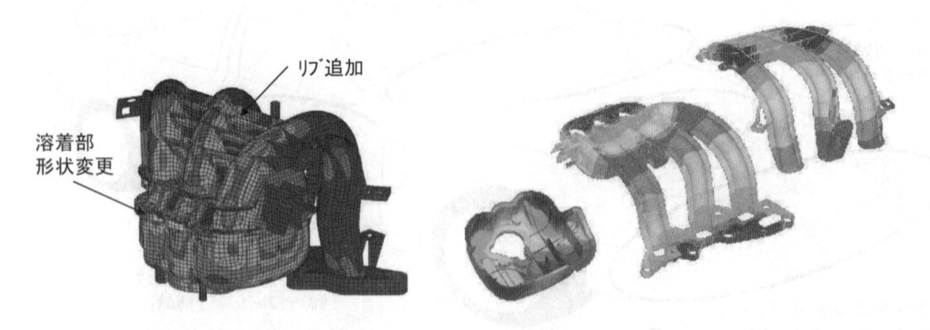

(a)耐圧強度解析／検討形状の応力分布　(b)射出成形CAE／各パーツの樹脂充填パターン

図3　CAE解析事例

表2　射出成形ＣＡＥの適用効果[2)]

CAE 適用効果	内容
製品設計上のミス防止 （設計変更チェック）	充填不良，ウェルド位置，ヒケ・ソリ発生の予測と改善
製品コストの削減 （サイクル短縮，成形機ダウンサイジング）	熱溜り予測，製品肉厚やランナー径の適正化の実施（軽量化） ゲート位置，フローリーダーの検討による射出圧力低減
金型コストの削減 （設計・製作ノウハウの確立）	ヒケ・ソリ，外観不良などの事前予測の実施 ゲート位置，径の検討，金型ダウンサイジング
開発期間短縮 （トライ回数の削減）	設計変更，金型改造，修正などの回数を低減 成形条件などの技術ノウハウの共有

樹脂の充填から保圧・冷却工程，離型までの一連の工程をコンピュータ上で再現し，樹脂流動性，ウェルド不具合，強化繊維の配向，そり変形などを予測，評価する機能を有する。射出成形CAEは，ゲート位置の適正化による型締め圧力およびそりの低減，軽量化を狙った薄肉化検討などに活用されている。射出成形CAEの適用効果を表2にまとめる[2)]。

(2)　インテーク・マニホールド樹脂化事例

インテーク・マニホールドは，エンジンに空気を供給するためのタンクとパイプで構成された中空部品であり，樹脂化事例の多くは，射出成形された複数の樹脂パーツ（例えば，アッパータンク，ロアタンク，パイプなど）を振動溶着やDSIなどによって接合して作られる。樹脂製のインテーク・マニホールドは，従来のアルミ鋳造品に比べて，一般的に40～50%の軽量化が可能であるため，部品軽量化の有効な手段として幅広い車種に採用されている。

図4のインテーク・マニホールドは，水平対向4気筒エンジン用のものであり，ナイロン樹脂の採用により，従来のアルミ製と比較して約60%の軽量化を達成している。この軽量化は，燃費性能向上による二酸化炭素排出量削減と，車両の低重心化による走行・操縦安定性能向上に寄与すると紹介されている[3)]。

インテーク・マニホールドには，内部圧力の上昇を想定した耐圧強度が設計上の重要な要求特性に含まれており，その設計にはCAEが広く活用されている。ガラス繊維強化6ナイロンを用いた振動溶着工法による場合，振動溶着部の強度は一般部に比べて低下するため，同部位の応力集中を低減する設計が必要となる。CAE活用の鍵は，この溶着部の強度予測精度にあり，CAEで試験を代替するためには，溶着部強度に関する実測とのコリレーション（相関とり）が必須とされる。

図5は，図中パイプ形状の振動溶着テストピースを用いたバースト試験について，内圧Ｐと溶着部に発生する最大応力σの関係をCAEで計算したものである。CAEで計算したσの発生位置と実際のバースト位置は一致していることから，グラフ上で，実機のバースト圧力Pxに対

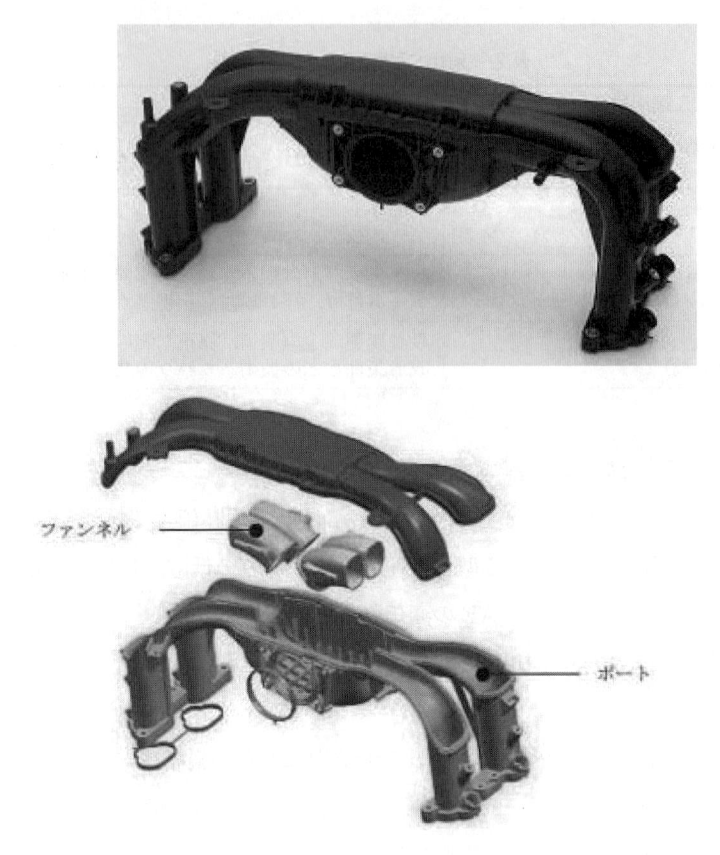

図4　振動溶着工法によるインテーク・マニホールドの樹脂化事例
出典：トヨタ紡織株式会社　ホームページ

応するσがCAEで溶着部破壊の有無を判断する際の，溶着強度基準σcと考えることができる。この溶着強度基準σcを用いた振動溶着部品のCAEバースト圧力の予測値と実測の比較例を図6に示す。形状や試験条件等に起因するバラツキはあるものの，概ね良好な相関が見られている。

(3)　自動最適化CAE

製品に要求される性能（強度，剛性など）と軽量化を両立するための設計手法として，自動最適化CAEが活用されている。この技術は，CAE担当者が手動で条件を変えながら，解析を繰り返して解を求める従来法と異なり，要求特性（重量の最小化など）を目的関数（評価値）として設定しコンピュータに入力することで，最適な設計変数（細分化された肉厚設定など）を自動算出する方法である。この方法を用いることで，最適解を求めるために要する労力および時間を大幅に短縮することが可能となる。

例えば，前述のインテーク・マニホールドの強度設計の場合，取り付け条件，荷重（内圧）条件の下で，目標とする耐圧強度を満足し，最も軽量化できる肉厚設定をコンピュータが自動的に探索，算出することができる。また，射出成形CAEでも，「そりを最小とする」あるいは「射出成形機の型締め力を最小とする」ゲート位置の探索などに自動最適化CAEは活用されている。自動最適化CAEは樹脂部品の軽量化設計に有効な技術として今後も活用が進むと考えられる。

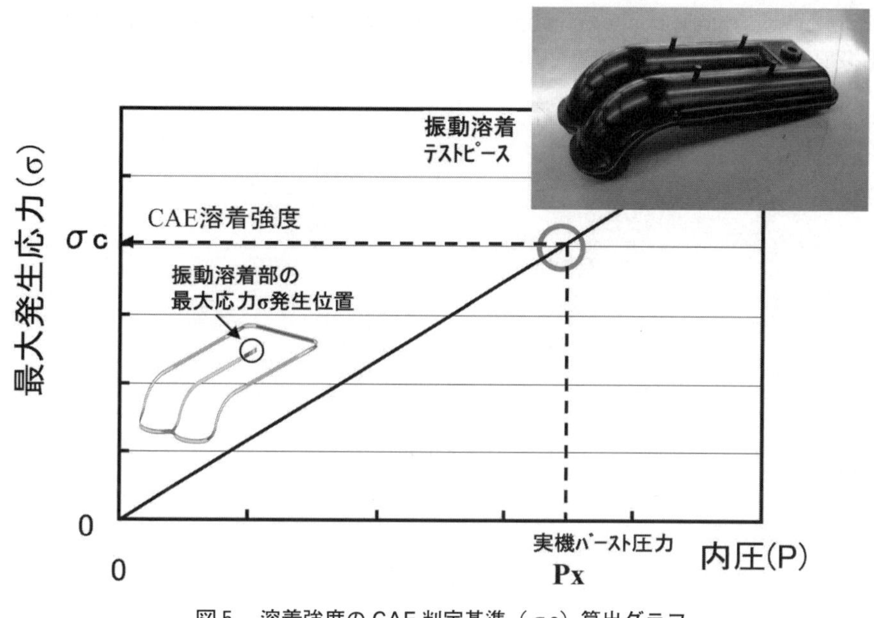

図5　溶着強度のCAE判定基準（σc）算出グラフ

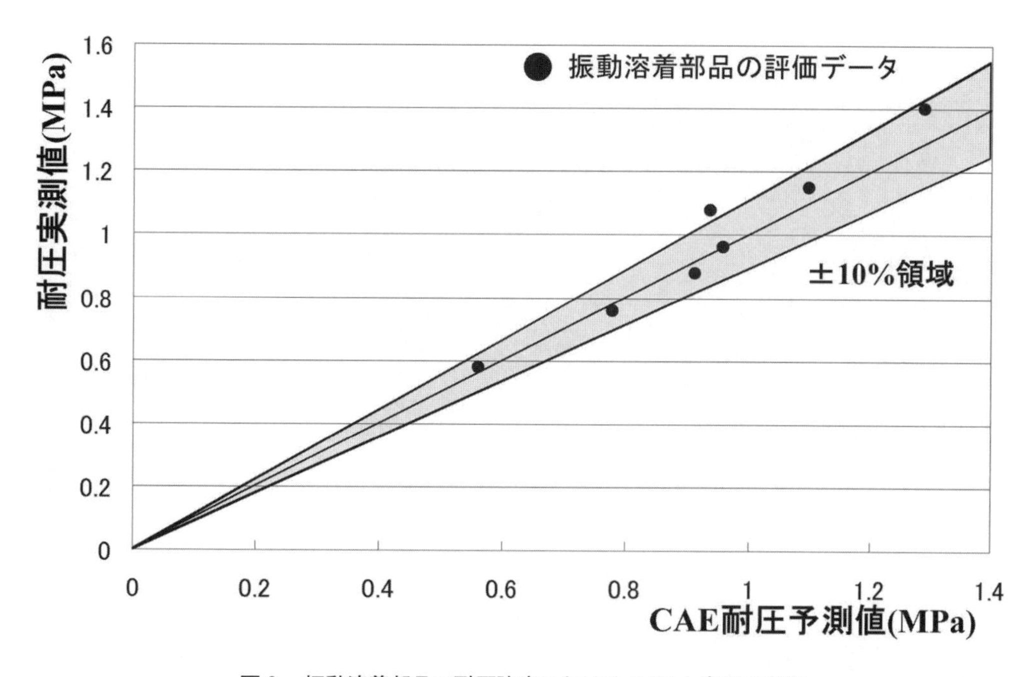

図6　振動溶着部品の耐圧強度におけるCAEと実測の関係

文　献

1）山田：機械の研究, **55**, No.10, 30 (2003)
2）中野, 坂場, 澤田, 結城, 須賀：成形加工, **15**, No.8, 550 (2003)
3）http://www.toyota-boshoku.co.jp/ps/qn/guest/news/showbody.cgi?CCODE=3&NCODE=22

3　素材融合による次世代自動車軽量化への取り組み

寺田　幹*

3.1　はじめに

図1に普通乗用車の素材構成の変化（国内）を示す。軽量化を図るために従来から金属の樹脂化が推進されており，1980年の約5％から2005年では約9％と，軽量化やコストダウン目的での樹脂化が確実に進展してきていることがわかる。図2に普通乗用車の重量別保有台数と車両平均重量の推移（国内）を示す。同図より乗用車の重量は年々増加傾向にあることがわかる。乗用車重量の増加には，車体が大型化してきたことや安全対策や快適性向上にともなう部品点数の増加などが影響していると考えられる。自動車メーカー，部品メーカー各社は，前述の金属からの

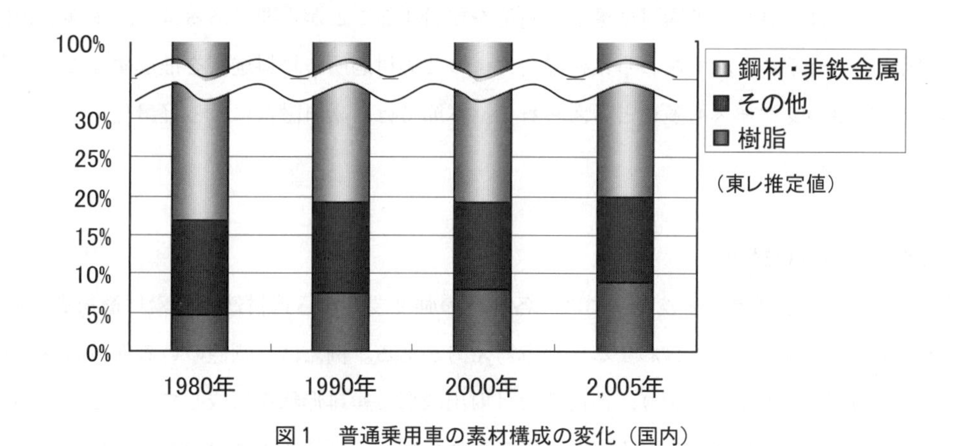

図1　普通乗用車の素材構成の変化（国内）

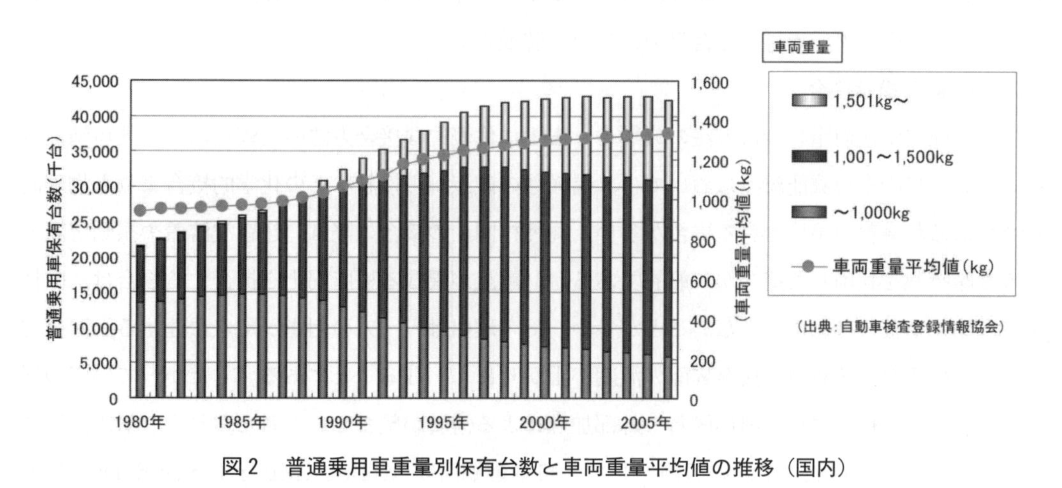

図2　普通乗用車重量別保有台数と車両重量平均値の推移（国内）

＊　Miki Terada　東レ㈱　自動車材料戦略推進室　課長（研究・技術担当）

樹脂化に加えて，高強度鋼板，アルミ，およびマグネシウムなどの使用比率増加，設計・構造合理化など様々なアプローチでの軽量化を推進してきたが，前述の2つのデータは従来の設計の延長線上での材料置換では大きな軽量化が望めないことを示唆していると考えられる。

一方で，自動車の軽量化は二酸化炭素排出量削減や，燃費向上による地球環境問題への対応という観点から，その要求がますます高まっている。また，直近では次世代のエコカーの本命として電気自動車が注目を集めているが，本格普及の鍵といわれている航続距離延長を達成するためには，2次電池の性能向上に加えて革新的な車体軽量化が必要であるとの認識が出てきている。従来の延長線上で無い革新的な軽量化を達成するためには，車両重量の70％を占める鉄鋼材料の代替をいかに推進するかが重要であると考えられる。そのためには設計の初期段階から，従来素材の設計にしばられない各素材に適した構造を検討することが重要であるほか，多様な素材を上手く組み合わせること，すなわち素材融合によって適材適所の材料選択を推進することにより課題解決に結びつくケースも多いと考えられる。本節では，素材融合による軽量化への取り組みについて述べる。

3.2　接合による素材融合

構造合理化による軽量化達成の為には，各部位の強度要件から適材適所の素材選択を実施し，それぞれを最適設計して組み合わせるという考え方がある。例えば，剛性のいる部分のみCFRPを活用して徹底的な軽量化を図り，機能部分は射出成形で複雑形状を形成していくなどの手法が挙げられる。いくつかの素材を組み合わせてひとつの部品を製造するにはそれらの接合方法が課題となる。以下に異種素材の接合事例について解説する。

（1）　樹脂//樹脂接合

図3に熱可塑性樹脂の接合方法の分類を，表1に代表的な接合方法の比較を示す。熱可塑性樹脂を用いた自動車の機能部品においては，信頼性の観点から接着などの化学的接合よりも物理的接合である熱融着が適用される場合が多い。同種材同士の接合の際は，超音波溶着や振動溶着のような摩擦熱を利用した接合が一般的であるが，融点が異なる樹脂同士を接合する場合は，摩擦熱を利用する接合は適用できないことが多い。その理由は，一方の樹脂が融点に達すると摩擦力が急激に低下し，それ以上接合界面の温度が上がりにくくなることにある。したがって融点の異なる樹脂同士の接合には，射出融着や外部加熱による溶着が望ましいと考えられる。射出溶着による異素材接合が可能な工法の事例として，日本製鋼所のM-DSI（Multi Layered Die Slide Injection）を紹介する。

図4にM-DSIのプロセスの概要を示す。M-DSIは2色成形の一種であり，一次成形後に上下または左右のダイスライドによってキャビティを入れ替えた後に，二次成形を実施する射出成

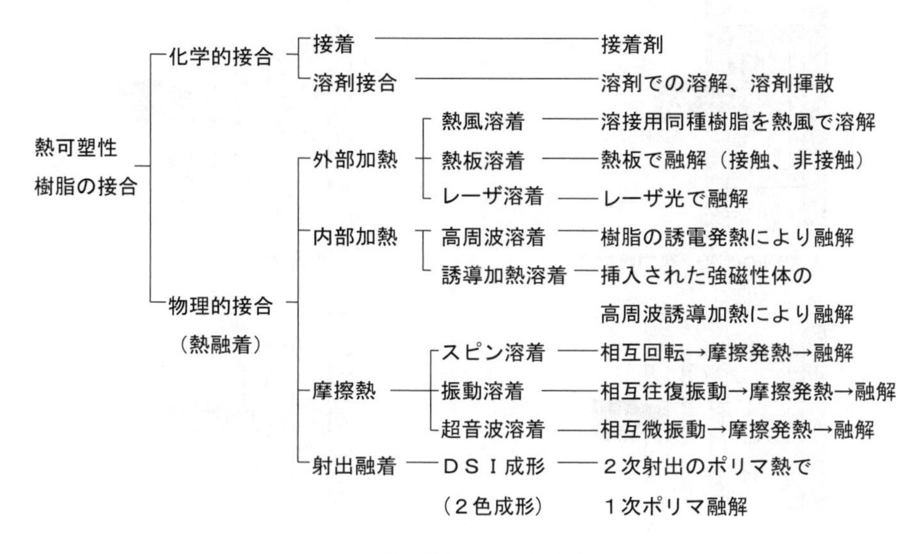

図3　熱可塑性樹脂の接合方法

表1　各種溶着方法の比較

	レーザ溶着	DSI 成形	熱板溶着	スピン溶着	振動溶着	超音波溶着
適合形状	一部限定あり（レーザビームと製品の干渉による制限）	一部限定あり（金型抜き形状の制限）	極端な3次元形状以外	円筒形のみ	極端な3次元形状以外（振動方向による制限）	一部制限あり（小さい製品）
適合材料	一部不可（レーザ透過と吸収性を有する材料組合せ）	熱可塑全般	熱可塑一部不可	熱可塑全般	熱可塑全般	熱可塑全般
接合部外観	良好	良好	一部はみ出し	一部はみ出し	一部はみ出し	一部はみ出し
作業環境	問題なし（法規制で遮蔽が必要）	2次加工（接合）の必要なし（射出成形型内融着）	臭気あり	問題なし	騒音あり	騒音あり
サイクル	速い	製品取り出し：1回／2ショット	遅い	速い	速い	速い
消費電力	小	大	小	小	中	小
装置価格	中	高	低	低	中	低
自動化	容易	容易	容易	容易	容易	容易
再現性	高	高	低	高	高	高
内蔵品への影響	振動・熱なし	―	熱	回転	振動	振動

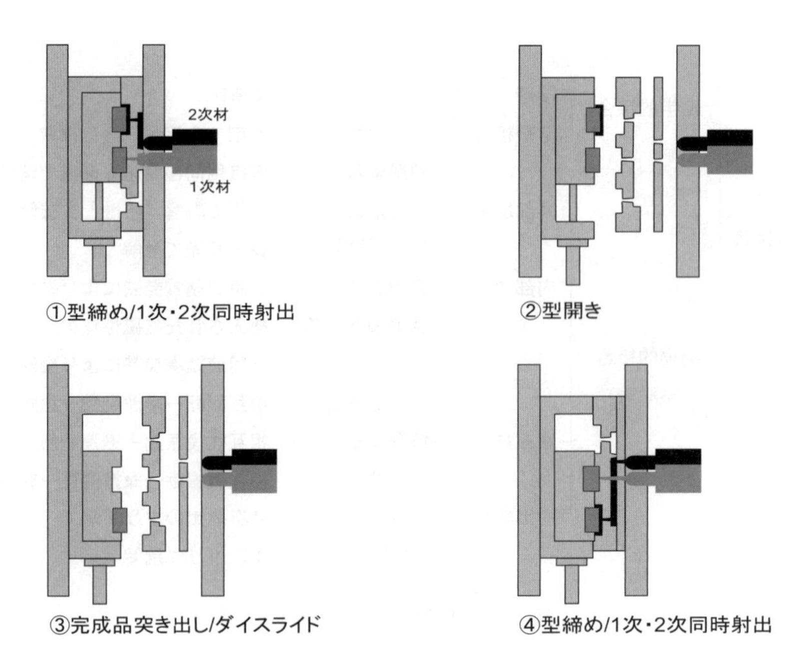

図4　M-DSI のプロセス

形方法である[1]。

固定側の3つのキャビティと可動側の2つのコアをもつ金型を用いて，一次成形と二次成形の2つの成形工程を同時に進行させるダブル方式と，固定側の2つのキャビティと可動側の1つのコアを持つ金型を用いて，一次成形と二次成形を交互に行うシングル方式がある。ダブル方式は単純形状の小型成形品の大量生産に適しており，複雑形状や大型成形品には金型や射出成形機の大型化を抑制できるシングル方式が適している。M-DSIによる成形事例を図5に示す。M-DSIの特徴は，（1）ダイスライドによるキャビティ入れ替えによりサイクルタイムが短縮できる，（2）工定数削減によるコストダウンの可能性があるなどが挙げられる。

このような特殊な成形方法の他にも，ロータリー方式やコアバック方式などの様々な2色成形方法があるが，接合する樹脂同士の適合性が非常に重要である。表2に異なる熱可塑性樹脂同士の溶着適合性を示す。溶着適合性がある場合でも，成形条件や接合面の形状によっては接合できない組み合わせもあり，設計面から要求される強度を満たすかどうかを事前に十分検討することが重要である。

（2）　金属//樹脂接合

金属と樹脂を接合する際は，従来は接着剤や機械的な締結に頼らざるを得なかったが，最近では射出成形時の熱やレーザによる融着で金属と樹脂を接合しようとする試みがなされており，非自動車用途などで実績が出始めている。射出成形時の熱による接合で代表的なものとしては，東

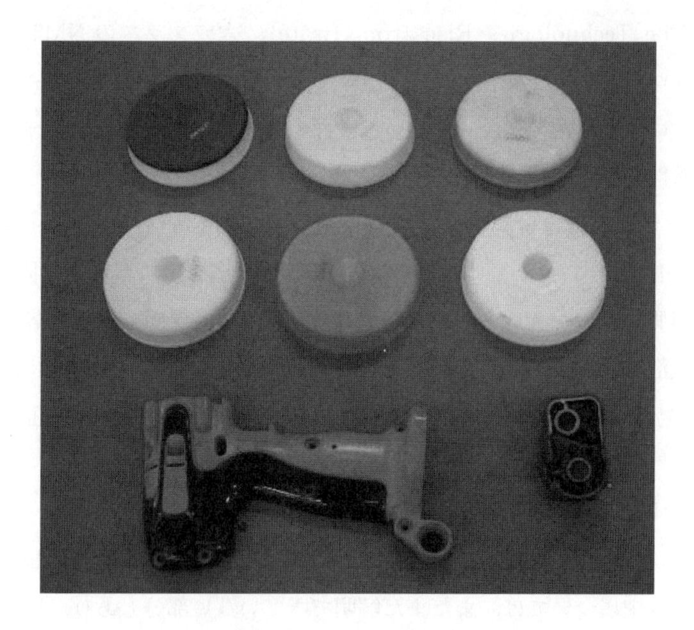

図5　M-DSI の成形事例

表2　M-DSI での熱可塑性樹脂同士の接合性評価結果

	ABS	ASA	CA	EVA	PA6	PA66	PC	HDPE	LDPE	PMMA	POM	PP	変性PPE	GPPS	HIPS	PBT	TPU	PVC	SAN	TPR	PET	PVAC	PPS	PC/PBT	PC/ABS
ABS	○	○	○				○	—	—	○		—	—	—	—	○	○	○	○		○	△		○	○
ASA	○	○	○	○			○	—	—	○		—	—	—	—	○	○	○	○			△		○	○
CA	○	○	○	△				—	—			—	—	—	—	○	○	○	○						
EVA		○	△	○				○	○			○		○				—							
PA6					○	○		△	△			△		—	—		○								
PA66					○	○	△	△	△			△		—	—		○								
PC	○	○				△	○	—	—			—		—	—	○	○	○	○		○		○	○	○
HDPE	—	—	—	○	△	△	—	○	○	△	△	—		—	—	—	—	△	—					—	—
LDPE	—	—	—	○	△	△	—	○	○	△	△	○		—	—	—	—		—					—	—
PMMA	○	○						△	△	○		△		—	—			○	○						
POM								△	△		○	△		—	—										
PP	—	—	—	○	△	△	—	—	○	△	△	○	△	—	—	—	—	△	—	○				—	—
変性PPE	—	—	—									△	○	○	○	—	—	—	—					—	—
GPPS	—	—	—	○	—	—	—	—	—	—	—	—	○	○	○	—	—	△	—					—	—
HIPS	—	—	—		—	—	—	—	—	—	—	—	○	○	○	—	—	△	—					—	—
PBT	○	○	○				○	—	—			—	—	—	—	○	○	○	○						
TPU	○	○	○		○	○	○	—	—			—	—	—	—	○	○	○	○						
PVC	○	○	○	—			○	△		○		△	—	△	△	○	○	—	○						○
SAN	○	○	○				○	—	—	○		—	—	—	—	○	○	○	○		○	△		○	○
TPR												○								○					
PET	○						○												○		○			○	○
PVAC	△	△																	△			○			
PPS							○																○		
PC/PBT	○	○					○	—	—			—	—	—	—				○		○			○	
PC/ABS	○	○					○	—	—			—	—	—	—			○	○		○				○

○:接着良好　△:接着不十分

亜電化のTRI（The Technologies Rise from Iwate），大成プラスのNMT（Nano Molding Technology），コロナ工業のアルプラスなどが挙げられる。これらは何れも金属の表面に特殊処理を実施することにより，化学結合，あるいは表面の微細凹凸によるアンカー効果などによって金属と樹脂の融着性を発現させる工法である。

大阪大学はレーザで樹脂と金属を接合する技術であるLAMP（Laser-Assisted Metal and Plastic）接合法を開発している[2]。同工法では，樹脂と金属を重ね合わせて固定保持させた後，樹脂側または金属側からパルスレーザを照射することによって界面の樹脂を溶融させ，その溶融部内部に小さな気泡を発生させて接合する方法である。その利点は，（1）短時間で接合が可能，（2）自動化が容易，（3）接合部が長期間安定である，（4）金属材料の表面処理が必要ないなどが挙げられる。

前述の工法はいずれも一定の強度を持った接合が可能であるという実験データが出揃いつつあり，どの樹脂特性が接合性に影響するかということも判明しつつある。ただし，接合強度が発現するメカニズムの詳細については，まだまだ解明できていない部分もあり，自動車分野で適用されるためには，同メカニズムが解明されて接合部の信頼性を確保することが最も重要である。

（3） “CFRPハイブリッド技術”

従来のCFRP部品は，一体ものとして設計／成形／生産することが一般的であり，複雑形状の成形品を短時間で大量に生産することは困難であった。東レでは成形品を形状や機能ごとの部品単位で分割設計する全く新しい設計コンセプトを開発して，既にノートパソコンの筐体向けに同技術を適用している[3]。筐体の天板や底面など平らな部分には，素材自体の強度・剛性が生かせる熱硬化性樹脂をマトリックスとする連続繊維によるCFRPを用い，外枠など複雑形状部分を射出成形でそれぞれ個別に製造することで，マグネシウム合金を上回る軽量・薄型設計のCFRP製筐体の大量生産を可能とした。同技術においては，革新的な組み立て技術を開発・適用した。すなわち，熱可塑性マトリックスによるCFRPと熱可塑性樹脂を射出成形による熱溶着で接合する“CFRPハイブリッド技術”を適用し，製品組み立ての時間短縮と効率化を実現し，ノートパソコン筐体を1分以内で組み立てることに成功した。同技術を自動車に適用するためには，接合部分の信頼性の確保などの課題はあるが，炭素繊維複合材料の適用を拡大して，革新的な軽量化に貢献しうる技術であると期待している。

（4） CFRP//金属接合

大成プラスと東レはアルミ合金とCFRPを交互に積層した複合材を共同開発した。同積層構造は大成プラスの開発した“NAT（Nano Adhesion Technology）”と東レのCFRP技術を組み合わせたものである。50 mmw × 500 mmLの試作品を製作し，0.3 mmのアルミ合金を5層，0.38 mmのCFRPが4層であり，複合構造の表裏はアルミ合金になっている。アルミ合金に対してNATで接合を実施する際に必要な表面処理を施した後，同アルミ合金と熱硬化前のプリプレグを積層し，これを炉内で加熱することで熱硬化樹脂の硬化と複合構造の一体化を同時に進行させる。

この様なアルミ合金とCFRPの複合素材の考え方は従来からあったが，アルミ合金とCFRPの線膨張係数の差異が課題であった。すなわち，炉内での加熱時にアルミ合金が大きく熱膨張し，冷却の過程で縮むことからCFRPとアルミ合金の界面に大きなせん断応力が発生する。従来はこのせん断応力に耐えうる接合強度を発現させることが難しかったが，NATの適用により層間のせん断強度が向上し，前述のサイズの試作が可能となった。アルミ合金（A 5052）の単板と本技術の比較を表3に示す。剛性が50％向上し，重量は約20％低減しており，顕著な比剛性の向上が認められる。

CFRPを活用すると比強度・比剛性の高さから大幅な軽量化が見込まれるが，その量産性，複雑形状への対応性，材料コストなどには課題が残る。金属と上手く組み合わせて，最適設計を進めることで，その適用の可能性が拡大するものと考えられる。

3.3　発泡体による複合構造

東レではポリオレフィンフォームを“トーレペフ”の商標で展開している。“トーレペフ”は電子線架橋による半硬質・独立気泡の長尺シート状発泡体であり，軽量，断熱性，緩衝性，成形性などの特徴を生かして自動車内装品などに幅広く使用されている。

“トーレペフ”を用いた複合構造による最近の軽量化事例として，ダッシュインシュレーションが挙げられる。ダッシュインシュレーションはインストルメントパネルの内側につき，エンジンルームや車外の音を社内に通さないために配置する部品である。概略図を図6に示す。従来品はゴムシートに不織布を貼り合わせた材料構成が一般的であり，材料により音エネルギーを遮蔽し透過音を小さくすることで，その機能を果たしている。遮音特性は重量の影響を受けるため，遮音性能向上と軽量化はトレードオフの関係にあることが課題であった。“トーレペフ”を用いた開発品では，“トーレペフ”と不織布を貼り合わせた構造をしており，遮音ではなく材料の吸音効果で音エネルギーを吸収する。ゴムシートとペフの比重差から大幅な軽量化が可能であり，

表3　試作品の物性（アルミ合金との比較）

特性	アルミ合金（A 5052）	開発品	効果
曲げ剛性 （EI：10^5 kgf/mm 4）	7.96	11.9	50％向上
重量（g）	201	159	20％減

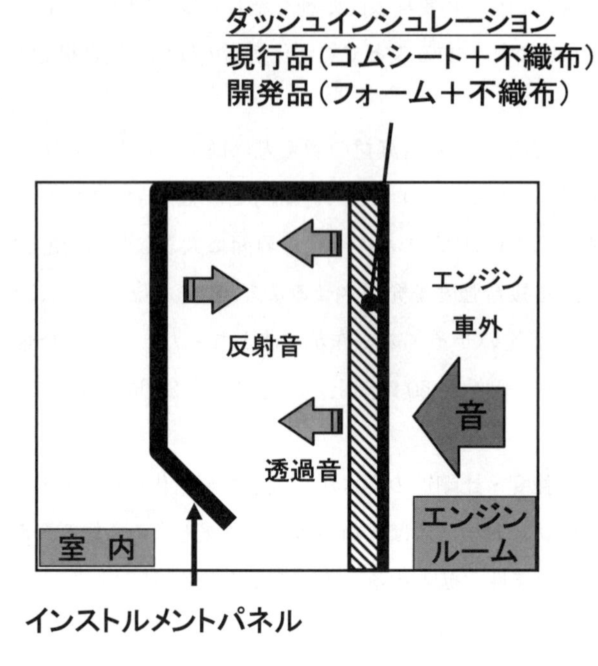

図6　ダッシュインシュレーションの概略図

例えば同部品の面積を 1.5 m^2 と仮定すると 5 kg 以上の軽量化が可能である。

その他の軽量化事例として，“トーレペフ”のエアコンダクトへの適用が挙げられる。エアコンダクトはポリプロピレンやポリエチレンのブロー成形品で製造されるのが一般的だが，“トーレペフ”にポリプロピレンシート張りの複合材によって置換すると，密度差による軽量化に加えて断熱効果も期待できる。

3.4　特殊フィルムの活用

自動車におけるフィルム加飾には，内装の木目調を表現するために水溶性の PVA フィルムを用いた水圧転写法がある。水圧転写法は水溶性の PVA フィルムへインクを転写後に，水槽に浸漬してフィルムだけを溶かし，あらかじめ沈めておいた成形品を水面上に引き上げてインクを成形品表面に転写する方法である。自動車分野でのその他の加飾方法としては塗装が一般的であり，フィルムによる加飾の実績はまだまだ少ないが，近年は塗装工程の削減やコストダウン目的で注目されている。

東レでは独自のナノ積層技術とポリマー設計技術を融合して開発した環境低負荷の金属光沢調・易成形フィルム“PICASUS”を開発した[4]。図7に“PICASUS”の外観と構造概略図を示す。

“PICASUS”は異種ポリマーを数百から数千層のオーダーで高精度に積層したポリエステル

フィルムで，光が高輝度に反射することで金属を使用せずに金属調の光沢と質感を実現している。フィルムと金属メッキとの比重差から“PICASUS”使いの方が金属メッキ使い比で軽量化に結びつくほか，“PICASUS”は金属を使用していないことから電波透過性を有しており，リモコンスイッチで文字を浮かび上がらせるなどの機能を付与することが可能である。“PICASUS”を用いたドアハンドルの試作例を図8に示す。同試作例では電波透過性を生かして，リモコンによる文字表示のデモンストレーションを実施した。

フィルムによる加飾の適用拡大には，前述の事例のように意匠性にプラスアルファとなる機能を付与して，代替のうれしさを実現していく必要があると考えられる。

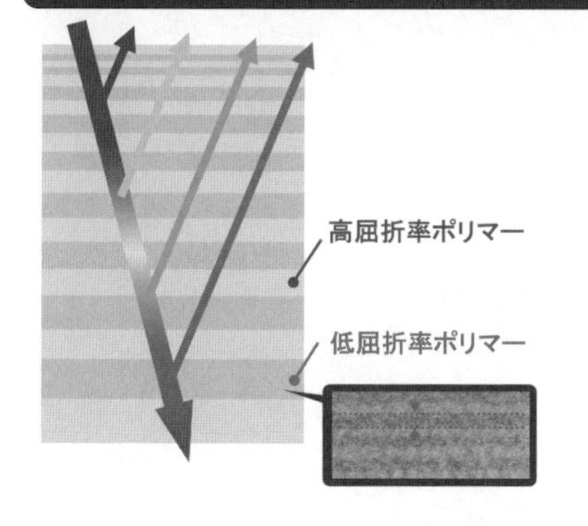

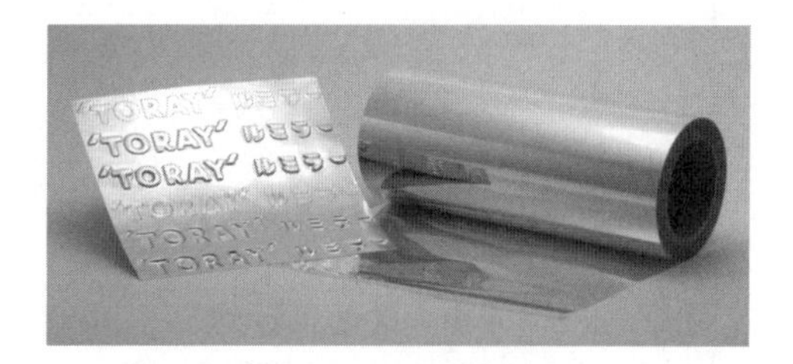

図7　“PICASUS”の外観と構造概略

図8　PICASUSによるドアハンドル試作品

3.5　素材融合を進めるために

前述した素材融合は革新的な軽量化を図るためには必要な技術であるが，その実現には様々な課題がある。適材適所の設計を進めるためには様々な素材の知見に加えて，それらの成形方法，接合方法など工法に関する知見も必要となる。また，革新的な設計であればあるほど，自動車そのもののデザインにも影響してくるため，様々なすり合わせや評価が必要であると考えられる。部品としても信頼性の確保も課題となってくる。

素材融合を成功させて革新的な軽量化を達成するためには，自動車メーカー，部品メーカー，加工機メーカー，および素材メーカーなどがチームを作り，設計の初期段階からそれぞれの知見・技術を結集して，ターゲットの設定，設計，および評価を推進することがますます重要になると考えられる。

文　献

1） 西田　正三，元山　貴史，成形加工，**19**，No.1，29（2007）
2） 片山　聖二，成形加工，**21**，No.8，460（2009）
3） 東レプレスリリース，2006.6.16
4） 日刊工業新聞，2008.8.22

第4章　炭素繊維複合材料の自動車への適用

北野彰彦*

1　はじめに

省エネ，環境，安全性に対する関心の高まりから，炭素繊維複合材料（CFRP：Carbon Fiber Rein forced Plastic）などの先進複合材料を用いた軽量化技術が市販車へと適用拡大しつつある。特に，各種規制の導入時期が早く，規制内容も厳しい欧州において先進複合材料の適用検討が先行しているが，国内でも適用気運が高まりつつある（図1）。

民間航空機でのアプローチと同様，自動車でもパネル部材などの2次構造材への適用に始まり，キャビンなどの一次構造材にも適用が拡大している。言い換えれば，外観，ファッション性能が重視される装飾部材から，安全性など性能・機能が重視される構造部材へと適用が拡大している。

CFRPを適用することで，自動車の重量は約30%軽量化が可能とされているが（図2），大幅な軽量化に加え，安全性，一体化による部品点数低減による組立コストダウン，軽量・高剛性化による運転性能向上，耐久性向上（錆びない）等が期待できることも適用が拡大するドライビングフォースとなっている。今後は，電気自動車などの，より軽量化（経済）効果が生きる次世代自動車への本格適用が見込まれる。

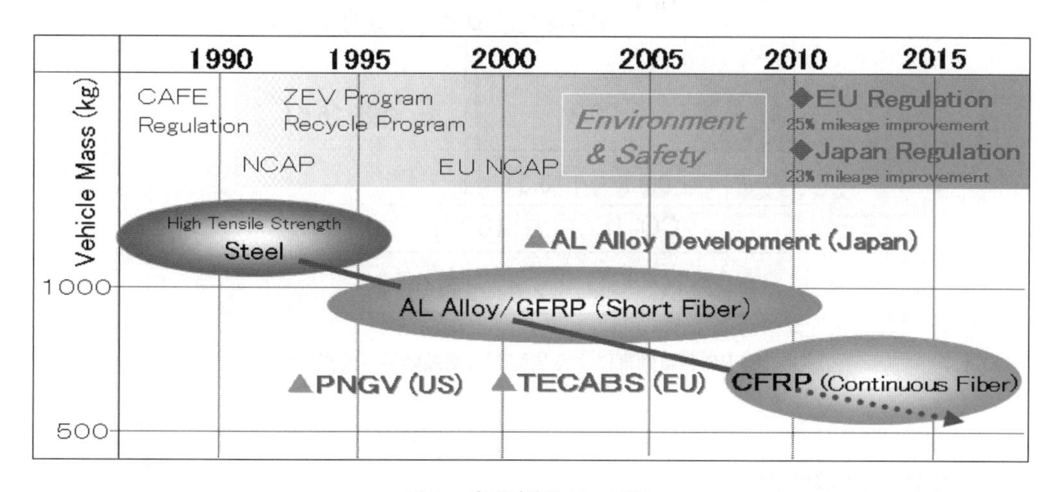

図1　自動車軽量化の流れ

* Akihiko Kitano　東レ㈱　複合材料研究所　所長

<前提>
車両重量:1,380kg*1（ガソリン車、4ドア、FF）
実走行燃費:9.8km/l*1
生涯走行距離:9.4万km*2（平均使用年数10年）
（出典:*1自工会、*2国土交通省）

CFRP利用車:30%軽量化（従来車対比）

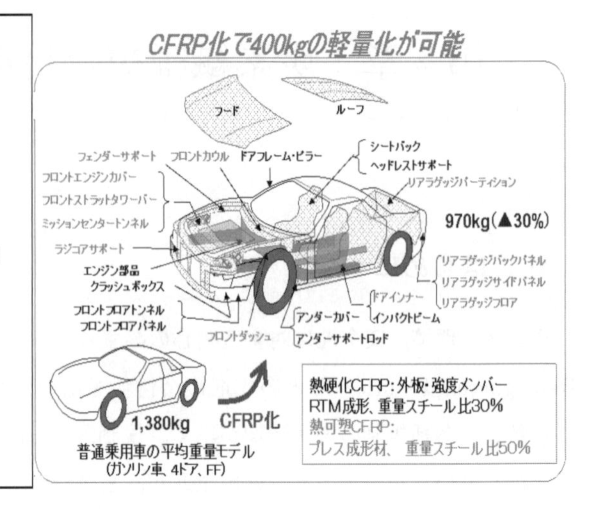

図2　CFRP化による自動車軽量化モデル

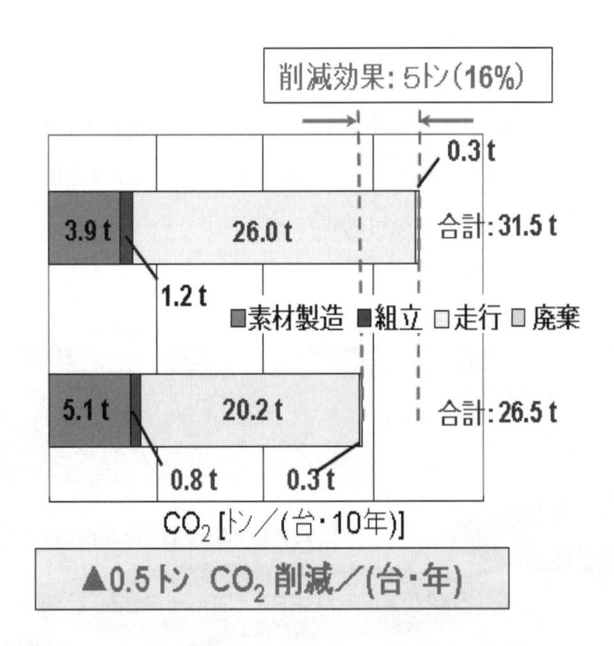

図3　CFRP製自動車による炭酸ガス削減効果（前提は図2）

2　海外の適用状況

2.1　欧州車での適用状況

欧州のカーメーカーは，F1を舞台に長年に亘りCFRPの設計，成形実績・経験を有しているが，生産台数の増加と共に，プリプレグ成形（プリプレグ積層＋オートクレーブ成形）から，より成形時間が短く，コスト競争力のあるRTM（レジントランスファー：Resin Transfer Molding）成形へとシフトしている[1]。また，欧州メーカーの多くは，CFRP部材を設計，生産する航空機部門を持っているという側面も作用している。欧州は，公的研究である「TECABS」（目標：50%重量減，70%部品数減のCFRPボディを50台/日で達成）を2000年に開始するなど，CFRP化で世界をリードしている[2]。

メルセデス社（ダイムラー社）の「マクラーレンSLR」は，車体がCFRP製であり，エンジンマウント部分がアルミニウムであることを除けば，クラッシャブルゾーンもコーン状のエネルギー吸収部材で構成された，オールCFRP製の超軽量・安全ボディーである（図4）[3]。

ポルシェ社の「ポルシェGT」の車体も「マクラーレンSLR」と同様，超軽量・安全ボディーコンセプトであり，乗員の占有空間（キャビン部分）は衝突時にも壊れない頑強なCFRP構造とし，衝撃時のエネルギーはキャビン前後に配されたクラッシャブルゾーンで衝突安全性を確保する構造となっている（図5）[4]。

BMW社の「M3」は，ボディーはCFRPではないが，ルーフ，トランクリッド，整流板（ディフューザー）などのパネル部材，シート，ドアミラーカバーやスポイラーなどにCFRPを多用している（図6）。また，BMWグループは，車体を軽量化するための原料となる炭素繊維とCFRP生産のため，ドイツの炭素繊維メーカーである「SGLグループ」と合弁会社を設立した。

アストンマーチン社の「Vanquish」は，車体フレームがアルミニウムの接着構造とした点に特徴があるが，エンジンルーム内の2次構造材には，CFRPを多用している（図7）[5]。

McLaren-Mercedes SLR
Body, Panel
RTM, SMC, Autoclave
（約750台/y）

図4　オールCFRP製ボディーの例（マクラーレンSLR）[3]

表1　CFRPの市販車への適用例

車種	車名	国	部材	成形法
スーパースポーツ（4000万円～）	Pagani Zonda C12S	伊	コクピット	プリプレグ（オートクレーブ）
	B Engineering Edonis EX38	伊	シャーシ	プリプレグ
	Ferrari Enzo	伊	CF/Alハニカムモノコック，外板，フロアパネル	プリプレグ
	Saleen S7	米	アルミハニカム/板フレーム，外板	プリプレグ
	Bugatti Veyron 16/4	仏	CF/Alモノコック，フード，フロアパネル	プリプレグ
高級スポーツ（2000万～4000万円）	Toyota Lexus LFA	日	シャーシ，ディフーザ，ステアリングホイール，他	RTM，プリプレグ
	Aston Martin Vanquish	英	Aピラー，ストラットタワーバー，トンネル，他	RTM，プリプレグ
	Lamborghini Murcielago	伊	フード，フェンダ，トランクリッド	プリプレグ
	Porsche Carrera GT	独	モノコック，サブフレーム	プリプレグ，RTM
	Mercedes Benz SLR Mclaren	独	シャーシ，外板	RTM，セミプレグ，A-SMC
中級スポーツ（1000万～2000万円）	Honda NSX-R	日	フード，スポイラー，シートフレーム	プリプレグ
	TVR Tuscan R	英	外板	セミプレグ
	BMW M3 CSL /M6	独	ルーフ，他	RTM
	Aston Martin Vantage	英	プロペラシャフト	FW
	MG XPower SV	英	トランクボックス，ルーフインナ，外板，他	プリプレグ，セミプレグ
	Farboud GTS	英	ボディ，他	セミプレグ
	Aero 8 roadstar	米	ハードトップ可動ルーフ	プリプレグ
一般（～1000万円）	Renault Espace Quadra	仏	プロペラシャフト	FW
	Audi 80/90-A4/A8 Quattro	独	プロペラシャフト	FW
	Honda Legend	日	プロペラシャフト	FW
	MMC Pajero	日	プロペラシャフト	FW
	Mazda RX-8	日	プロペラシャフト	FW
	Nissan Fiarlady Z (350Z)	日	プロペラシャフト	FW
	Nissan GT-R V-spec.Ⅱ	日	フード	VaRTM
	Nissan Skyline	日	フロントエンドモジュール	射出成形
	MMC Lancer Evokution Ⅷ	日	スポイラー	RTM
	FHI Imresza	日	スポイラー	プリプレグ
	Ford GT Couppe	米	リアデッキパネル，インナー，シートフレーム	プリプレグ
	Viper SRT-10 convertible	米	Aピラー，ドア，フロントエンドフレーム，フェンダー	SMC
	Chevrolet Corvette Z06	米	フード，フロアパネル	プリプレグ，圧縮成形

図5　CFRP製ボディーの例（ポルシェGT）[4]

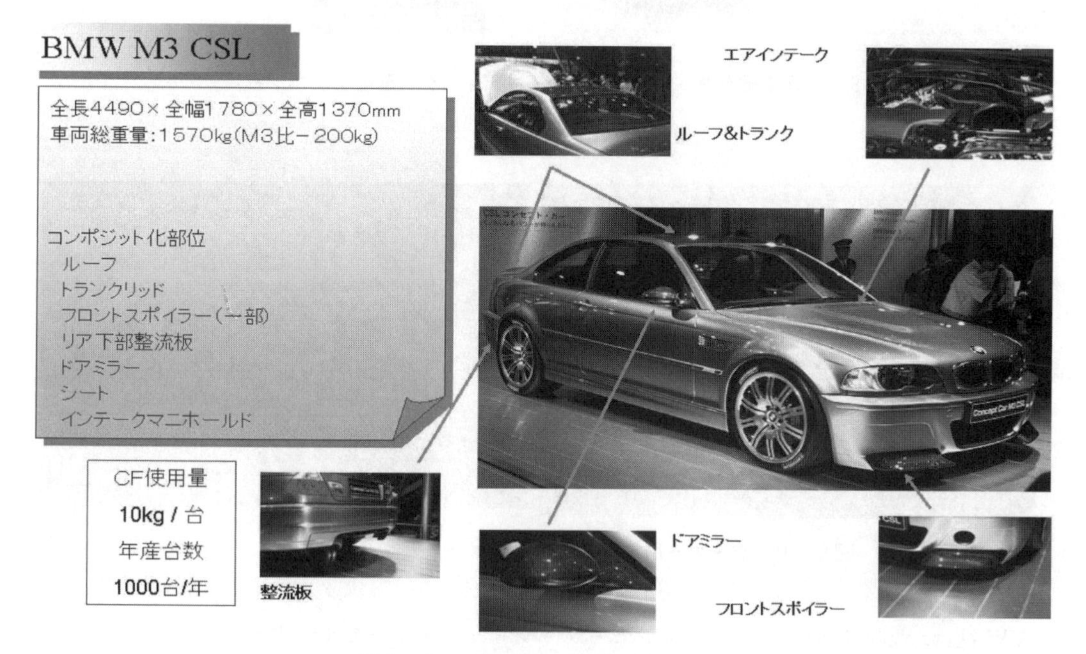

図6　CFRP製部品の例（BMW M3）

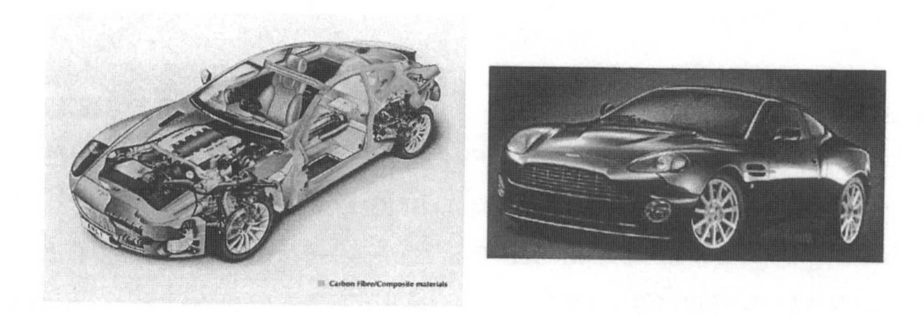

図7　CFRP製部品の例（アストンマーチン Vanquish）[5]

上記以外にも，欧州の高級車，例えばベントレー社の「Brookland」のドアインナーパネル，ブレーキディスク（図8）[6,7]などにも炭素繊維が適用されている。また，炭素繊維は，導電性を利用してシートのヒーターとしても利用されている。

図8　炭素繊維を使った自動車ブレーキディスク（SGL カーボン社）[6,7]

図9　リッターカー用 CFRP 製超軽量ボディー（VW 社　L 1）[8,9]

VW 社は，2009 年のフランクフルトモーターショーでディーゼルと電気のハイブリッド式の 1 リッターカー「L 1」（車両重量 380 kg）を発表した。シャーシー部分（図 9）[8,9] は RTM 成形で重量は 79 kg である。

2.2　米国車での適用状況

米国においては，繊維強化プラスチック（FRP）製で独特のボディーラインを実現した GM 社の「コルベット」，トラックやバス部材を中心に SMC（シートモールディングコンパウンド）の実績があり，ガラス繊維を炭素繊維に置き換えた量産性に優れる CF/SMC を中心に，スポーツタイプの自動車への適用が始まっている。政府補助研究である「Freedom CAR and Fuel Partnership プロジェクト」（目標：60％重量減の CFRP ボディを 10 万台/年達成）が 2002 年から継続されている[10]。

クライスラー社の「Viper」（4000 台／年）では，ドアインナーパネル，ウインドウフレーム，フェンダーサポートに CF/SMC がガラス SMC とハイブリッドで適用されている[11]。ドアインナーパネルでは，高強度が要求される接合部は CFRP で，その他はガラス繊維強化プラスチッ

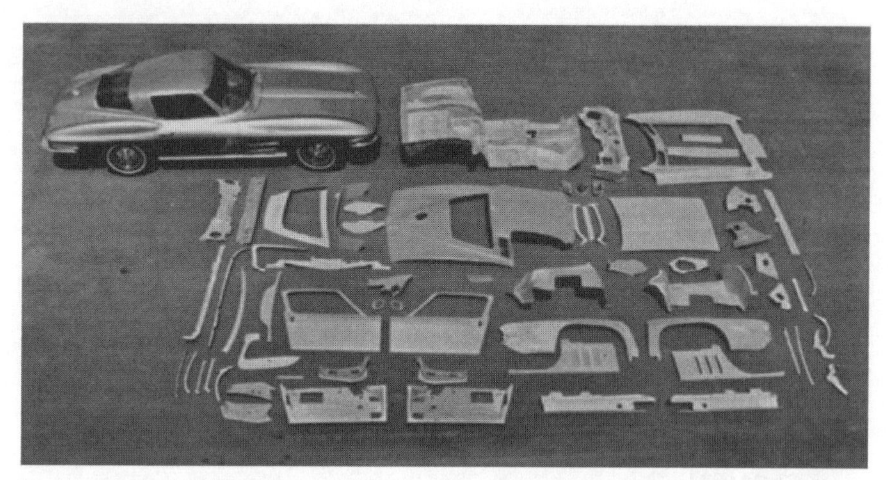

G.Lubin, Handbook of Fiberglass and Advanced Plastics Composites, Litton Edu. Pub., 1969.

図10　Corvettに試用されたGFRP部品

ク（GFRP）のハイブリッド構造となっている。ウインドウフレームでは強度を担うコア（芯）部分はCFRP，その周囲は外観性に優れるGFRPのハイブリッド構成である。不連続繊維という易成形性を生かして，複雑形状部材の一体成形化を実現していることに大きな特徴がある。

CFRPの魅力はインテグレーション（一部品化）にあり，フォード社「Ford　GT」4500台では，アルミニウムでは不可能な（アルミの場合は4部品）深絞り形状のパネル部材（Deck lidのインナー）が採用されている。一部品化することで，接合部がないため剛性が高く，成形型の数が減り，接合の工数も削減できてコストダウンできたと報告されている[12,13]。

GM社の「コルベット」（3000台/年）のフードには，連続繊維CFRPが採用されている。プリプレグを積層・オートクレーブ成形した航空機と類似の成形法であるが，樹脂の硬化時間は航空機の数十分の一であり，スポーツカーに対応できる量産性を有している。コルベットのホイールハウス，フロアーボードには短繊維の炭素繊維を用いた圧縮モールディング成形が採用されている[14]。

なお，米国では自動車用タイヤへの炭素繊維の実用化が始まっている。航空機用タイヤでの実績も影響して，今後はタイヤの側面補強で炭素繊維の適用拡大の可能性がある。

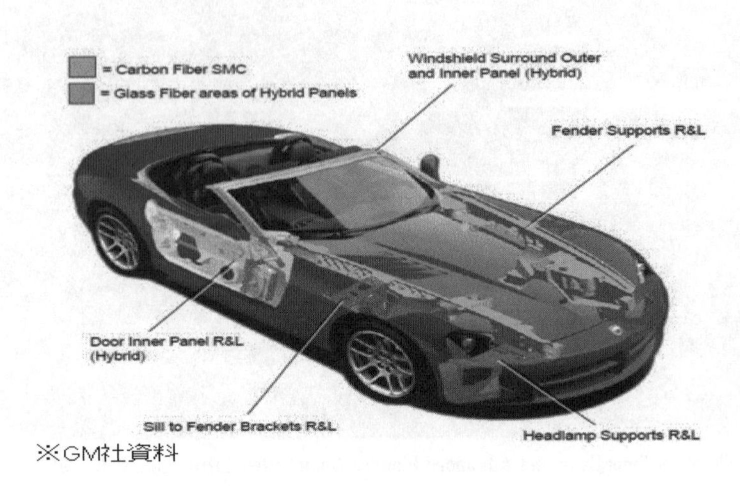

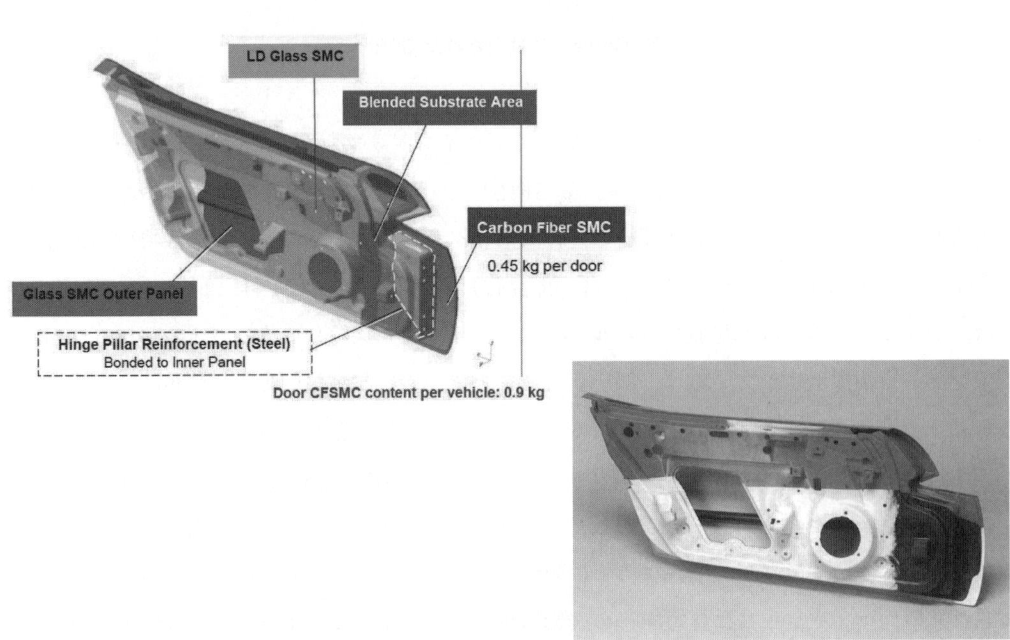

図11　プレス成形（SMC製）CFRP部材／ドアインナーパネル（クライスラー社バイパー）[11]

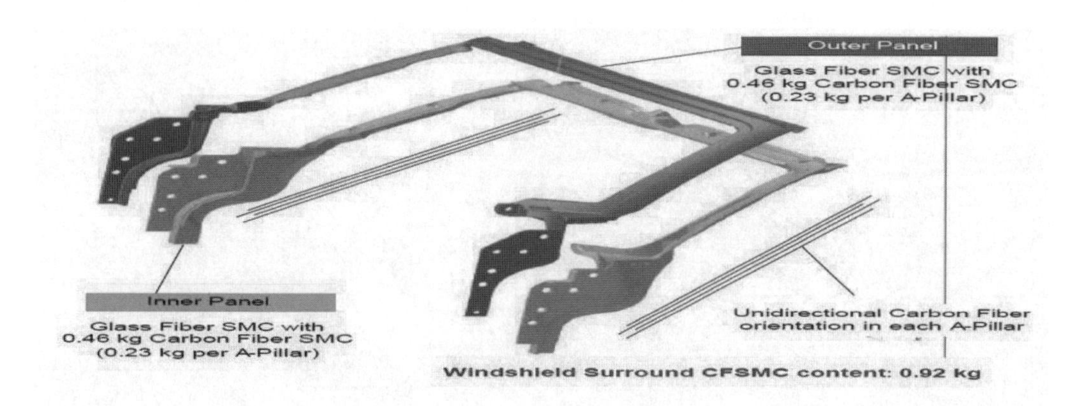

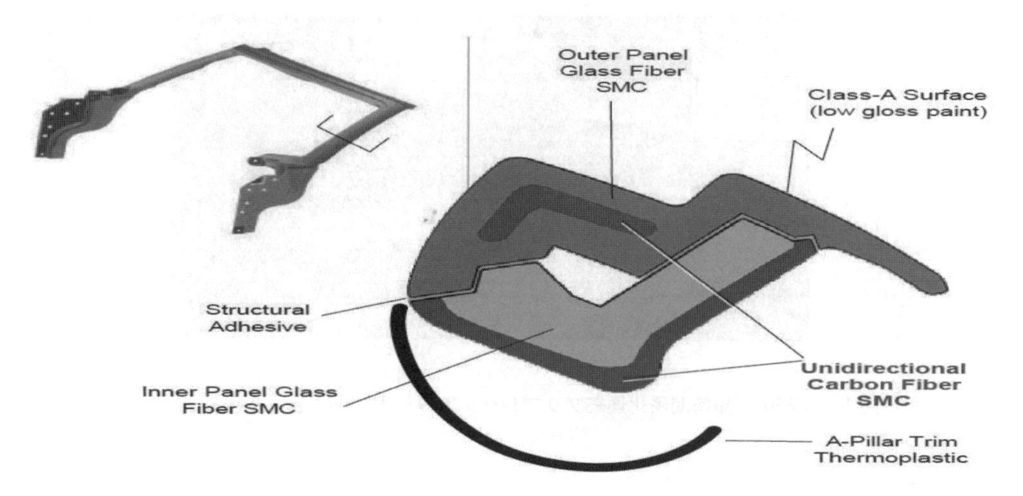

図12　プレス成形（SMC製）CFRP部材／フロント窓枠（クライスラー社バイパー）[11]

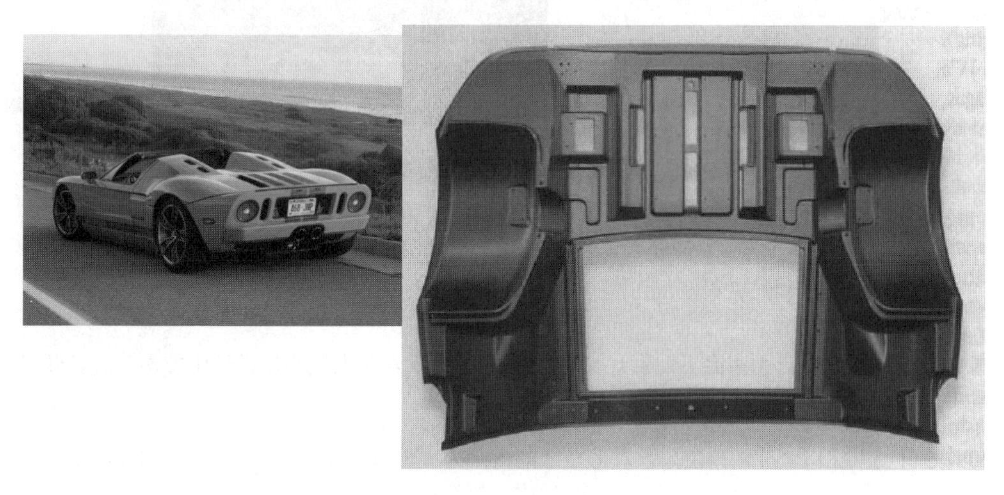

図13　CFRP製一体化パネル部材／後部リッド（フォード社GTX 1）[12, 13]

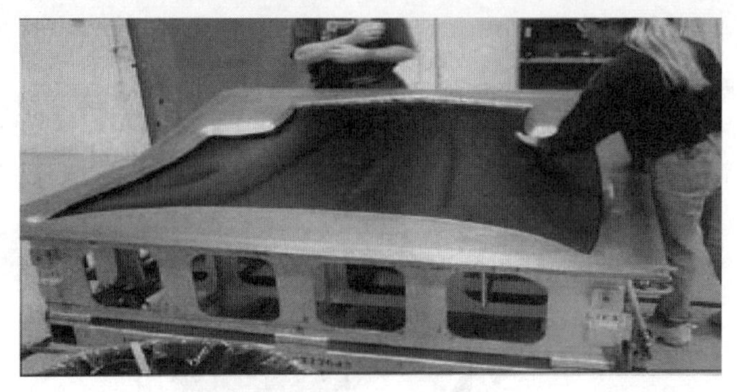

図 14　CFRP（短時間硬化連続プリプレグ）製フード（GM 社コルベット）[14]

2006 Goodyear Response Edge
Tire Side Wall

※GoodYear社資料

図 15　炭素繊維で強化した自動車用タイヤ[15]

3　国内の適用状況

国内でも，殆どの自動車会社において軽量化プログラムが大規模に進行中であり，CFRP は軽量達成の手段の一つとして盛んに検討されている。

国内の自動車部材で，本格採用されている部材例の一つはプロペラシャフトである[16]。重要保安部品でありながら，殆ど全ての会社で採用実績があり，その合計は東レ社生産だけで 100 万本

（台）を越えた。実用化車種としては，4 輪駆動車である三菱自社の「パジェロ」に始まり，後輪駆動車である日産社の「フェアレディー Z」，マツダ社の「RX－8」，ホンダ社の「レジェンド」等があげられる。

■ 自動車業界を取り巻く課題と方向性

環境・エネルギー
・排ガス浄化
・CO_2低減
・リサイクル
・環境負荷物質低減

・低燃費
・軽量化
・振動、騒音

安全・快適性
・高意匠性
・情報、通信
・遊び心、楽しみ

表 2　主要自動車メーカーの軽量化プロジェクト

メーカ	プロジェクト	目標	概要
トヨタ	Mass Innovation	2011 年迄に重量▲10% （中型セダン）	・CFRP 化がひとつの手段との位置づけ ・部品点数数削減　・樹脂化
ホンダ	車種ごとに対応	重量目標の明示無し 2010 年迄に CO_2 ▲10%	・LCA に基づく CO_2 削減（含む製造） ・アルミ採用で先行
日産	ビジョン 2015	2015 年迄に重量▲15% （平均重量）	・CFRP 化がひとつの手段との位置づけ ・CO_2 削減(2015 年迄に '05 比▲40%) ・燃費 10%改善の主要達成手段
三菱	CLW 30 (Challenge for Light Weight)	2010 年迄に重量▲30% （2010 年発売車）	・次期車両開発に適用するサプライヤー提案募集開始

図 16　CFRP 製プロペラシャフトと搭載車例

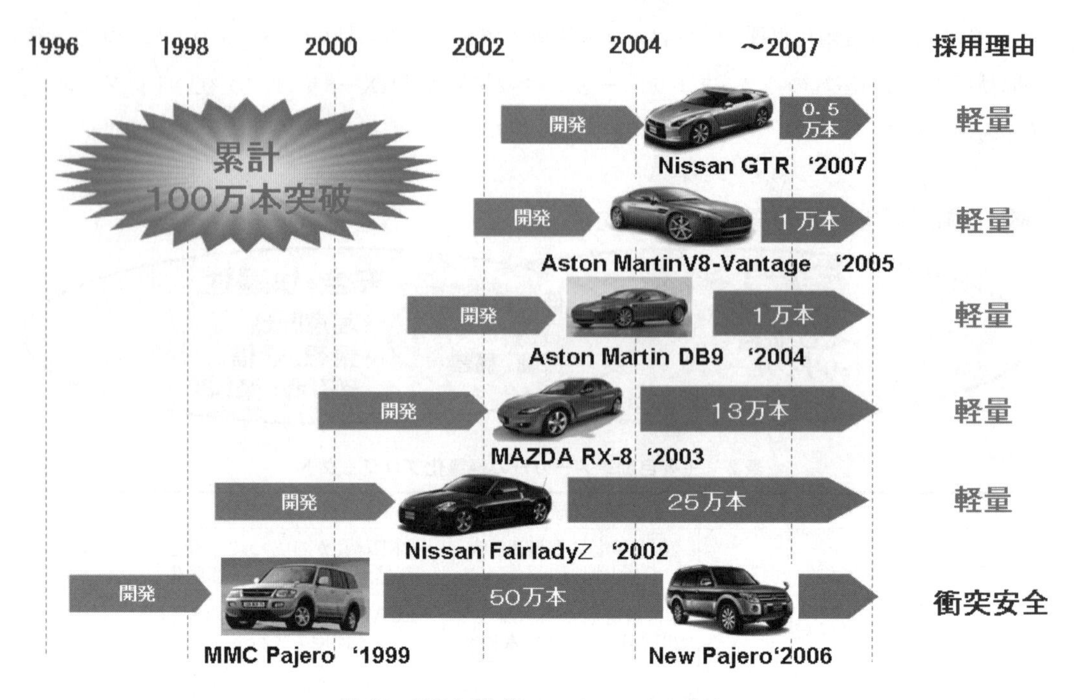

図 17　CFRP 製プロペラシャフトの普及

CFRP 製プロペラシャフトの特長は，軽量性と安全性にある。比剛性が大きいため，スチール製プロペラシャフトの中間ジョイントが不要となり，軽量・コストダウンが可能となる。さらに，力学特性の異方性により，ねじりトルクに対しては高強度であるが，衝突時の軸方向入力に対しては，低荷重で破壊が開始してエネルギー吸収するというメカニズムが盛り込まれている。後輪駆動車はこの衝突安全性が重要となるが，今後は軽量性と快適性（静粛性）を更に追求した CFRP プロペラシャフトが求められる。

プロペラシャフトの製法は，フィラメントワインディング法であるが，今後はトウプレグワインディング法や引き抜き製法も考えられる。

外板部材への適用例としては，日産社の「スカイライン」，マツダ社の「RX−7」等のフード等がある。フードは意匠性を受け持つアウターと剛性を受け持つインナーから構成され，人の頭部衝撃エネルギー（HIC 値）を吸収するメカニズム（安全機構）が組み込まれている[17]。また，軽量性を追求する場合には，サンドイッチ構造が好適な構造といえる。サンドイッチ構造は，パネル部材の剛性のみを合わせた場合，大幅な軽量化が可能であるばかりか，断熱性（冷暖房時の省エネ），遮音性（快適性）にも優れたパネル部材（例えば，ルーフ，フード，トランクリッド）に好適な構造といえる[18]。さらに，フードには正面衝突時にフードが 2 つに折れ曲がり，室内への侵入を抑制する破壊機構（トリガー）も組み込まれている。

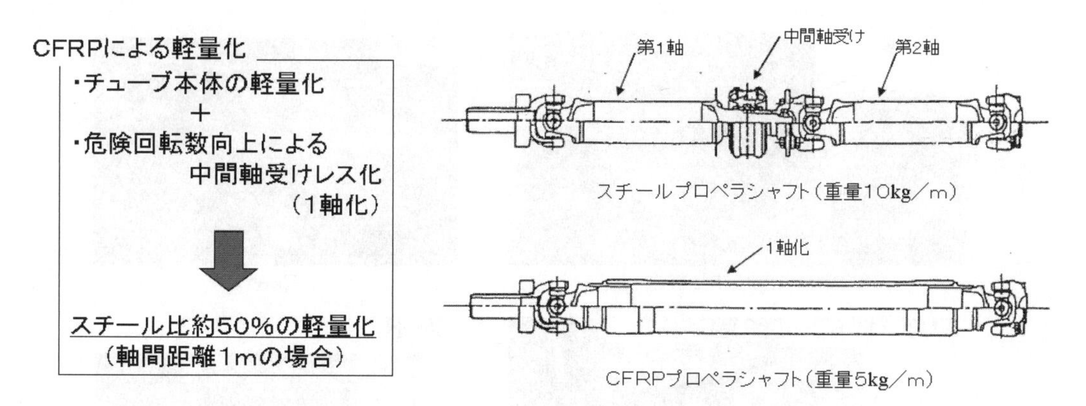

図18　中間ジョイントレスによるプロペラシャフトの軽量化

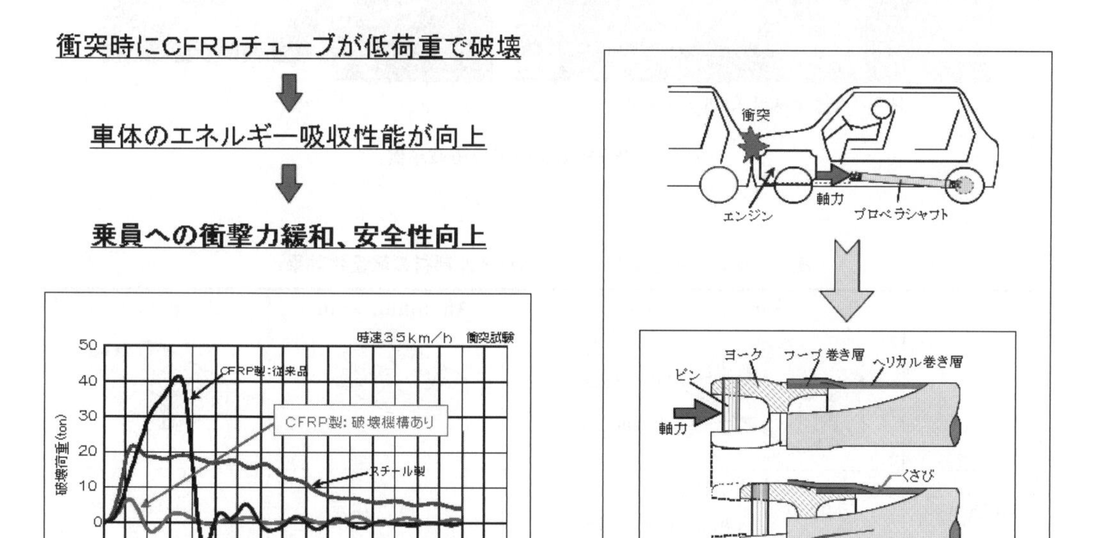

図19　CFRP製プロペラシャフトによる衝突安全性の向上

三菱自動車社の「ランサー・エボリューション」のスポイラーもサンドイッチ構造であり，極めて高い軽量性と機械物性を有している。

フード，スポイラー共に，成形法は，連続繊維基材に熱硬化樹脂（エポキシ樹脂）を流し込むRTM（レジントランスファーモールディング法）が用いられており，スポイラーにおいては，8千台／3ヶ月の生産実績がある。次章の自動車ナショプロでは，10分／部材のRTM技術が創出されており，RTM成形は熱硬化樹脂製CFRP部材の成形法の主流になると考える[19]。

図 20　CFRP 製フードの搭載車例

表 3　サンドイッチ構造によるパネル部材の軽量化効果[18]

	Sandwich Panel	Aluminum Panel	CFRP Fabric Panel
	CFRP Skin Foam Core		
Thickness	5.8 mm {CFRP Skin: 0.2 mm Foam Core: 5.4 mm	3.0 mm	3.0 mm
Weight	0.12	1.0 (Standard)	0.6

Assumption: Equal Stiffness, Neglect shear failure

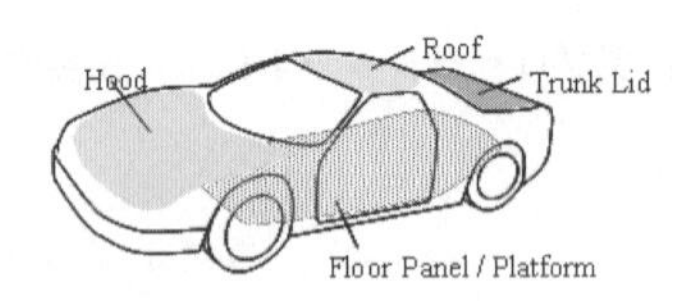

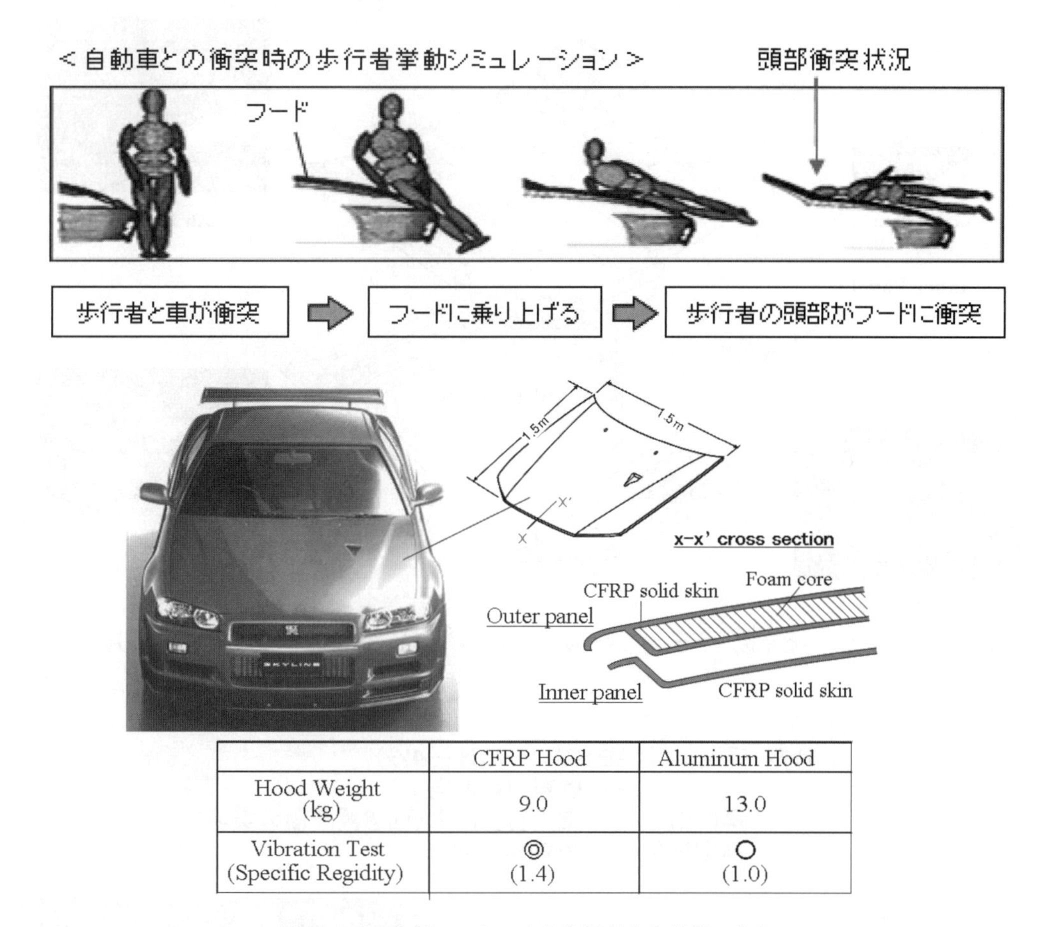

	CFRP Hood	Aluminum Hood
Hood Weight (kg)	9.0	13.0
Vibration Test (Specific Regidity)	◎ (1.4)	○ (1.0)

図21　CFRP製フードによる歩行者安全性能の向上

車体（シャーシ）へのCFRP適用に関し，トヨタ社は2010年上市予定のレクサス「LFA」で適用を検討している。2008年の東京モーターショーでは，オールCFRP製のコンセプト車体が展示され，2009年のSAMPEでは，CFRP車体（キャビン構造のうち65％がCFRPであり，アルミ比100 kg軽量化できた）の切断モデルが展示され話題を呼んだ（図24）。CFRPの本格実用化に向け，国内自動車メーカーも本格的に始動していることを示唆している（図25）[25]。

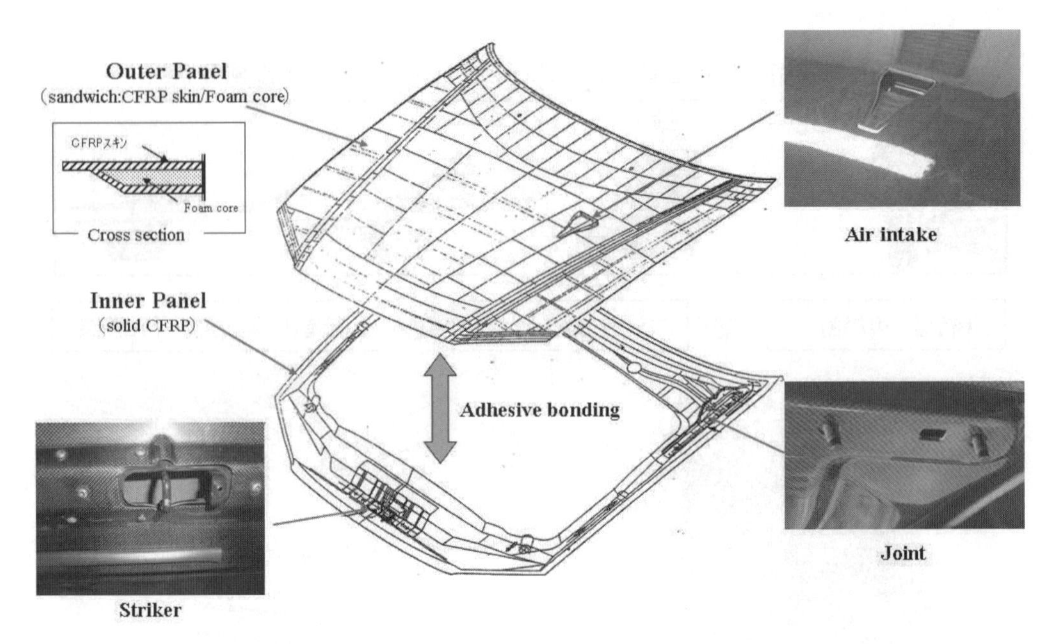

図 22　CFRP 製フードの構成（アウターパネルとインナーパネル（サンドイッチ）の貼り合わせ構造）

特徴：軽量化（対ABSブロー品比－4kg）
→ 燃料消費率向上
薄肉化 → 空力特性向上（理想翼断面の実現）
高剛性化 → 振動特性向上

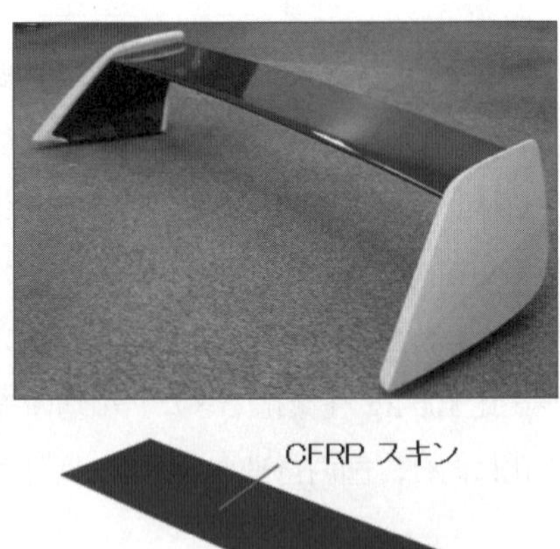

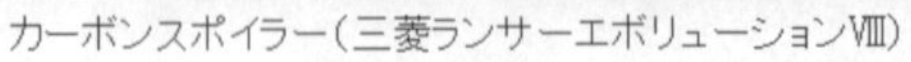
カーボンスポイラー（三菱ランサーエボリューションⅧ）

図 23　サンドイッチ構造 CFRP 製スポイラー（三菱自動車社ランサーエボリューションⅧ）

表 4　CFRP 部材の各種成形法比較

成形方法		使用材料	対象部材	特徴	力学特性（軽量化）	量産性
射出		ペレット 長繊維ペレット BMC	内装・外装 など多数	複雑形状 大量生産 小型部品	×	◎
プレス		各種シート材 SMC, GMT プリプレグ	内装・外装 構造部材	平坦形状 大量生産 大型部品	×－△	◎
スプレーアップ /RTM		繊維 （カットして スプレー）	内装・外装 構造部材	複雑形状 中・大量生産 中・大型部品	×－△	○
RTM Resin Transfer Molding	樹脂　注入	プリフォーム （織物, マット他）	外装 構造部材	複雑形状 中量生産 高い力学特性	○－◎	△
FW Filament Winding		繊維 （ロービング）	プロペラシャフト ガスタンク	筒型形状 中・大量生産 高い力学特性	○－◎	△－○
オーブン		セミプレグ プリプレグ	外装 構造部材	平坦形状 少量生産 高い力学特性	○－◎	×－△
オート クレーブ		プリプレグ	外装 構造部材	平坦形状 少量生産 高い力学特性	◎	×

図 24　オール CFRP ボディーのコンセプト（トヨタ社 X 1）

図25　CFRP製ボディー（トヨタ社　レクサスLFA）[20]

4　まとめと今後の展望

省エネ，耐環境性改善要求の高まりから，航空機が辿った歴史と同様，自動車においても軽金属からより軽量で高強度・高剛性であるCFRPへと材料転換が起こりつつある。同時に自動車は，ハイブリッド車から電気自動車（2020年に電気自動車など約400万台におよぶ環境対応型の次世代自動車市場が生まれると予測されている）へと動力源も大きくシフトする事が予測されており，車体構造を根本から見直す時期にきていることも，CFRPの本格適用のドライビングフォースとなっている。

例えば，電気自動車の場合，車体を軽量化することで，搭載するバッテリーが小型軽量になり，かつ，モーターも小さくできるため，軽量化による経済効果はガソリン車より大きいと言われている[21]。

航空機産業で先行している欧州，米国がCFRPの加工技術で先行しているが，自動車産業は日本が世界をリードしており，また，CFRP材料技術においても日本が先行していることから，両産業が連携して取り組めば，世界をリードする技術体系を作り上げることが可能と考える。このためにも，産業界の連携推進と同時に，国際標準化などの面で官学とも連携強化が必要と考える。

文　　献

1） 和田原ら,「CFRPの現状と今後の展望」, 成形加工 Vol.19, No.12, p.745-752（2007）
2） http://www.jeccomposites.com/composites-news/1089/
3） http://www.evo.co.uk/news/evonews/245872/mercedes_mclaren_slr_gallery.html
4） http://www.worldcarfans.com/204030112949/porsche-carrera-gt
5） http://www.netcarshow.com/aston_martin/2001-v12_vanquish/04.htm
6） http://www.sglcarbon.co.jp/products/006.html
7） http://www.webcg.net/WEBCG/impressions/i0000018703.html?pg=2
8） http://gazoo.com/NEWS/NewsDetail.aspx?NewsId=3c9288f3-819f-4012-bc37-0a61f47d0b92
9） http://autoc-one.jp/special/379795/photo/0107.html
10） http://www.uscar.org/guest/view_partnership.php?partnership_id=1
11） http://quantumcomposites.com/media/PDFs/QCI%20SAE-VGX%20CFSMC%20Paper.pdf
12） http://www.gtx1.com/prototypesale.html
13） High Performance Composite, January 2004, p.17（http://www.compositesworld.com/articles/parts-consolidation-key-to-lower-cost-composites）
14） High Performance Composite, March 2004, p.33（http://www.compositesworld.com/articles/corvette-gets-leaner-with-carbon-fiber-hood）
15） http://www.goodyear-indonesia.com/cms/press-08.html
16） T. Kyono, *et. al.*, "Carbon Fiber Composites Applications For Auto Industries", 3rd Annual SPE Automotive Composites Conference Technical Papers（2003）
17） 片岡ら,「自動車用CFRP 部品の衝撃CAE 解析」プラスチック成形加工学会　成形加工シンポジア'06, P237-2006（2006）
18） A. Kitano, "CFRP Technologies on Vehicles; Weight Saving and Safety Improvement", The Global Outlook for Carbon Fiber 2003, Nov. 5-7, 2003, San Diego, CA
19） 山崎ら「ハイサイクルＲＴＭ成形法の確立」、成形加工, Vol.19, No.10, p.645-648（2007）
20） http://upload.wikimedia.org/wikipedia/commons/6/67/Lexus_LFA_003.JPG
21） 田丸ら,「プラグインハイブリッドカーの普及と環境負荷低減への車体軽量化の効果」, 第34回複合材料シンポジウム講演論文集, p.41-42（2009-9）

第5章　革新温暖化対策プログラム「自動車軽量化炭素繊維複合材料の研究開発」

山口晃司*

本章では，平成15年から平成19年まで実施したNEDO技術開発機構が主導した「革新温暖化対策プログラム『自動車軽量化炭素繊維複合材料の研究開発』」について，述べる。また，本文は，NEDOより公開されている本プロジェクトの成果報告書[1)]ならびに事後評価資料[2)]を引用したものである。

1　はじめに

1.1　プロジェクトの背景と目的

運輸部門の自動車の省エネは，地球温暖化の抑制（CO_2削減）とも絡んだグローバルな要請であり，欧州では2008年までに約25%の燃費改善目標が設定され，国内でも燃費改善の検討が積極的に進められている。燃費改善の切り札は車体の軽量化であり，そのための手段として，スチールからアルミニウムなどの軽金属材料への転換，更には，先進複合材料の適用検討が自動車メーカーを中心に検討されている。2002年4月の総合科学会議でも経済産業省から国際競争力強化の重要課題として，省エネルギーで安全性の高い次世代自動車を実現するための軽量かつ強度に優れた革新的な素材の開発が取り上げられている。

一方，先進複合材料である炭素繊維強化複合材料（CFRP：Carbon Fiber Reinforced Plastic）は，アルミニウムに比べ2/3軽量（アルミニウムの比重2.7に対し1.6）で，5倍高強度（アルミニウム500 MPaに対し2700 MPa）と最も軽量化効果の高い素材であり，わが国の技術が世界をリードするレベルにあるが，経済性，量産技術や組立加工技術の点で未だ自動車分野での本格実用化の域には達していない。このため，自動車メーカーからは，CFRPのさらなる低コスト化技術，自動車用途で量産可能な製造技術の開発要請が出されている。

このような状況の下，本プロジェクトでは，高張力鋼よりも高強度で大幅な軽量化が期待できる炭素繊維強化複合材料を用いた，設計，成形からリサイクルに係わる総合技術を開発し，炭素繊維強化樹脂製軽量車体の実用化を図ることを目的とする。

＊　Koji Yamaguchi　東レ㈱　オートモーティブセンター　課長代理

自動車用鋼板に対して重量を50%軽量化（車体重量400 kgを200 kgにする）でき，かつ安全性（エネルギー吸収量：最終目標値は25 kJ，対スチール比1.5倍）を備えた炭素繊維強化複合材料製の車体構造開発を目的とする。さらに，本プロジェクトでは，自動車ライフサイクルを考え，図1に示す技術開発課題の抽出を行った。まず，車両の製造においては，成形サイクル時間を10分以内とする低コスト，大量生産対応の製造技術の開発を目指す。図1に示すように，製造技術については，超ハイサイクル一体成形技術（超高速硬化型成形樹脂，立体成形賦形技術，高速樹脂含浸成形技術）の開発を実施する。一方，車両の組立については，異種材料との接合技術として，構造用接着剤の評価ならびに主要部位での接合構造の提案を実施する。さらに，自動車の運用時の安全性確保に関しては，安全設計技術の開発として，複合材料の動的解析技術，スチール，アルミ等／複合材料ハイブリッド構造の設計・解析技術，エネルギー吸収技術の開発を実施する。最後に，自動車の廃棄段階における問題として，CFRPのリサイクル技術として，解体性接着剤の開発ならびにCFRPの再利用の開発を行う。本プロジェクト内で，車体（プラットフォーム）を試作し，目標とする軽量性と安全性の実証試験を実施する。

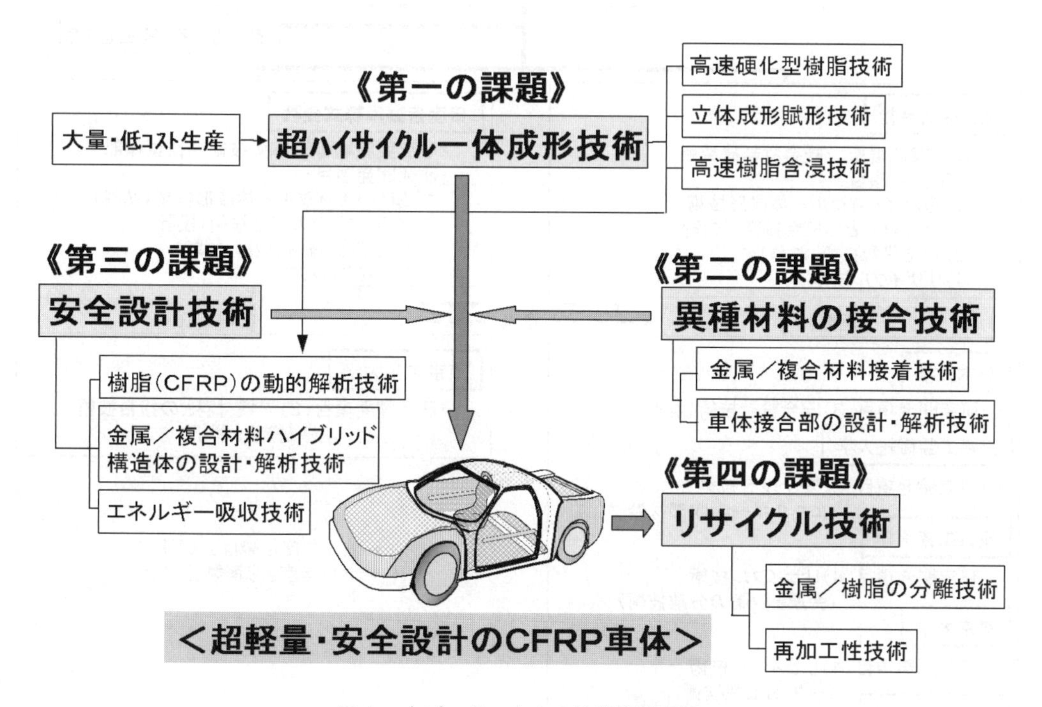

図1　本プロジェクトの技術開発課題

1.2 研究開発の目標と体制

先に，本プロジェクトで実施する研究開発について述べた。各研究開発課題の目標を下記にまとめる。研究開発項目の担当は，以下の通りである。体制は図2にまとめる。

(1) 「ハイサイクル一体成形技術の開発」

・成形サイクル10分以下をプラットフォーム成形で実証する。

① 超高速硬化型成形樹脂の開発（東レ）

・流動可能時間3分（粘度：300センチポイズ以下），樹脂硬化時間5分，脱型時間1分以内の自動車構造部材用耐熱性（ガラス転移温度100℃以上）樹脂を開発する。

② 立体成形賦形技術の開発（東レ）

・プラットフォーム成形用のネットシェープ基材賦形技術を確立し，プラットフォーム成形

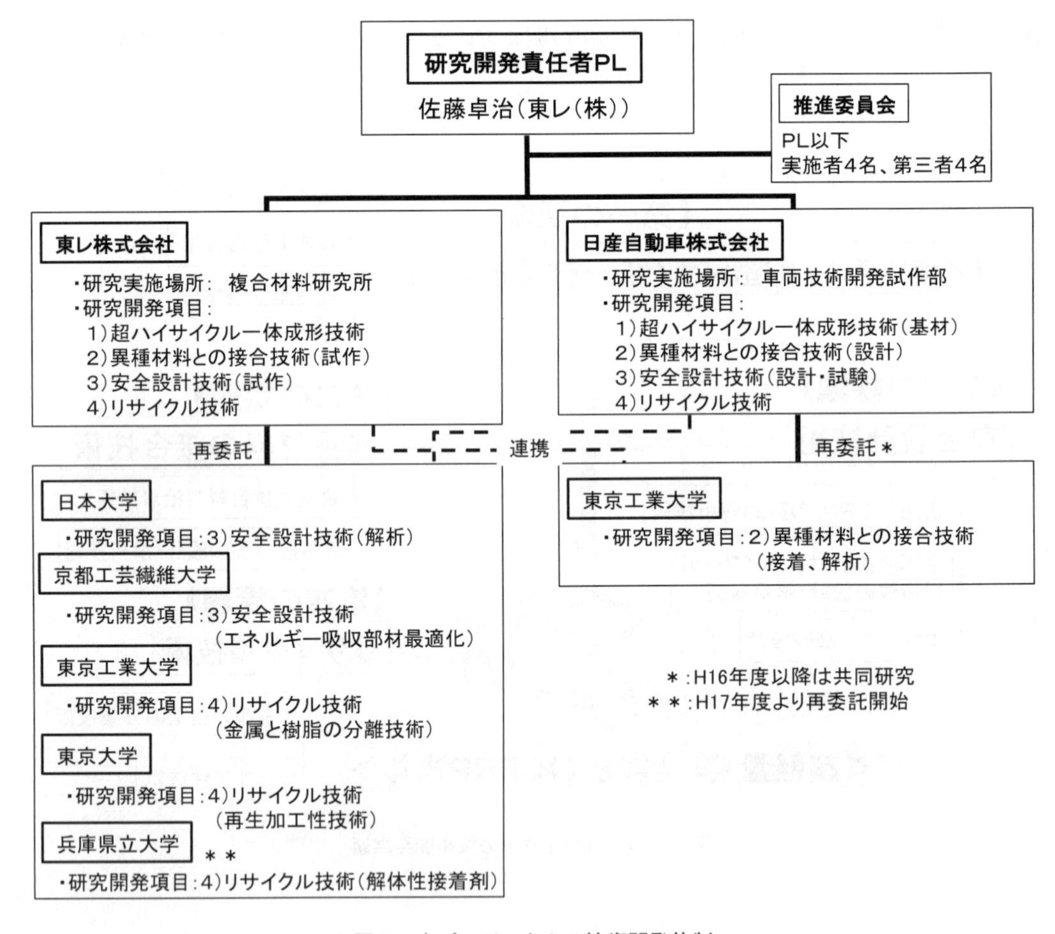

図2 本プロジェクトの技術開発体制

において，（成形型への）基材配置時間1分を実証する。

③　高速樹脂含浸成形技術の開発（東レ）

・プラットフォーム成形において樹脂含浸時間2.5分以内の樹脂含浸技術を確立し，プラットフォーム成形で実証する。

(2)　「異種材料との接合技術の開発」

①　スチール，アルミ等／複合材料接着技術の開発（日産・東レ／共同研究先：東工大）

・長期信頼性確保のための基礎検討を完了すると同時に，プラットフォームとサイドパネルおよびサスペンション取付部の接合試験を実施し，スチール，アルミ等と同等以上（自動車環境下－40～80℃の温度範囲内で引張剪断試験法による接着強度が20 MPa以上）の接合技術を実証する。

・東工大：暴露試験を継続すると共に，接着接合部の解析手法をさらに深化させ，精度5%以内の接合部解析手法を確立する。

(3)　「安全設計技術の開発」

①　樹脂（CFRP）の動的解析技術の開発（日産，東レ／再委託先：日大）

・衝撃負荷を受けるCFRP圧縮型エネルギー吸収部材の破壊挙動の予測精度を5%以内に向上する。

・日大：衝撃負荷を受けるCFRP製角柱の大変形および破壊挙動を精度5%以内で予測可能な計算手法を確立する。

②　スチール，アルミ等／複合材料ハイブリッド構造体の設計・解析技術の開発
（日産，東レ／再委託先：日大）

・衝撃負荷を受けるハイブリッド構造体の破壊挙動の予測精度を5%以内に向上する。

・日大：衝撃負荷を受けるハイブリッド構造体の大変形および破壊挙動を精度5%以内で予測可能な計算手法を確立する。

③　エネルギー吸収技術の開発（日産，東レ／再委託先：京工繊大）

・衝突解析手法を適用し，プラットフォームの構造設計を完了し，衝突試験によりプラットフォームの軽量・安全性（対スチール比50%軽量，耐衝撃性能1.5倍／25 kJ）を実証する。

・京工繊大：さらなる圧縮型エネルギー吸収部材の最適化を図り，動的（時速60 km/h）エネルギー吸収性能110 kJ/kgの角柱を創出する。

(4)　「リサイクル技術の開発」

①　スチール，アルミ等／樹脂の分離技術の開発（東レ／再委託先：東工大，兵庫県大）

・自動車製造工程への適合形態を決定するとともに，実部材で5分以内の分離実証試験を行う。

・兵庫県大：自動車工程に適合するように，解体性接着剤の形態（フィルム状化など）を検

討する。

・東工大：東レが試作する実（自動車）部材で5分以内の分離実証試験を実施する。

② 再加工性技術の開発（日産，東レ／再委託先：東大）

・3回以上リサイクル可能な樹脂製自動車部品を試作完了する。

・東大：再加工性に優れる樹脂材料の検討を更にすすめ，3回以上自動車部材にリサイクル可能な樹脂材料を開発するとともに，部品の構造解析を通して，合理的に部品としての目標物性を達成する。また，成形工程と材料特性改善による環境負荷の低下を，随時，対スチール競争力計算に取り入れて，環境負荷計算の精度向上を行い，開発グループへのフィードバックを行う。

1.3 実施内容とスケジュール

最終目標（H19年度）までの検討項目を，項目毎に図3 (1)～(4) に示す。各技術課題で，中間目標ならびに最終目標を設定した。

事業項目		実施内容（H15年度第3四半期～H19年度第4四半期）
① 超高速硬化型成形樹脂の開発		
a) ハイサイクル成形樹脂CFRPの設計データベース構築	東レ	力学試験、環境・耐久性試験
b) ハイサイクル成形樹脂の硬化メカニズム解明	東レ	モデル試験、分析、耐熱樹脂分析
c) 耐熱性ハイサイクル樹脂の開発	東レ	組成検討、力学試験、環境・耐久性試験、樹脂改良、環境・耐久性試験、環境・耐久性試験
d) ハイサイクル成形樹脂の成形性実証	東レ	パネルモデル試験実証、改良樹脂成形性実証
② 立体成形賦形技術の開発		
a) 基材試験／開発	東レ／日産	スクリーニング試験、基材製造装置導入試作／試験、新規基材開発
b) 立体賦形方法の開発	東レ	固定法検討、賦形方法検討、自動賦形／搬送構想検討、自動賦形／搬送装置設計、製作、精度向上
c) 立体賦形法の成形実証	東レ	自動賦形実証試験計画、ドアインナーパネルでの実証試験、簡易装置製作
③ 高速樹脂含浸成形技術の開発		
a) 多孔板樹脂溜まり方式の検討	東レ	モデル試験、ドアインナーパネル成形装置検討（設計・製作）、実証試験、サンドイッチ構造成形法開発、プラットフォーム型設計、成形実証試験
b) 樹脂流動抵抗低減方式の検討	東レ	モデル試験、成形法式絞り込み
c) 成形品の寸法精度向上検討	東レ	モデル試験、3次元形状測定機導入、精度向上検討
その他		
a) 成形関連の最先端技術調査活動	全機関	（全期間）
b) プロジェクト推進委員会　1)～4)全項目対象	全機関	第1回、第2回（H15）、第1回～第4回（H16）、第1回～第4回（H17）、第1回～第4回（H18）、第1回～第4回（H19）

（１）　ハイサイクル一体成形技術

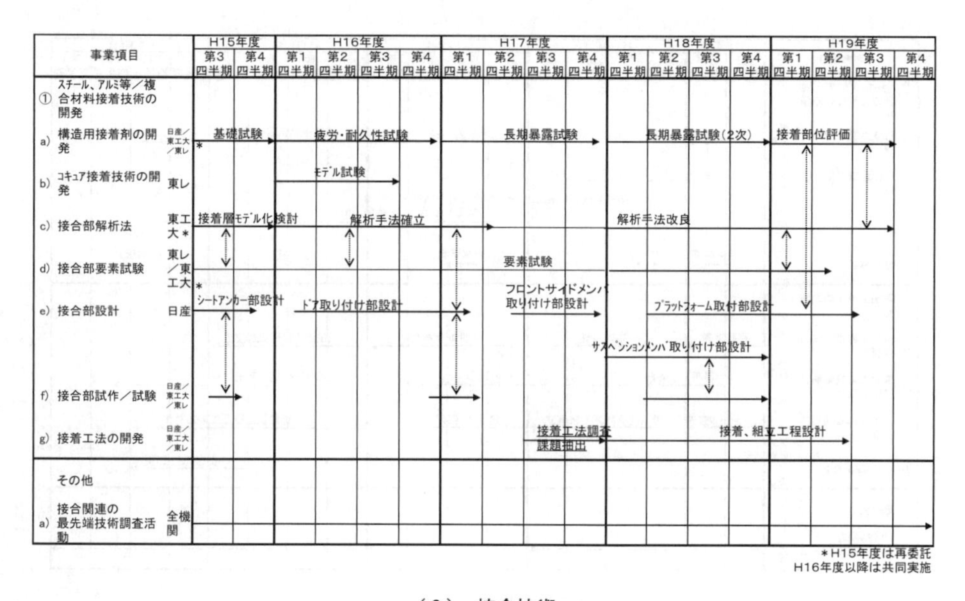

（２）　接合技術

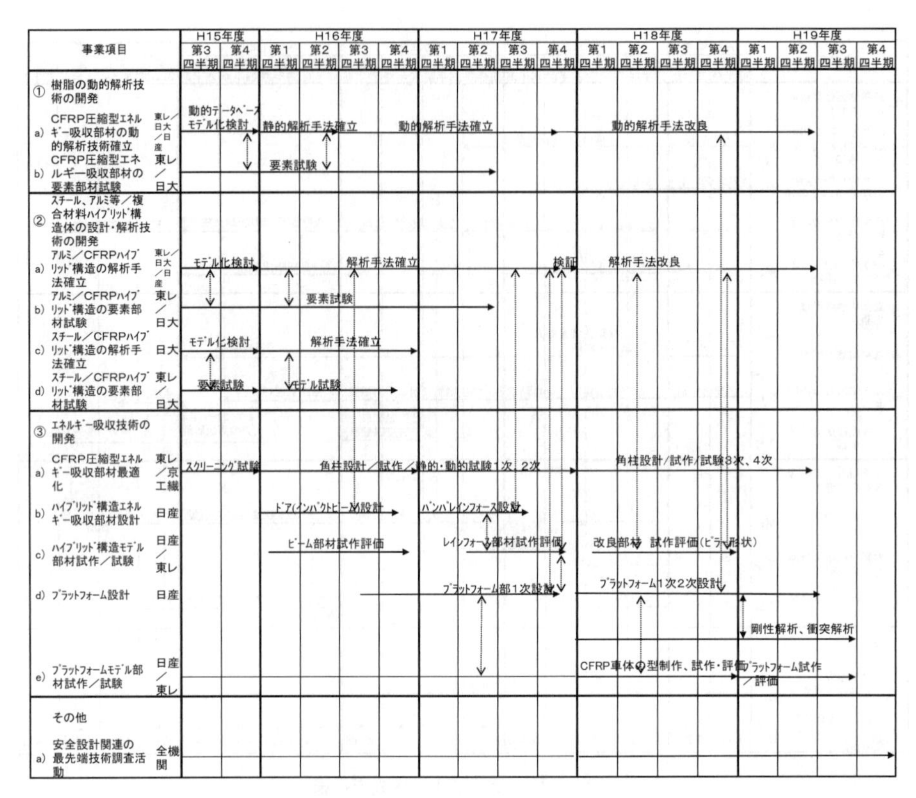

（3） 衝突安全技術

事業項目		H15年度		H16年度				H17年度				H18年度				H19年度			
		第3四半期	第4四半期	第1四半期	第2四半期	第3四半期	第4四半期	第1四半期	第2四半期	第3四半期	第4四半期	第1四半期	第2四半期	第3四半期	第4四半期	第1四半期	第2四半期	第3四半期	第4四半期
①-1 スチール、アルミ等／樹脂の分離技術の開発																			
a) 解体性接着剤の試験	東レ／東工大	基礎試験		疲労・耐久性試験				長期暴露試験				長期暴露試験（2次）							
b) 解体性接着剤の改良	東工大		接着剤改良																
	兵庫県大／東レ					H16年度まで東工大		H17年度以降兵庫県大	接着剤改良		接着剤 改良								
c) 分離試験	東レ／東工大／日産		1次試験	2次試験					3次試験				4次試験				5次試験		
①-2 再加工性技術の開発																			
a) 再加工樹脂材料の検討	東レ／東大	試験準備		基礎試験				高性能化検討				高性能化検討（2次）							
b) 再加工自動車部材試作／試験	日産／東大		部材絞り込み				モデル部材試作／試験					実部材試作／試験							
c) ライフサイクル環境負荷計算	東レ／東大	基礎データ整備		環境負荷計算方法確立				競争力定量化				要素技術寄与度の定量化							
d) コスト試算検討	日産／東レ														部材コスト試算				
その他																			
a) リサイクル関連の最先端技術調査活動	全機関																		

（4） リサイクル技術

図3　各技術課題の開発スケジュール

文　　献

1）　東レ㈱，日産自動車，平成 15 年度～平成 19 年度 地球温暖化防止新技術プログラム NEDO 委託成果報告書「自動車軽量化炭素繊維強化複合材料の研究開発」
2）　http://www.nedo.go.jp/iinkai/kenkyuu/bunkakai/zoh/jigo/a/1/5-1.pdf

2　ハイサイクル一体成形

ハイサイクル一体成形技術においては，図1に示すように，従来160分サイクルであったエポキシ樹脂を用いたRTM成形法によるCFRPの成形時間を，成形サイクル10分以下とすることを目標とした。成形サイクルの短縮は，CFRPのコストダウンにも直結する極めて重要な課題である。流動可能時間3分，樹脂硬化時間5分，脱型時間1分以内を達成し，かつガラス転移温度140℃以上（目標100℃以上）の耐熱性ハイサイクル成形樹脂の開発，従来RTM成形法と異なる新規樹脂注入技術の開発，さらに，RTM成形に用いるプリフォームに関して立体賦形および搬送の自動化技術の開発を実施した。これら技術を適用し，大型自動車構造部材（フロントフロア）の成形サイクル10分を達成することを最終目標とした[1~28]。

2.1　超高速硬化型成形樹脂の開発

2.1.1　ハイサイクル樹脂のメカニズム解明

CFRP自動車部材を本格適用するための重要な課題の一つであった超高速硬化型成形樹脂は，事前の検討（平成14年度エネルギー有効利用基盤技術先導研究開発　新エネルギー・産業技術

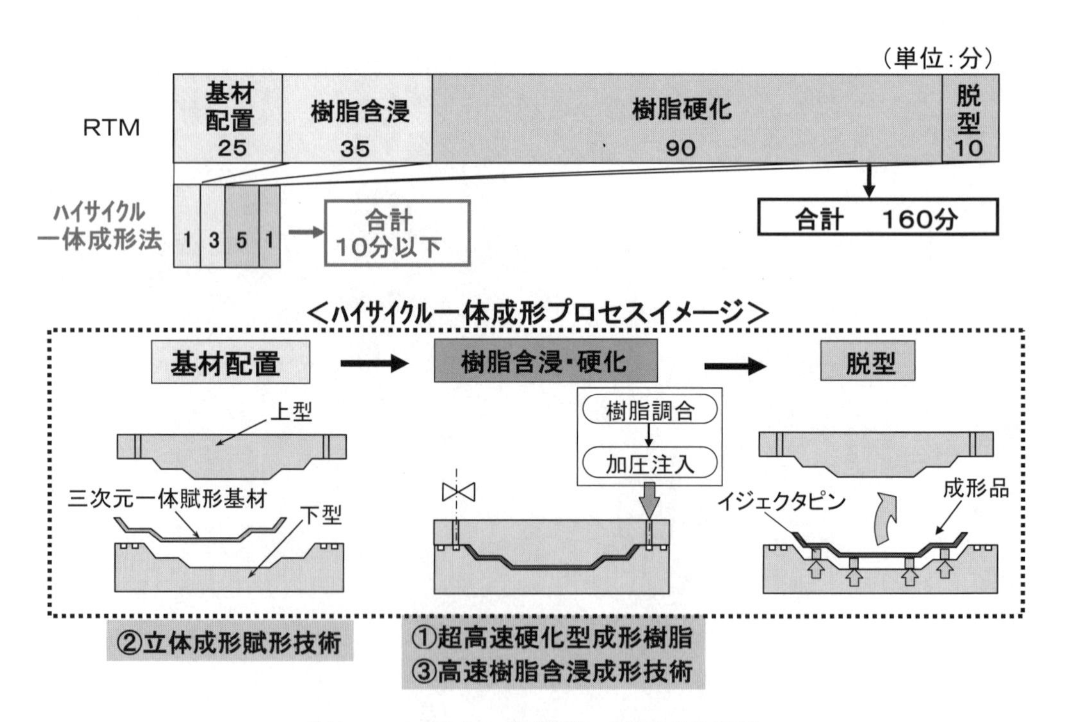

図1　ハイサイクル成形技術の目標と技術課題

総合開発機構委託「次世代自動車のための先進複合材料創製技術に関する研究開発」）でアルコールを連鎖移動剤として配合した連鎖移動アニオン重合樹脂を見出した。

モデル樹脂を用いてアルコール配合の連鎖移動アニオン重合系エポキシ樹脂の反応メカニズム解析を行った結果，以下のことがわかった。

・DSC 測定および1H　NMR スペクトル測定により求めた反応率から，同量の重合開始剤を配合してもアルコール配合系の方が反応速度の速いことがわかった。

・生成ポリマーの1H　NMR スペクトル測定を行い，"モデル樹脂1"では，2MZ（2－メチルイミダゾール）を分子内に有する生成ポリマー，NPG（ネオペンチルグリコール）を分子内に有する生成ポリマーの存在が確認できた。また，NPG を分子内に有する生成ポリマーが2種類存在することが示唆されており，NPG の片側のみに連鎖成長したもの，NPG の両方に連鎖成長したものの2種類であることがわかった。

・生成ポリマーの FAB－MS 測定を行い，"モデル樹脂1"では，NPG を分子内に有する生成ポリマーの存在が確認できた。この結果は，1H　NMR スペクトル測定結果を支持するものである。

・これらの結果により，本検討において超高速硬化成形樹脂として開発したアルコール配合アニオン重合系エポキシ樹脂の硬化メカニズムは，図2で示すメカニズムであることがわかった。

2.1.2　耐熱ハイサイクル樹脂の開発

外板を含めた自動車部材の使用環境温度を考慮すると，さらなる耐熱性の付与が必要とされることが考えられる。そこで，耐熱性ハイサイクル樹脂として，硬化剤の配合検討により，酸無水物系化合物が有効であることを見出し，ガラス転移温度100℃以上の耐熱性ハイサイクル成形樹脂を開発した。各樹脂の特性を比較した結果を表1に示す。耐熱ハイサイクル樹脂では，T_g を20℃以上上昇させることに成功した。

耐熱性ハイサイクル樹脂を CFRP 自動車部材に適用するために自動車部材設計に必要なコンポジット物性を取得し，表2に示す物性データベース構築した。その結果を図3に示す。

・耐熱ハイサイクル樹脂を用いた CFRP は物性ばらつきが小さく，自動車用従来 RTM 樹脂や航空機用途の樹脂と比較しても同等以上の物性を有していることが分かった。また，－40℃～80℃における物性変化についても低温側でやや脆性を示すものの変化は小さかった。耐油性，耐薬品性についても物性低下がほとんど認められなかった。さらに，長期の熱老化試験においては80℃～120℃の範囲で長期間物性低下のないことがわかった。

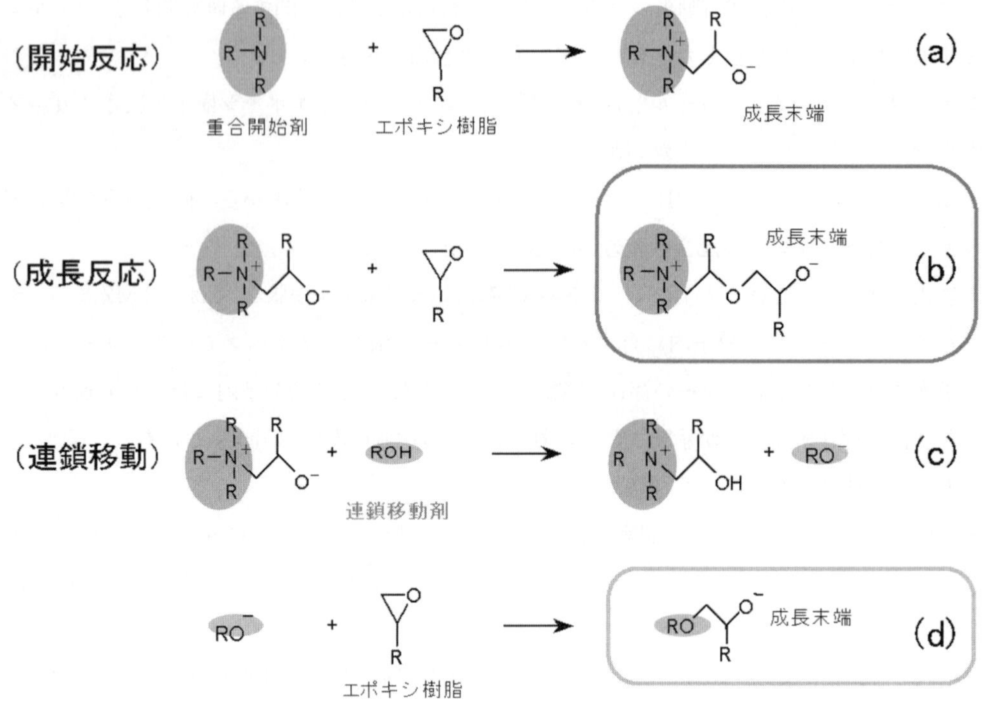

(開始反応)
重合開始剤
エポキシ樹脂
成長末端
(a)

(成長反応)
成長末端
(b)

(連鎖移動)
ROH
連鎖移動剤
OH
RO^-
(c)

RO^-
エポキシ樹脂
成長末端
(d)

図2　ハイサイクル樹脂の硬化メカニズム

表1　ハイサイクル樹脂の特性比較

樹脂		従来樹脂	ハイサイクル樹脂	耐熱ハイサイクル樹脂
硬化機構		アミン硬化	連鎖移動アニオン重合	酸無水物硬化
T_g①	℃	110	125	145
引張り強度	MPa	84	79	81
弾性率	GPa	3.3	3.5	3.4
伸度	%	5.7	5.0	5.8
曲げ強度	MPa	147	136	151
弾性率	GPa	3.1	3.3	3.5
吸水率②	%	1.7	3.1	2.5
溶融粘度 100℃	mPa・s	12	17	7

① DMA 法，② 71℃×67 hr

表2　ハイサイクル樹脂の耐久性評価項目

圧縮試験項目			試験条件	試験目的	N数
(1)	無処理		測定温度23℃	各試験片の ばらつきを測定	5 Lot, n＝10
			測定温度－40℃／23℃／80℃	各温度での 強度変化	n＝5以上
(2)	耐油性	燃料	レギュラーガソリン浸漬×100時間	浸漬前後での 強度変化	5 Lot, n＝10
			灯油浸漬×100時間		
		オイル	オイル浸漬×100時間		
		グリス	ボディグリス浸漬×100時間		
(3)	耐薬品性	酸性雨	硫酸（pH＝4）浸漬×500時間		
		塩水	5 wt%NaClaq.浸漬×500時間		
		アルカリ	NaOHaq.（0.1 N）浸漬×500時間		
(4)	耐熱老化性		80℃/100℃/120℃で1500時間加熱	各温度での 強度変化	

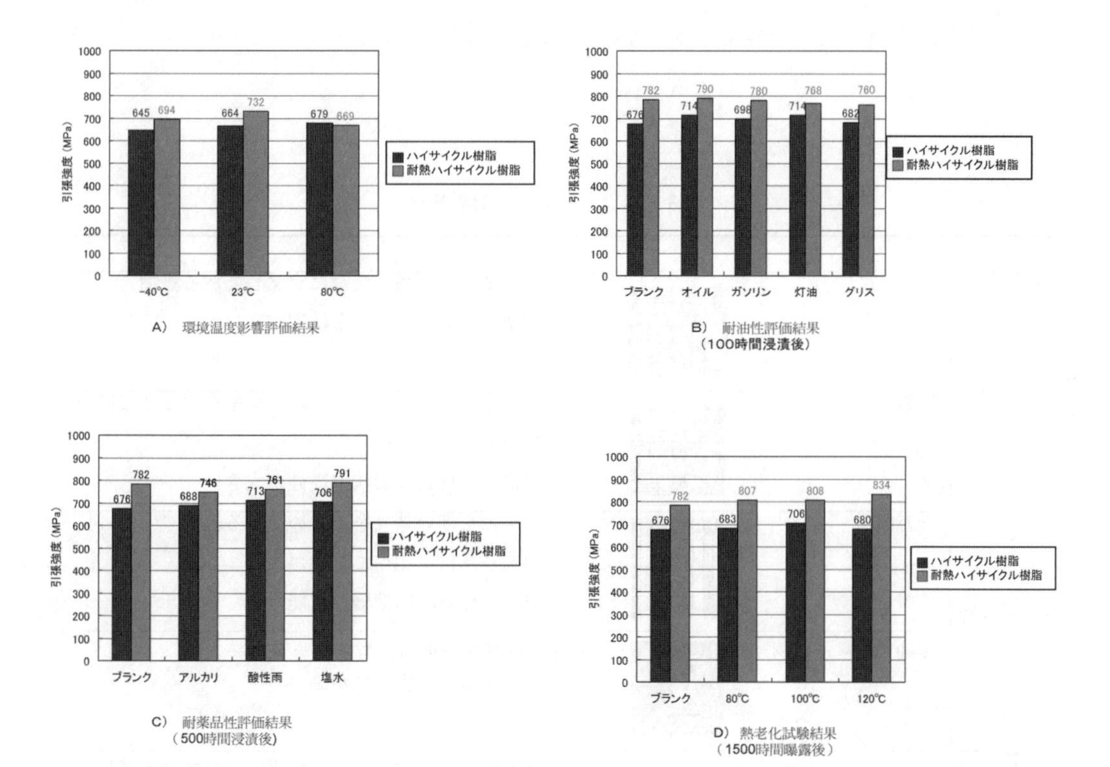

図3　ハイサイクル樹脂の耐久性評価結果

2.1.3 まとめ

本開発により，アニオン重合型のハイサイクル樹脂の開発を実施し，目標である流動3分，硬化5分を達成する樹脂処方を見出した。さらに，硬化剤として，酸無水物系化合物を使用することで T_g を上昇させることができた。

2.2 立体成形賦形技術の開発

2.2.1 プリフォームについて

炭素繊維強化複合材料製自動車部材の超ハイサイクル一体成形に適した基材を選定するため，プリフォーム基材のスクリーニングをおこなった。

一般にRTM成形における強化繊維の形態としては，ロービング，マット，織物（クロス），編物（ニット），組紐（ブレイディング）等が挙げられるが，本研究では自動車構造部材への適用を目標としているため，成形品には高い機械物性と成形性が要求される。そこで，様々な基材のうち良好な機械物性と成形性をもつと考えられる表3に示す基材についてスクリーニングを行った。

表3　スクリーニング対象基材

基材		特徴
織物	平織	タテ糸とヨコ糸が交互に交叉している織物 標準的な織物基材（2軸配向）
	綾織	タテ糸が決められた本数のヨコ糸をずらせて通っている織物 平織り基材より形状追従性が大きい
	一方向織 （UD織）	タテ糸を細いヨコ糸でとめてある織物 平織り基材に比べて物性が良好 繊維の任意配向積層が可能
	多軸ステッチ基材	UD基材を重ねたステッチ基材 高目付のため生産性が高い
P4		非連続繊維がバインダーで固定されている基材 複雑形状を自動でプリフォームできる
ブレイディング（組物）		複数の繊維が円筒状に組まれている基材 連続繊維で一体プリフォームの作成可能

各基材のスクリーニング結果を表4に示す。スクリーニングした各基材を定性的に比較評価した結果で，◎がもっとも良く，×がもっとも悪いことを表す。なお，各項目では以下の観点から評価をした。

基材準備：基材を賦形型に賦形できる状態にするまでの手間およびコスト

取扱性　：基材を賦形型に賦形するときの基材のハンドリング性

賦形性　：基材の賦形型形状への追従性

作業時間：基材の賦形にかかる時間

物性　　：プリフォームを成形した成形品の機械物性

これらの基材を比較検討した結果，基材の準備が容易で安定した物性が得られる織物基材が超ハイサイクル一体成形用基材として適している。そこで，特に織物基材のスクリーニング結果について種類別にまとめると表5のようになった。

織物基材においては，取扱性と賦形性とはトレードオフの関係となる。すなわち，取扱性が良い織物というのは形状安定性が良い基材であるため，賦形するときに目ずれしにくく賦形型の形状に合わせるのが難しくなる。織物基材が高目付であるほど賦形する積層枚数が少なくて済むため，基材準備と作業時間が良好となる。織物基材の物性は使用する繊維の種類と積層構成から決定されるため，織組織によらず安定した物性を得ることができる。

表4　各基材のスクリーニング結果

	基材準備	プリフォーム（成形性）			物性
		取扱性	賦形性	作業時間	
織物	△～◎	△～◎	△～◎	△～◎	△～◎
P 4	×	◎	◎	◎	×
ブレイディング	×	○	○	○	◎

表5　各織物の特性評価

評価項目／織物基材	プリフォーム性（作業性）			成形品物性（強度 MPa/弾性率 GPa）	
	取扱性	賦形性	積層時間	引張	曲げ
cf. プリプレグ積層板				900/52	960/48
平織	△	○	△	790/50	760/37
綾織	×	◎	△	650/51	470/37
UD 織物	△	△	×	800/48	760/37
多軸ステッチ基材	◎	△	◎	600/48	780/37

スクリーニングの結果，織物基材の中では高目付で成形性にすぐれた図 4 に示す多軸ステッチ基材が超ハイサイクル一体成形用基材として適していると考えられる。

2.2.2　賦形性について

本検討でいう賦形性とは，基材を複雑形状に賦形する際の賦形し易さである。基材はプリプレグや織物に代表されるように平面状であり，これを複雑形状に賦形するには，面内で基材がせん断変形しなくてはならない。図 5 には 2 軸の平織組織の織物をイメージした基材のせん断変形と賦形性の関係を示している。ドライの基材に変形を与えようとした時，炭素繊維糸条自体を引き延ばすことは不可能であるが，炭素繊維糸条同士は摩擦によって拘束されているだけなので炭素繊維糸条同士の角度は小さな力で変更することが出来るため，基材は容易に面内でせん断変形を起こして変形を吸収する。右には球状に基材を賦形した時，基材がせん断変形を起こしている様子を示している。逆の見方をすれば，基材がせん断変形することで賦形性が生まれている。すなわち，基材面内のせん断変形こそが，基材賦形性発現のメカニズムである。面内でせん断変形で

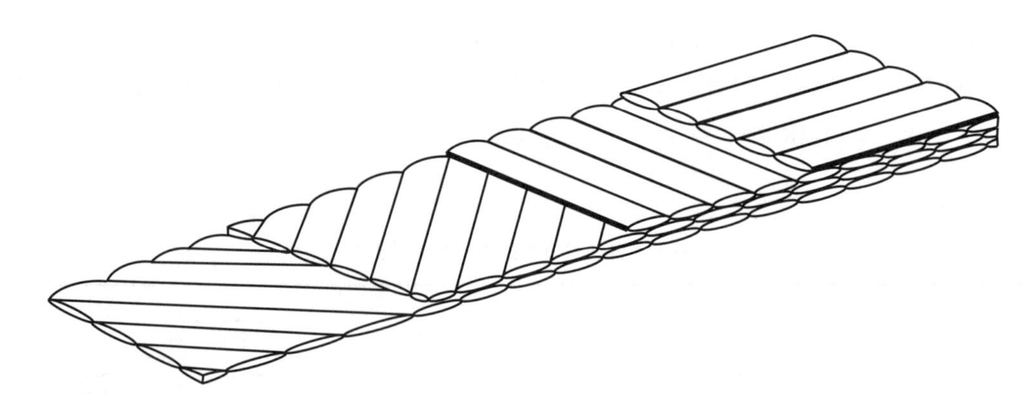

図 4　多軸織物のイメージ図

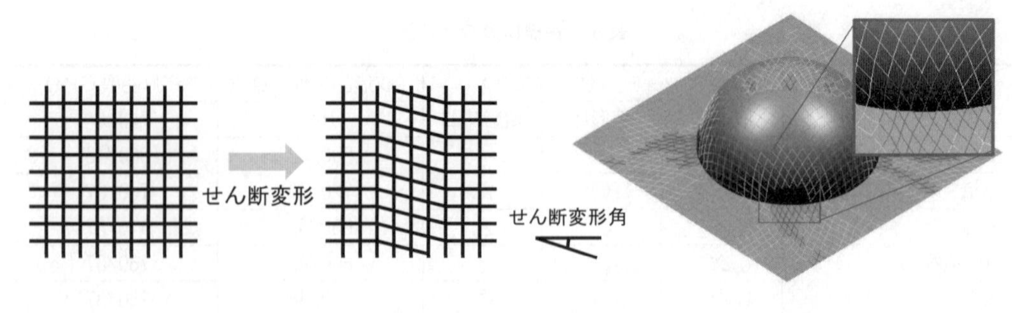

図 5　炭素繊維織物基材の球形形状への賦形

きない紙などを複雑形状に賦形しようとすると，面内でせん断変形できないため，吸収できなかったひずみを面外に放出し，シワが発生する。

多軸ステッチ基材は，表5に示す通り，織物に比べて若干ながら賦形性に劣る。そこで，後述の賦形シミュレーションに用いるパラメーターとしての賦形性の定量化試験方法の検証，および，賦形性に優れた多軸ステッチ基材について検討した。

賦形性の定量化試験法として，繊維束同士の交差角度に注目し，せん断変形角とせん断変形の抵抗力との関係の定量化を，図6に示すPicture Frame法とBias Extension法とについて検証した。Picture Frame法で2辺固定することにより明確にせん断変形角を定量化できることを明らかにした。また，Bias Extension法においても測定指標の選定により正確にせん断変形角を定量化できることを明らかにした。

上記試験法を用いて，多軸ステッチ基材の賦形性の向上について検討した結果，ステッチ糸の編組織を適正化することによりせん断変形角を大きくし，賦形性を向上できることを見いだした。

(A) Picture Frame法

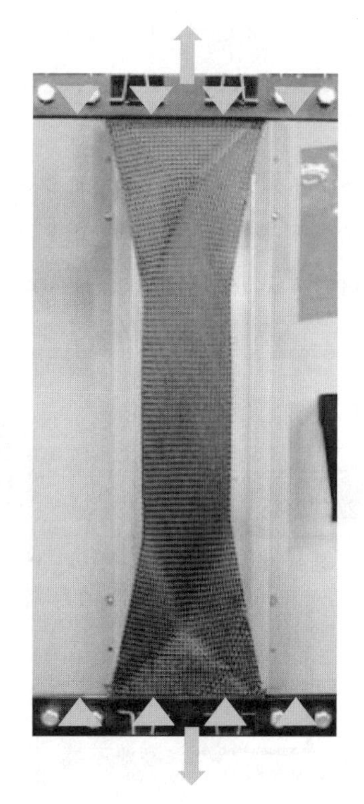

(B) Bias Extension法

図6　織物の賦形性評価手法

得られたせん断変形角は従来の平織と同等以上であり，従来賦形性が高くないと考えられていた多軸ステッチ基材も編組織の工夫で賦形性を向上させることができることを明らかにした。併せて，モデル形状において賦形シミュレーションと賦形実験との整合性も検証し，良好な一致を確認した。

限界せん断変形角とは，基材をせん断変形させた時，シワが発生する限界のせん断変形角を指す。面内でせん断変形を吸収しきれず面外にひずみが逃げてしまう，すなわちシワが発生する状態をせん断変形の限界点とし，その時のせん断変形角を限界せん断変形角と呼ぶ。

実際に基材を複雑形状に賦形する場合には，一部でも限界せん断変形角に達した部位があると，シワが発生してしまうため賦形出来ない。それを防ぐために基材のカットパターンを工夫したり，切れ込みをいれたりしてひずみを解放する。そのようなシミュレーションを行うのが賦形シミュレーションである。

図7に示した通り，従来型紙を作成し手作業にてプリフォームのプロセス設計を行っていたが，基材の限界せん断変形角をシミュレーションソフトに導入し，賦形シミュレーションを実施することでバーチャルにプロセス設計が最適化可能となり，プロセス開発の短期間化が可能となる。そこで，シミュレーションソフトを導入して検討を行った。

2.2.3 ドアインナーパネルの賦形シミュレーション結果

ドアインナーパネルとは自動車ドアの内側に当たる部品で，ドアアウターは表面品位が要求される部材であるのに対して，ドアインナーはドアアウターパネル，ドアヒンジ，ロック，ウィン

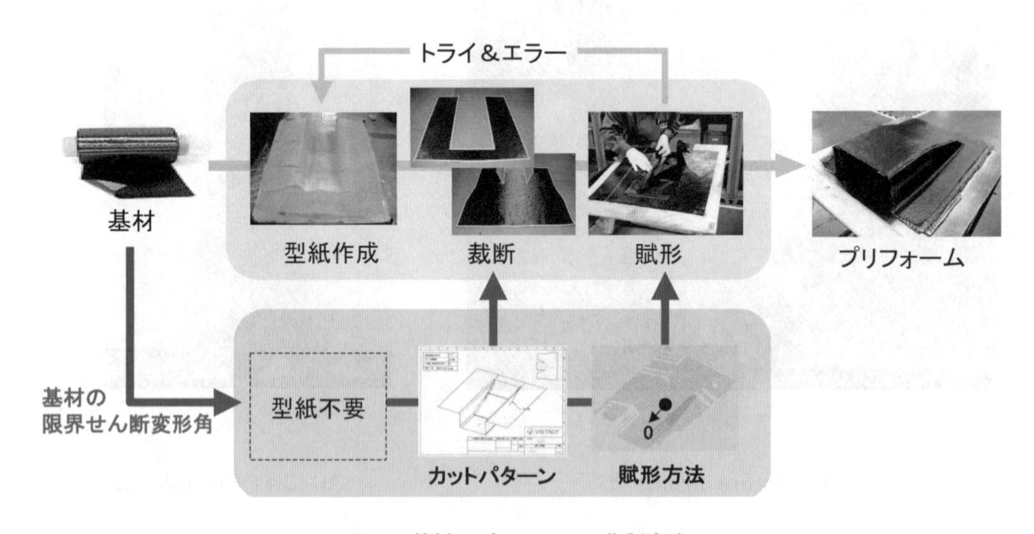

図7　基材のプリフォーム作製方法

ドウフレームなどが取り付き，また剛性向上のためのビードによって細かな凹凸を持つ複雑な形状となっている。

CFRPドアインナーパネルの三次元サーフェスデータを図8に示す。

賦形シミュレーションを用いて，カットパターンを作製した。等方性が必要とされる自動車部品では，織物を疑似等方に置く必要があることから図9に示すように（0/90）ならびに（±45）の2種類のカットパターンを作製した。

賦形装置は基本的にプレスする機能とし，ただ単純にプレスするだけで賦形できるようなカットパターンを追求する，という方針に基づいたプレス型を分割して段階的に賦形する方法のコンセプトを図10に示す。

本コンセプトは，一度にプレスして賦形できないような深絞り形状について，賦形形状の中央部から段階的に周囲に向かって押さえていくという方法である。

これにより，多軸ステッチ基材製造装置を導入によるハイサイクル成形用基材の創出，賦形シミュレーションを用いた三次元立体形状を持つ自動車実部材の自動賦形用カットパターンの創出，ドアインナーパネル形状を対象とした自動賦形技術の開発を行い，ドアインナーパネルおよびフロントフロア成形において，プリフォームの搬送技術を開発し，基材配置時間1分以内を実証した。

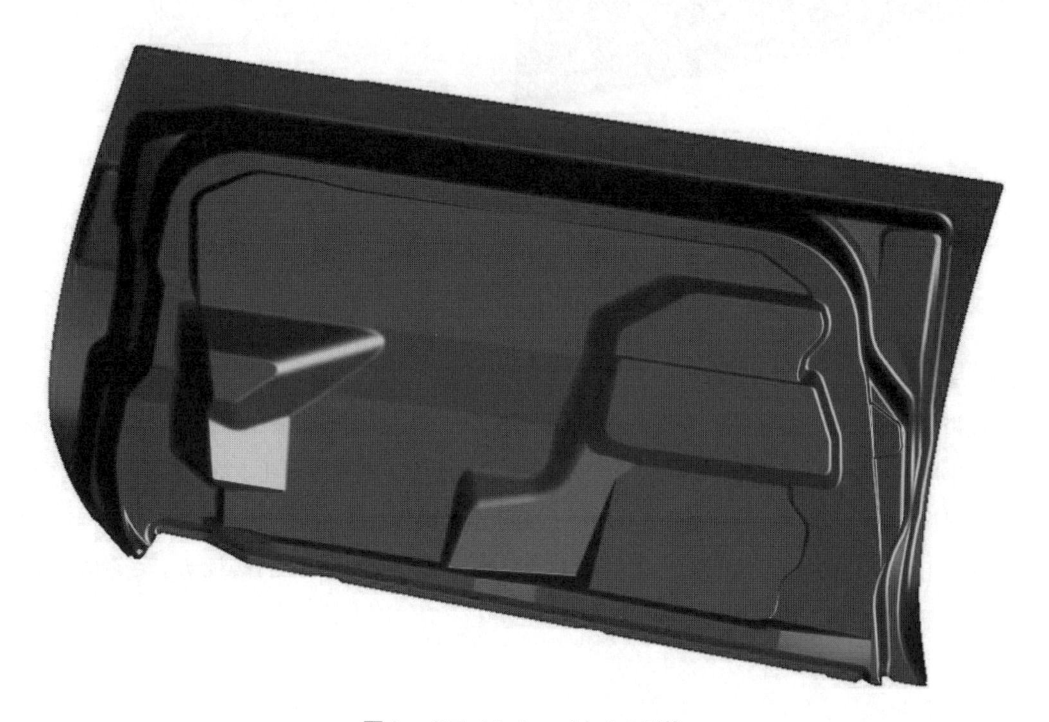

図8　ドアインナーパネルの形状

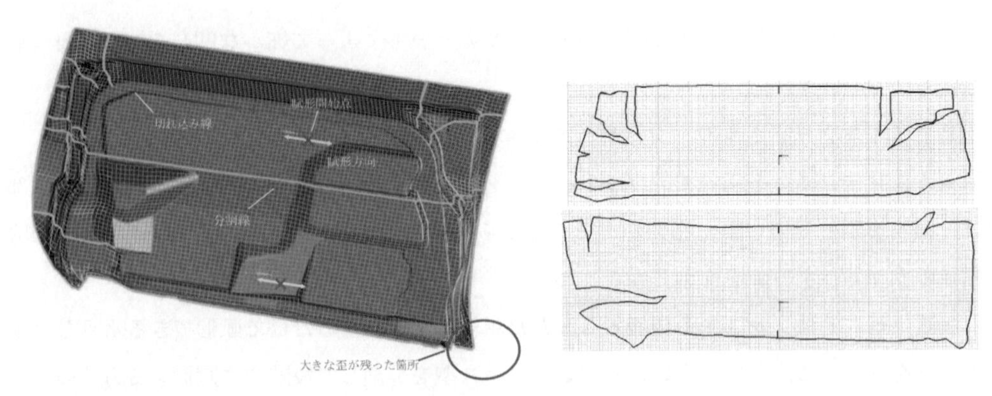

（A）0/90 方向のカットパターン

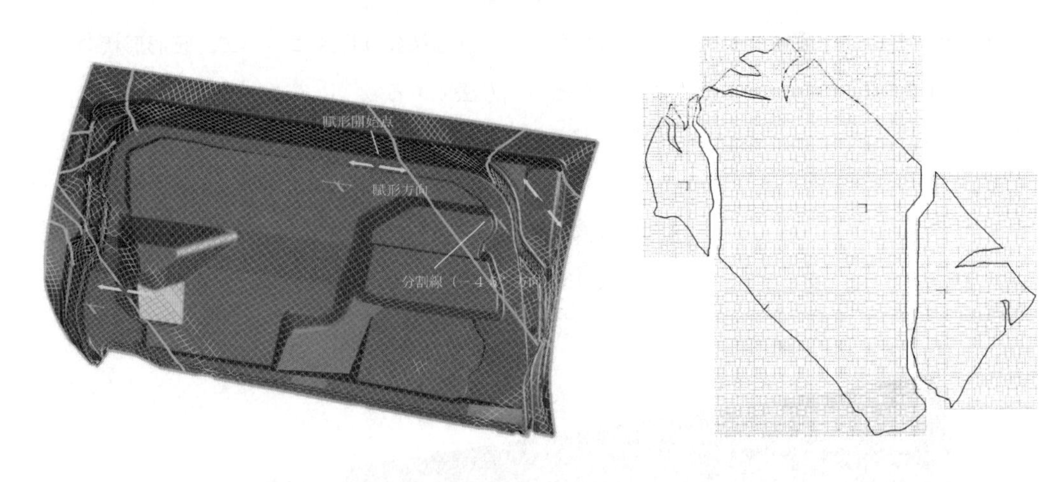

（B）±45 方向のカットパターン

図9　ドアインナーパネルのカットパターン

2.2.4　まとめ

本技術開発で，プリフォームの強度発現と賦形性について評価を実施し，その結果，多軸織物が自動車用プリフォーム織物として最適であった。また，賦形性を定量化する評価手法を考案し，基材の賦形限界についての実験を実施した。これら賦形限界を使って，市販のシミュレーションソフトを用いて3次元の自動車ドアインナーに対して，カットパターンを作製した。さらに，カットされた基材を自動で賦形できる装置を開発した。

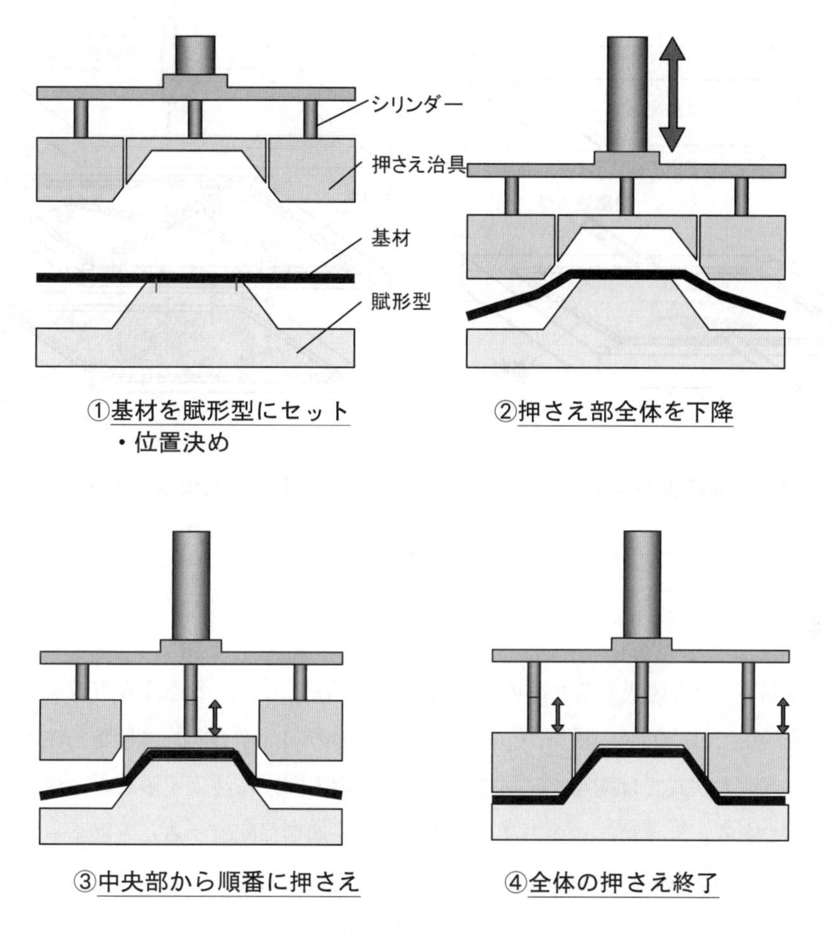

図 10　自動賦形の方法

2.3　高速樹脂注入技術の開発

従来の RTM 成形法では図 11（A）に示すように金型の片側からフィルムゲートを通して樹脂を横一線に注入し，成形品の面方向へ樹脂を含浸させていくという手法を採っていたため，樹脂が含浸する距離が長くなり含浸に時間がかかっていた。また，成形品の面積に樹脂の含浸時間が大きく影響され，自動車プラットフォームやドアパネルのような大面積の製品を成形する場合，より長い樹脂注入時間が必要となるという問題があった。

成形サイクル 10 分以内という目標を達成するためには，樹脂含浸時間を大幅に短縮する必要がある。この目標を達成するための樹脂技術として，流動可能時間 3 分，樹脂硬化時間 5 分という超高速硬化型成形樹脂を開発し，さらに，この樹脂の流動可能時間以内に樹脂注入を完了できる高速樹脂注入技術を開発する。

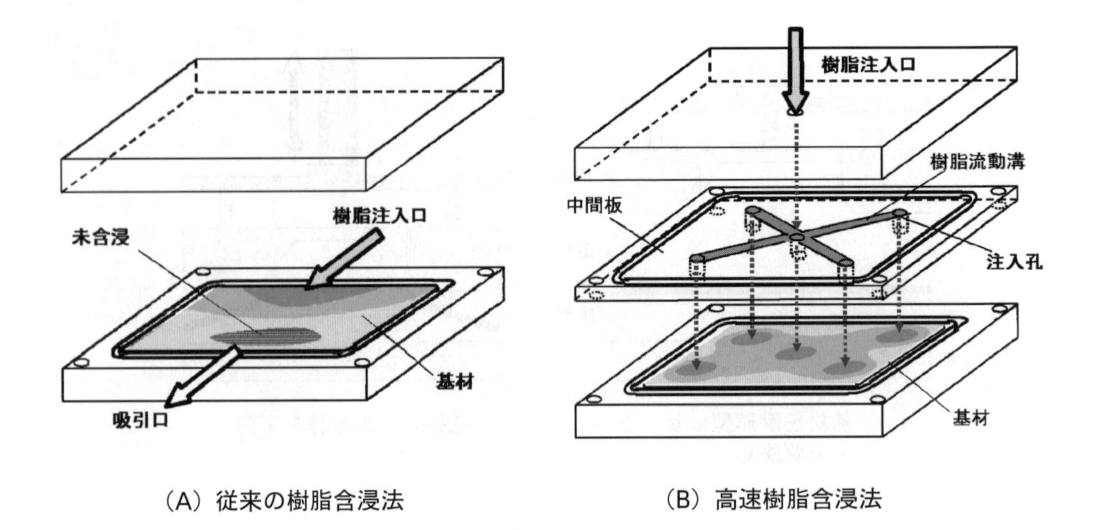

（A）従来の樹脂含浸法　　（B）高速樹脂含浸法

図11　樹脂含浸方法

樹脂含浸時間2.5分を達成するための高速樹脂注入方法として，多点注入方式を考案した。従来のＲＴＭ成形法では成形品の横側から基材に対して面方向（横方向）に樹脂を注入していたのに対して，多点注入法式では樹脂を基材の厚さ方向（縦方向）に注入することで樹脂の含浸を早くすることができる。さらに，この方法は注入ポートを適切に配置することによって，成形品の大きさによらず樹脂の含浸時間を一定にできるという利点もある。

多点注入方式の概略図を図11（B）に示す。通常の成形型の間に樹脂の流路および注入ポートとなる多点注入用中間板を設け，樹脂が基材の厚さ方向へ含浸させる。注入口から注入された樹脂は中間板上面の樹脂流動溝を通って，複数ある樹脂注入ポートまで導かれ，注入ポートから下型にセットされている基材へ厚さ方向に含浸していく。複数の樹脂注入ポートからはほぼ同時に樹脂含浸が開始され，注入された樹脂は，注入ポートを中心に放射状に基材に含浸していき，短時間の内に樹脂を基材全面に含浸させることができる。樹脂含浸後，硬化した成形品を脱型することで成形品が得られる。

2.3.1　樹脂含浸係数の取得と含浸シミュレーション

RTM成形における樹脂含浸挙動は，樹脂物性，強化繊維基材，成形型構造，成形条件，等様々なパラメーターに影響されるが，その挙動は含浸理論によって予測することができる。多点注入方式の場合，各注入ポートから樹脂を注入したときの樹脂含浸挙動を正確に把握することで，注入ポート位置を適切に決定することができ，より効率の良い樹脂含浸が行えるようになる。

そこで，樹脂含浸に関わるパラメーター（含浸係数）を測定するため，樹脂含浸挙動測定用成形型を用いて，注入ポートからの樹脂含浸挙動を計測する実験を行った。含浸係数は基材中に樹脂が流れる際の流動抵抗とみなせるため，基材ごとに固有な含浸係数を取得することができれば，RTM成形における樹脂注入・含浸の様子をシミュレーションすることができる。樹脂含浸シミュレーションを利用することで，実際に型を作製してのトライ＆エラーによる適正化に比べ，はるかに低コスト，低工数で型設計が実施可能となる。

一般的に多孔質体などの隙間に流動体が含浸していく状態は式(1)に示すDarcy則で表される。RTM成形のように繊維基材を配置した密閉された型内に圧力をかけて樹脂を注入する成形法にも本法則が適用できる。ここでuは流速，Kは含浸係数，μは粘度，Pは圧力である。含浸係数Kは，基材種類，積層構成，Vf，濡れ性などを一括した材料定数として定義した。

$$u = \frac{K}{\mu} \triangledown P \tag{1}$$

含浸係数測定を，多点注入法と原理的に同じRadial Flow試験で実施することとした。図12にRadial Flow試験を示す。正方形に切り出した基材を成形型にセットしてその成形型の中央から樹脂を注入し，所定の時間注入した後に樹脂を硬化させる。このときの樹脂の含浸距離と注

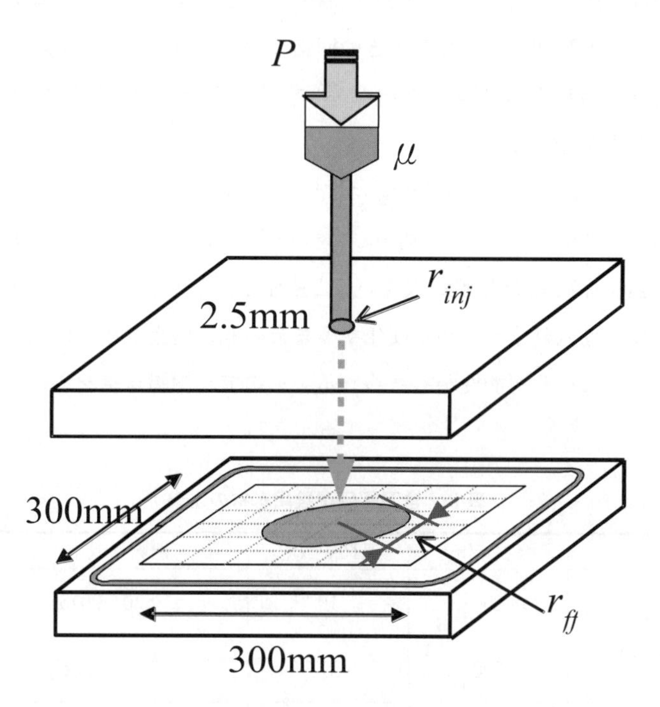

図12　Radial Flow試験の概要

入時間を測定することで含浸係数を算出できる。

含浸係数Kを求めるにあたっては，式(2)に示す質量保存則と式(1)を連立して，式(3)のような解析式を得た。樹脂粘度μ，注入圧P_{inj}，注入ポート径r_{inj}，注入時間tにおけるFlow front径r_{ff}，これらパラメーターをRadial Flow試験から取得し，式(3)に代入することで含浸係数Kを算出できる。実際の成形では，時間の経過とともに樹脂の反応が進み粘度μが上昇していく。しかしながら，本成形で使用する樹脂は流動可能時間内にはほとんど粘度が上昇しないという樹脂特性を有すること，および，多点注入方式により樹脂の流動可能時間内で樹脂注入を完了できることからここでは粘度一定と仮定した。

$$\nabla \cdot u = 0 \tag{2}$$

$$K = \frac{\mu}{2P_{inj}t}\left[r_{ff|t}^{2}\ln\left(\frac{r_{ff|t}}{r_{inj}}\right) - \frac{1}{2}\left(r_{ff|t}^{2} - r_{inj}^{2}\right)\right] \tag{3}$$

次に，図12に示すRadial Flow試験手法を用いて，表6に示すCFRP自動車部材の代表的な基材に対して固有の含浸係数取得試験を実施した。

成形条件（樹脂注入圧力，樹脂温度，成形型温度等）を一定とし，キャビティ内に配置する強化繊維基材の種類，注入時間を変更したときの樹脂の含浸距離を計測した。

樹脂注入，硬化後の成形板の外観を図13に示す。各基材とも注入時間の経過に従って含浸範囲が広がっていることが分かる。

注入圧P_{inj}は0.2 MPa，注入ポート径r_{inj}は2.5 mm，樹脂粘度は10 mPa・sとして，含浸距離r_{ff}と注入時間tとの関係から式(3)を利用して含浸係数Kを計算した。表7に算出した含浸係数を示す。なお，含浸係数Kは数値が大きいほど樹脂含浸しやすいということを表している。

本手法では，樹脂を注入終了してから硬化するまでの間に樹脂がさらに流動することで，含浸係数が高めに計測されている可能性が考えられる。そこで，樹脂含浸シミュレーションに用いる

表6　含浸評価試験用基材の水準

水準	基材	目付(g/m^2)	Ply数	積層構成	注入時間(s)
1	T 300-3 K 平織りクロス	200	10	[(±45/0−90)5]	50,150
2	T 700 S-12 K 平織りクロス	300	8	[(±45/0−90)2]s	50,150
3	T 700 S-12 K 多軸基材	600	4	[(45/0/−45/90)]2 s	50,150

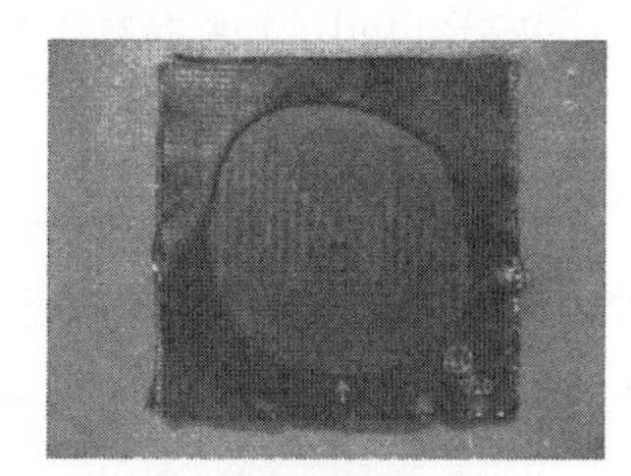

① 注入後50S　② 注入後150S

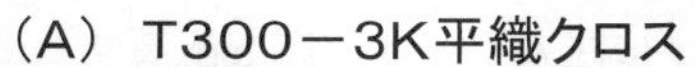

（A） T300－3K平織クロス

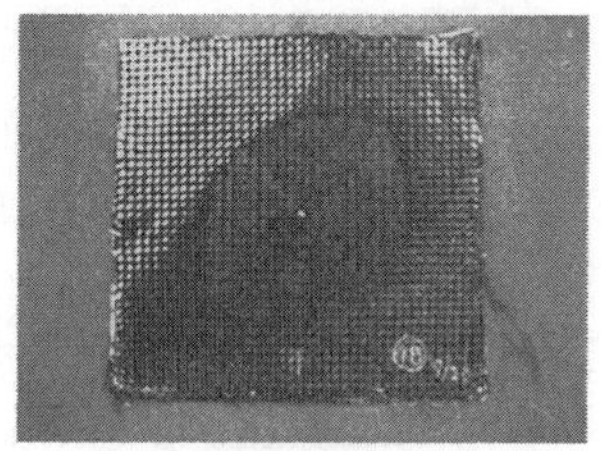
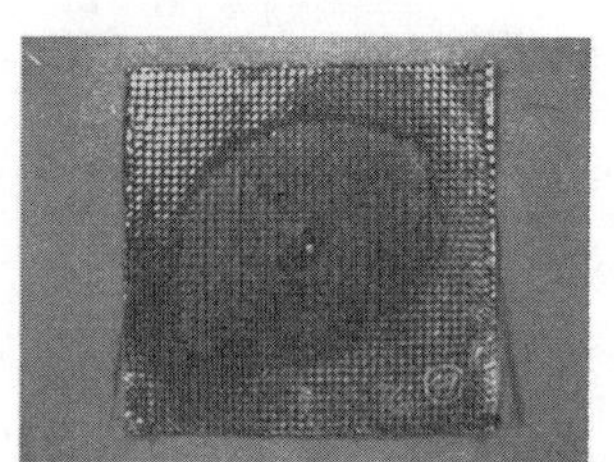

① 注入後50S　② 注入後150S

（B） T700－12K平織クロス

① 注入後50S　② 注入後150S

（C） 多軸基材

図13　各基材の含浸の様子

表7　各基材の含浸係数

基材	ply数	注入時間 t	含浸距離 R_{ff}	厚み	Vf	含浸係数 K
		s	mm	mm	%	m^2
T 300-3 K 平織りクロス	10	50	61.9	2.30	48.9	1.04 E-11
		150	110.8	2.26	49.8	1.35 E-11
T 700 S-12 K 平織りクロス	8	50	82.1	2.34	59.3	2.02 E-11
		150	101.6	2.30	60.3	1.10 E-11
T 700 S-12 K 多軸基材	4	50	64.4	2.48	53.8	1.14 E-11
		150	100.4	2.38	56.0	1.07 E-11

含浸係数Kは，今回のRadial Flow試験において最も低い値である1.0 E-11 m^{2}を採用することとした。

多点注入方式における注入ポート位置の設計では，含浸係数Kさえ取得済みであれば，Radial Flowの場合のフローフロント径r_{ff}と時間tの関係式(3)に，注入ポートの径r_{inj}，樹脂の粘度μや所望の含浸時間tなどの条件を入力することにより，含浸可能な径rが決定し，それにより，幾何関係から注入ポート同士の間隔が決定する。

CAD上で所定の間隔となるように注入ポート位置を配置することにより，概ね妥当な型設計が可能である。さらに，樹脂含浸シミュレーションの結果をフィードバックして，細かい凹凸やポート同士の干渉の影響を考慮した注入ポート位置に微調整することで，最終的に高精度な型設計が可能となる。

含浸シミュレーションの妥当性を検証するために，単純な二次元形状である平板モデルを対象に，多点注入による含浸シミュレーション結果と実際の成形結果とを比較した。

＜平板含浸シミュレーション＞

平板の解析モデルおよび含浸シミュレーション結果を図14に示す。平板は寸法700 mm×350 mm，注入ポートは孔数19，ポート間隔100～110 mmとし，円盤と同様に1/4モデルで作成した。含浸シミュレーションのパラメーターは前述の含浸係数取得試験での数値を採用し，含浸係数1.0 E-11 m^2，注入圧差0.2 MPa，注入ポート径2.5 mmを用いた。樹脂粘度は高速硬化樹脂の注入温度での粘度である10 mmPa・sとした。シミュレーション結果では44秒で平板全体が含浸しており，上記注入ポート配置で十分に含浸可能であることが分かった。

2.3.2　多点注入方式による三次元構造体の成形（ドアインナーパネル）

(1)　ドアインナーパネルの樹脂含浸シミュレーション

多点注入方式の複雑な三次元形状を持つ自動車部材への適用を想定して，三次元構造体のハイサイクル成形実証試験を実施した。

成形するモデルとしては，複雑三次元形状で前述の平板に比べて約3倍の大きさを持つドアインナーパネルとした。ドアインナーパネルとは自動車ドアの内側に当たる部品で，ドアアウターは表面品位が要求される部材であるのに対して，ドアインナーはドアアウターパネル，ドアヒンジ，ロック，ウィンドウフレームなどが取り付き，また剛性向上のため細かな凹凸を持つ複雑な形状となっている。

ドアインナーパネルの解析モデルおよび含浸シミュレーション結果を図15に示す。ドアインナーパネル形状は寸法1200 mm×700 mm×150 mmで，注入ポート数50，ポート間隔100～120 mmとしてモデルを作成した。含浸シミュレーションのパラメーターには，前節と同じく粘度10 mmPa・s一定，含浸係数1.0 E-11 m^2，注入圧差0.2 MPa，注入ポート径2.5 mmの条件を使用した。

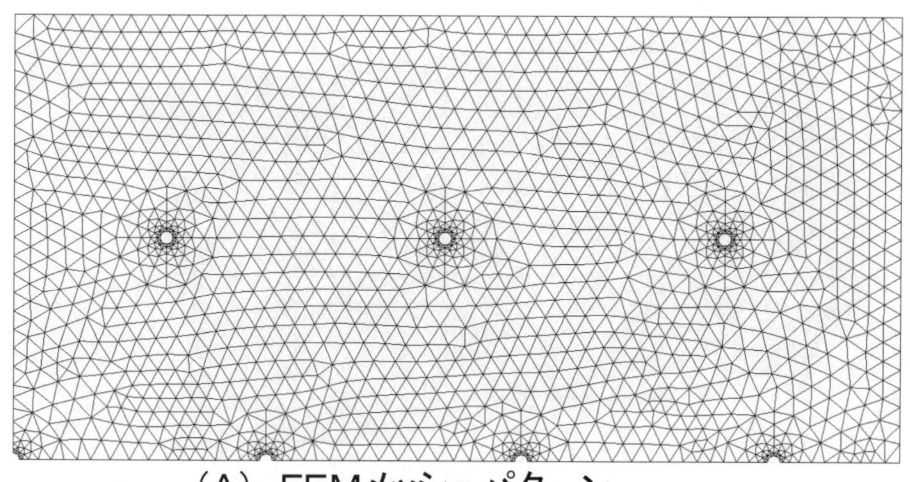

（A） FEMメッシュパターン

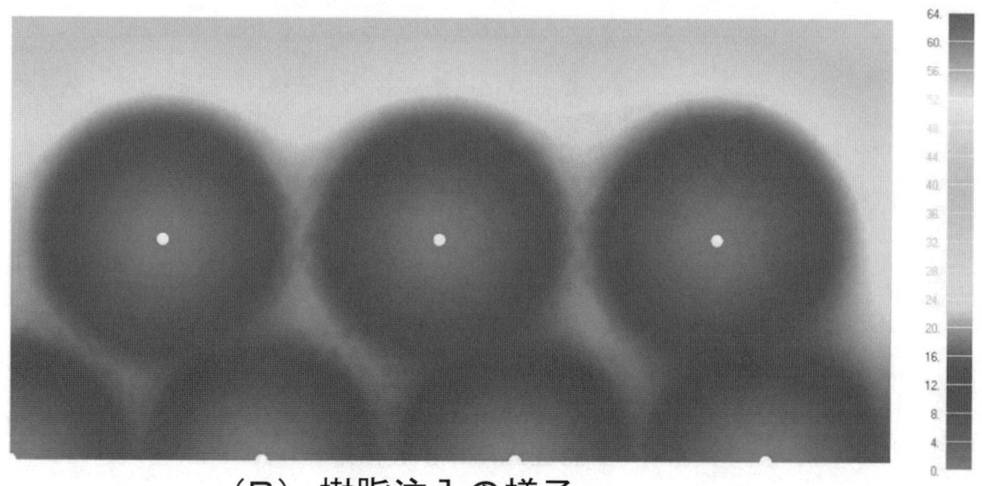

（B） 樹脂注入の様子

図14　平板の含浸シミュレーション

図16に示す樹脂含浸シミュレーション結果より，本条件では73秒で全体に含浸しており，目標の90秒以内を十分達成できると予測された。

比較として，従来法での樹脂注入を模擬して一辺から横方向に樹脂注入を行ったモデル，および中央部のラインから横方向に樹脂注入を行ったモデルについて実施した含浸シミュレーション結果を図16(b)に示す。図中の赤色部分が90秒で未含浸と予測される部分を表している。どちらのモデルにおいても90秒では大部分が未含浸となっており，多点注入方式の優位性を示す結果となった。

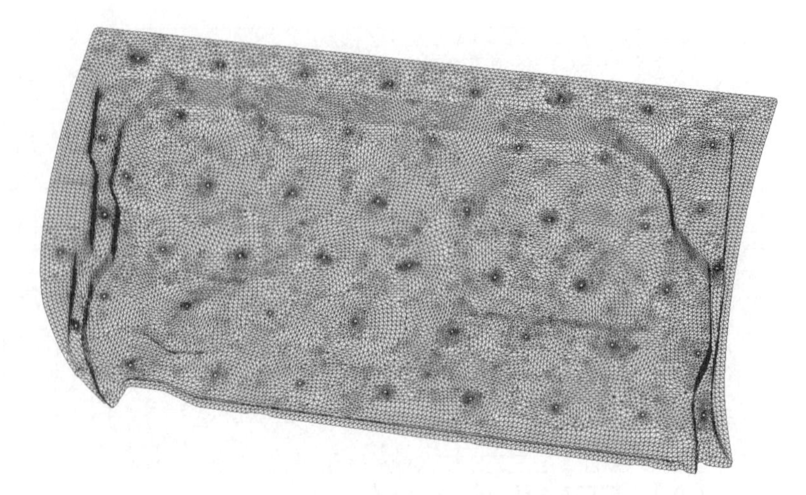

図15　ドアインナーでの含浸シミュレーションモデル

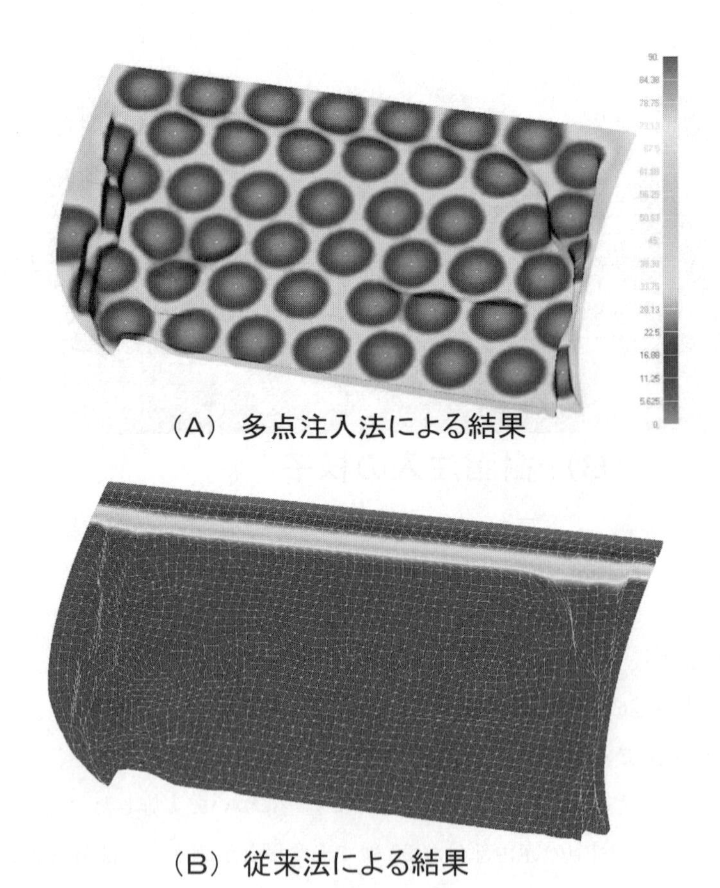

（A）多点注入法による結果

（B）従来法による結果

図16　ドアインナーモデルでの含浸シミュレーションの結果

(2)　ドアインナーパネルのハイサイクル成形

プラスチック製中間板を用いて，多点注入方式にてドアインナーパネルを成形した。

前述の平板成形においては樹脂の供給量不足から樹脂含浸の不具合を起こしたため，その対策として大型樹脂注入装置を導入し，十分な量の樹脂を時間内に供給できるようにしてある。主な成形条件，成形手順は以下の通りである。

<成形条件>

・製品寸法　：700 mm×1200 mm×150 mm

・基材　　　：T 700 S-12 K　平織りクロス　8 ply

・使用樹脂　：HR 01（高速硬化樹脂）

・金型温度　：110℃　　樹脂温度：60℃

・樹脂注入圧：流量制御（1200 g/min）+真空圧

・注入／硬化時間：2.5分／5分

<成形手順>

①　プリフォームの配置

成形型を昇温して成形温度でキープする。成形型は清掃し，金型表面に離型剤を塗布しておく。準備が整ったら，上型を上昇させて金型を開く。

図17のように中間板の上に重ねたプリフォームを成形型まで搬送し，中間板ごと下型キャビ

図17　ドアインナーのプリフォーム

ティにセットする。成形型へのセット位置がずれると型がプリフォームを噛んでしまい，気密性が悪くなるのでしっかりと位置決めを行う。

上型を下降させて成形型を型閉めする。型閉めした後，吸引口から真空ポンプで減圧してキャビティ内を真空状態にする。

② 樹脂注入／硬化

キャビティ内が真空状態になったのを確認してから，注入側ホースを樹脂注入機に接続し，樹脂注入を開始する。樹脂注入機は事前に樹脂を加熱，脱泡しておく。

注入時間2.5分が経過したら注入を終了する。

注入終了後5分間保持し樹脂を硬化させる。

③ 脱型

上型を上昇させて型開きする。下型のエジェクタピンを作動させて成形品を脱型する。

成形実験の結果，図18のように未含浸無く樹脂注入する事ができ，プラスチック製中間板を用いたドアインナーパネル成形において，ハイサイクル成形の目標である樹脂注入時間2.5分，樹脂硬化時間5分を実証することができた。

2.3.3 多点注入方式による大型自動車構造部材の成形（フロントフロア）

本プロジェクトでは日産自動車と共同でCFRP車体の設計を行った。この設計の妥当性を検証するために，CFRP車体を構成する部材は全てハイサイクル成形技術によって製作可能であ

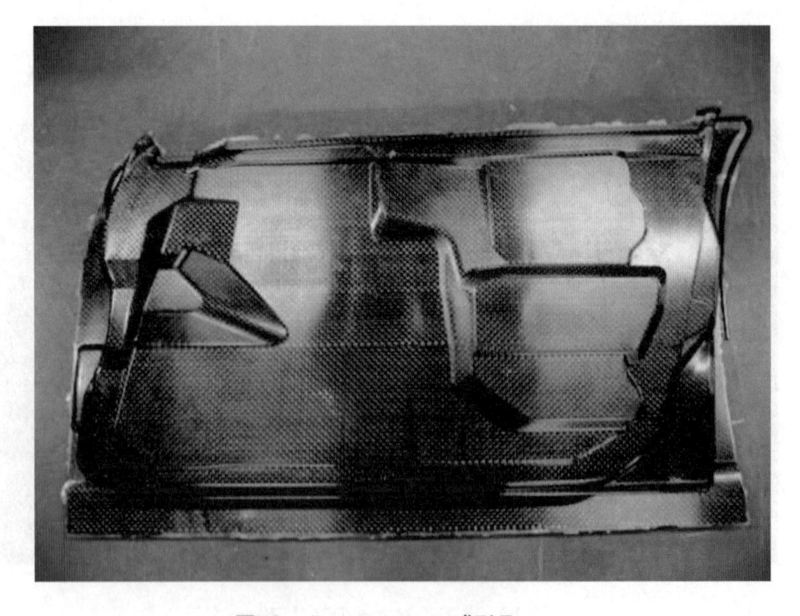

図18 ドアインナーの成形品

ることを実証する必要がある。そこで，設計した CFRP 車体において，最大の大きさを持ち，最も成形難度が高い大型構造部材であるフロントフロアの成形試作を実施した。

(1)　プリフォームの作成

2.2 節の賦形シミュレーションによって作成したカットパターンを用いてフロントフロアプリフォームを作製した。

まず，自動裁断機を用いて，賦形シミュレーションで作成したカットパターン形状を正確に切り出した。基材には事前に固着剤を塗布してあり，一定温度で加熱することにより固着剤が層間を固着してプリフォーム形状を固着することができる。切り出したカットクロスはシミュレーションの結果通りに手作業で中間板に賦形した。フロントフロア側面部はサンドイッチ構造とするため，クロスを 3 ply 賦形したところでフォームコアを配置し，その上からさらに残りの 3 ply を賦形し一体とした。作製したプリフォームを図 19 に示す。

プリフォームの主な作製条件は以下の通りである。

＜プリフォーム作製条件＞

・使用基材：T 700 S-12 K　平織りクロス　300 g/m^2

図 19　フロントフロアのプリフォーム

賦形シミュレーションによるカットパターン使用
- 積層構成：(0−90/±45/0−90)s　6 ply
  側面部にフォームコア材
- プリフォーム重量：約 9.1 kg　(含コア材 1.3 kg)
- 賦形型：フロントフロア中間板を使用
- その他：CF クロスは固着剤塗布済み

(2)　ハイサイクル成形

多点注入方式によるフロントフロアのハイサイクル成形を実施した。フロントフロアは寸法，重量共に大きく取り扱いが困難であるため，プリフォームの投入，成形品の取り出しには移載装置を使用した。

以下の成形条件で成形を実施した結果，ドアインナーパネルと比較して約 4 倍の大きさを持つフロントフロアにおいて，目標とした 10 分成形（樹脂含浸 2.5 分樹脂硬化時間 5 分）を達成し，ハイサイクル成形を実証することができた。図 20 に多点注入方式で成形したフロントフロア成形品を示す。

＜成形条件＞
- 製品寸法　：1700 mm×1450 mm×400 mm
- 基材　　　：T 700 S-12 K　平織りクロス 6 ply，フォームコア
- 使用樹脂　：HR 01（高速硬化樹脂）
- 金型温度　：110℃　　樹脂温度：60℃
- 樹脂注入圧：流量制御（4000 g/min）＋真空圧
- 注入／硬化時間：2.5 分／ 5 分

2.4　まとめ

従来 RTM 成形方法から大幅に樹脂含浸時間を短縮する，樹脂含浸時間 2.5 分以内の高速樹脂含浸成形技術の開発を行った。ハイサイクル成形技術を実現するための高速樹脂注入技術（樹脂含浸時間 2.5 分）を検討し，中間板を用いた多点注入技術を考案した。樹脂注入ポートから基材への樹脂含浸挙動を測定し，多点注入方式における樹脂含浸が予測可能な樹脂含浸シミュレーション技術を確立した。多点注入方式を用いて平板，ドアインナーパネル，フロントフロアを成形試作し，10 分成形（樹脂含浸時間 2.5 分，硬化時間 5 分）を実証した。

図20　フロントフロアの成形品

文　　献

1）M. Yamasaki and A. Kitano, "Development of Carbon Composites for Lightweight Automotive Structure -Safety Design Technology", The 11 th US-Japan Conference on composite Materials, (at Yamagata, Japan) (2004/9)
2）北野彰彦, "「自動車軽量化炭素繊維強化複合材料の研究開発」について", 第18回複合材料セミナー, (東京), p.47-55 (2005/3)
3）T. Kamae, G. Tanaka and H. Osedo, "A Rapid Cure Epoxy Resin System for a RTM Process", 2nd JSME/ASME International Conference on Materials and Processing 2005 (2005/6/20)
4）I. Taketa, A. Kitano and M. Yamasaki, "Short Cycle Production of Automotive Body", 9th Japan International SAMPE Symposium and Exhibition, (2005/11/29)
5）M. Yamasaki, A. Kitano and I. Taketa, "Co-cure Bonding Method for Structural

Parts of Automobile", 9th Japan International SAMPE Symposium and Exhibition (2005/11/29)

6) 釜江俊也, 田中剛, 大背戸浩樹, "自動車部材 RTM 成形用樹脂の開発", 第30回複合材料シンポジウム (2005/10/21)

7) 佐藤卓治, "経産省/NEDO プロジェクト「自動車軽量化炭素繊維複合材料の研究開発」", 先端技術協会例会 (2006.2.7)

8) 釜江俊也, 田中剛, 大背戸浩樹, "自動車部材 RTM 成形用樹脂の開発", 日本複合材料学会誌 3 月号 (2006)

9) M. Yamasaki, S. Iwasawa, T. Sekido, A. Kitano, "A Rapid Resin Injection system for Automobile members made by RTM Process", 12th US-Japan Conference on Composite Materials (2006.9.20)

10) T. Kamae, G. Tanaka, H. Osedo, "A Rapid Cure Epoxy Resin System for a RTM process", 12th US-Japan Conference on Composite Materials (2006.9.20)

11) 和田原英輔, 他 "車体材料の技術動向", 自動車技術会構造形成技術部門委員会シンポジウム (2006.7.5)

12) 武田一朗, 和田原英輔, 北野彰彦, "炭素繊維基材の形状追従性に関する定量化試験法の考察", 第31回複合材料シンポジウム (2006.10.27)

13) 山崎真明, 武田一朗, 山口晃司, "超高速硬化樹脂を用いた RTM 成形システム", 成型加工学会第14回秋季大会 (2006/11/22)

14) 山口晃司 "CFRP の構造および特性, 自動車部材への適用", 技術情報会化学系セミナー (2007/1/25)

15) 永田啓一, 北野彰彦, "フォームコアサンドイッチ梁の曲げ疲労試験結果について", JCOM-36 (2007.3.9)

16) 北野彰彦, "自動車の軽量化に向けた炭素繊維強化複合材料の研究開発", 日経 Automotive Technology/日経ものづくり主催 Automotive Technology Day 2007 Summer『クルマの軽量化・低コスト化を可能にする金属・樹脂技術の最前線』(2007.7.2)

17) 山崎真明, 関戸俊英, 山口晃司, "ハイサイクル RTM 成形方法の開発", 成形加工, Vol.19, No.10, pp.645-648 (2007)

18) 武田一朗, "RTM 成形法によるハイサイクル大型一体成形シミュレーション技術の開発", SAMPE 平成19年度第2回（通算122回）技術情報交換会 (2007.9.28)

19) 関戸俊英, 山崎真明, 岩澤茂郎, 武田一朗, 和田原英輔, "RTM 成形法によるハイサイクル大型一体成形技術の開発", 日本複合材料学会 第32回複合材料シンポジウム (2007.10.18)

20) 和田原英輔, "炭素繊維強化プラスチック（CFRP）による自動車の軽量化", 繊維学会 繊維の応用講座（これからの自動車に求められる繊維（高分子）材料）(2007.11.16)

21) 和田原英輔, 吉岡健一, 北野彰彦, "CFRP の現状と今後の展望", 成形加工, Vol.19, No.12, pp.745-752 (2007)

22) M. Yamasaki, I. Taketa, K. Yamaguchi, E. Wadahara, T. Kamae, S. Iwasawa, T. Sekido, A. Kitano, ALSTECC PROGRAM: CHARACTARIZATION OF A SHORT CYCLE RTM FOR MASS PRODUCTION, 16TH INTERNATIONAL CONFERENCE ON COMPOSITE MATERIALS (2007)

23) K. Yamaguchi, I. Taketa, E. Wadahara, M. Yamasaki, T. Sekido, and A. Kitano, "ALSTECC Program: Designing and Processing on CFRP Automotive Structures", Proceedings of US-Japan Conference on composite Materials 2008 (US-Japan 2008) (at Tokyo Japan), No.AUT-1, PP.(AUT-1) 1-7 (2008.6)

24) E. Wadahara, H. Kihara, I. Taketa, Y. Kojima, I. Horibe and A. Kitano, "ALSTECC Program: Experimental Study on Mechanical Properties of Thin Non Crimp Fabric (NCF) Composites", Proceedings of US-Japan Conference on composite Materials 2008 (US-Japan 2008) (at Tokyo Japan), No. AUT-2, PP.(AUT-2) 1-9 (2008.6)

25) K. Yamaguchi, "CFRP, What is Next to Mass Production of Automobile" 8th-Annual SPE Automotive Composites Conference & Exhibition (ACCE) (at Michigan, USA) (2008.09)

26) A. Kitano, E. Wadahara, "CFRP materials and processing designs for automobile", Proceedings of the 6 th Asia-Australasian Conference on Composite Materials (ACCM-6) (at Kumamoto, Japan), No. Invited, pp.1-4 (2008.9)

27) 山口晃司 "自動車軽量化に向けたCFRP高速成形方法", 技術情報会自動車CFRPセミナー (2008.10.20)

28) 山口晃司 "自動車へのCFRPの適用ならびにNEDOプロジェクトの成果", 日本材料学会中部支部第3回講演会 (2008.12.10)

3　異種材料との接合技術の開発

異種材料との接合技術の開発においては，スチール，アルミ等と同等以上の接合技術（接合強度 20 MPa 以上）を開発することを目標とした。本プロジェクトでは，自動車が曝される温度環境下（−40〜80℃）での異種材料間の接着力の耐久性評価，および，接合部構造の設計・解析を実施し，車体接合部の要求強度を達成できることを確認する[1~3]。

3.1　構造用接着剤のスクリーニング

3.1.1　要求仕様

接着接合部の要求仕様として以下の項目および目標値を設定した。

(a)　接合強度：引張せん断試験にて 20 MPa を確保すること。

(b)　環境条件：使用温度を−40℃〜80℃とする。

この目標値の根拠は，使用する CFRP のせん断強度が約 20 MPa であり，これ以上の強度を接着接合部が持っても材料破壊になる可能性の高いこと，および乗用車の使用環境を考えると，エンジン回りなど特に高温が予想される部位以外では一般に−40℃〜80℃が標準的温度条件として考えられていることである。本プロジェクトにおける CFRP 使用部位は車体プラットフォームであり，大半の部分でこの温度条件が適用可能と考えられる。

3.1.2　候補接着剤

接着剤としては，CFRP および金属との接合性を考慮し，エポキシ接着剤（2 種類）および反応性アクリル接着剤（2 種類）を取り上げ，その基本的スクリーニングを行った。使用した接着剤は，高靭性エポキシ接着剤（以下接着剤 A），高強度・高耐熱性エポキシ接着剤（以下接着剤 B），高強度反応性アクリル接着剤（以下接着剤 C）および高耐熱アクリル接着剤（以下接着剤 D）である。下記に使用した接着剤の諸特性を示す。

接着剤 A はゴム変性のため破断伸びが大きく，また弾性率も他の脆性的なエポキシ樹脂より低いため，応力集中の緩和が期待でき，実際に引張せん断強度は極めて高い。また抵抗率も高く，異種材料接合に起因する電食防止に適している。

接着剤 B は，高強度と耐熱性を兼ね揃えた接着剤であり，また高温でのキュアが可能であるため，エポキシとしては比較的良好な速硬化性（100℃，30 分）を持つ。

接着剤 C は高強度と極めて優れた速硬化性（室温，30 分以内）を持つ接着剤であり，車体の組立作業で高い能率を確保できると予想され，実際に車体部品の接合に既に使用されているものである。

接着剤 D は耐熱性に優れ，エレベーターボックスの接合部にも使用されているものである。

接着剤Aおよび接着剤Bは主剤と硬化剤を混合する2液混合硬化タイプの接着剤であり，特に接着剤Bは主剤と硬化剤の混合比が近いため，機械的ディスペンスに適していると考えられる。同様に接着剤Cも混合比が近い2液混合硬化タイプであり，塗布ガンとスタティックミキサによる塗布が可能であり，作業性が良好である。

接合対象がCFRPであるため，使用する接着剤はエポキシ系であることが好ましいが，被着体の一方にアルミ合金を使用する場合，エポキシ接着剤とアルミ合金の相性に問題があり，長期耐久性を確保する場合にはアルミ合金接着面の高価な表面処理が必要になる。反応性アクリル接着剤はエポキシ接着剤ほどCFRPとの相性が良いとは考えられないが，アルミ合金との相性が比較的良好であり，かつ接着表面に多少の汚れや油膜があったとしても接合強度にあまり影響を与えない，いわゆる油面接着性がある。したがって，実際の車体組立プロセスにおける使用条件を考えると反応性アクリル接着剤は有望である。以上のように，エポキシ接着剤と反応性アクリル接着剤は一長一短であり，どちらが本目的に適しているか十分な評価を行う必要がある。このため，双方を評価対象とした。

3.1.3　単純重ね合わせ試験片の応力解析および試験片形状決定

引張せん断試験（JIS K 6580）で規定される単純重ね合わせ試験片の形状および寸法を図1に示す。本試験法は同じ厚さを持つ同材質の被着体を使用することを前提としており，異種材料

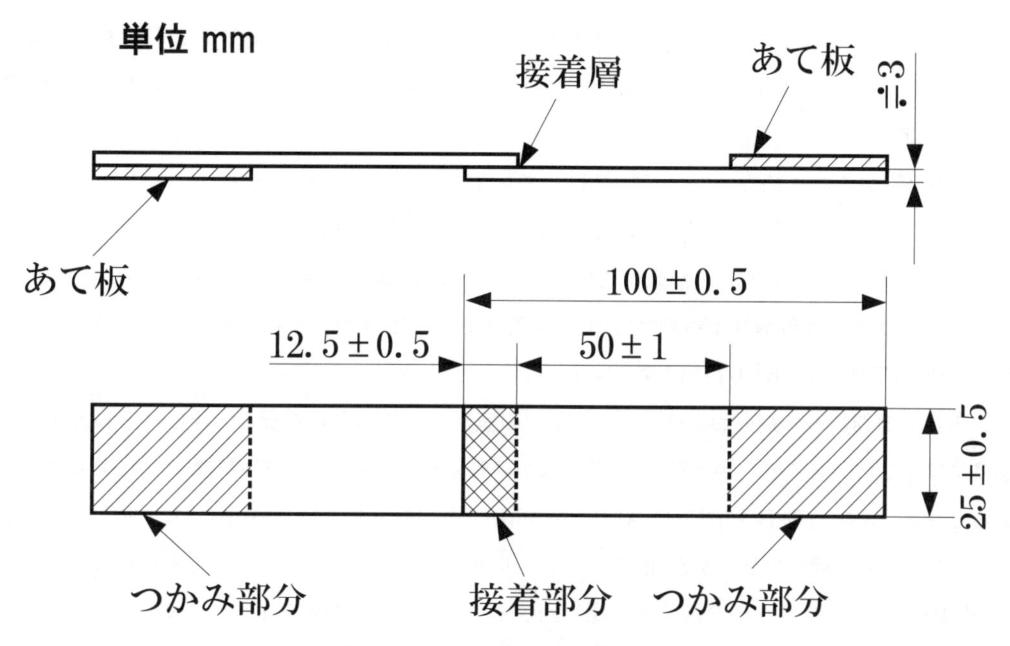

図1　ラップシア試験の試験片形状

を用いた場合には応力分布に偏りの生じる恐れがある。このため，異種材料を接合した単純重ね合わせ試験片の応力解析を実施し，応力分布に偏りの少ない試験片形状を決定した。また前述接着剤の強度評価は，この試験片形状を用いた引張せん断試験により実施した。

本解析の結果，弾性率のより低い被着体，具体的にはCFRP/STEEL，CFRP/ALともにCFRPが大きく変形しており，またこの接合端部で強い応力集中が生じている。これらのケースにおける接着剤内の応力分布では，やはりCFRP側の接合端部での応力値が高くなっており，応力分布も非対称となる。したがって，JIS K 6580で規定される単純重ね合わせ試験片を使用した場合，CFRP/STEELおよびCFRP/AL継手においてはCFRP/CFRP継手より高い応力が生じ，見かけの強度が低下する恐れがある。

上記の問題を回避するために，CFRP被着体とSTEELおよびAL被着体の厚さを調整し，より応力分布の偏りが少ない継手形状を求めた。STEEL被着体は前述の亜鉛めっき鋼板とし，入手性の観点から，この厚さを1.6 mmとした。この厚さは実際の鋼製車体に使用されている鋼板厚さより決定した。CFRP被着体は，擬似等方板を使用している関係上，選択できる板厚に限りがあり，今回は2.3 mmおよび4.6 mmの物しか使用できない。このため，曲げ剛性がSTEEL被着体により近い，厚さ4.6 mmのCFRP板を用いた。このCFRP板に曲げ剛性が適合するAL被着体を検討し，アルミ合金板の厚さを3 mmとした。

3.1.4 試験結果

表1に試験結果を示す。これらに示されるように，接着剤A，接着剤Bおよび接着剤Cともに室温では目標値のせん断強度20 MPaを凌駕した。接着剤Aのせん断強度（CFRP/CFRP）は30.5 MPaと非常に高い。CFRP同士の接合強度では，接着剤B（24.9 MPa）と接着剤C（24.2 MPa）がこれに続き，かつほぼ拮抗している。このときの破壊形態は，接着剤Aおよび接着剤BでCFRP被着体中の材料破壊，接着剤Cでは接着界面における界面破壊となった。接着剤Dは4材料中，強度が一番低い結果となったが，目標値に極めて近い強度を有している。2種類のエポキシ接着剤（接着剤Aおよび接着剤B）の接合強度はCFRPのせん断強度を上回り，かつCFRPとの相性も良いと考えられる。

CFRPと亜鉛めっき鋼板およびアルミ合金との室温での接合強度を見ると，CFRP同士の接合強度には達しないものの，接着剤Aの場合は26 MPaを超えており，異種材料に適した接着剤であると言える。接着剤BもCFRP/ALで24.4 MPaと良好な接合強度を示すが，CFRP/STEELでは，亜鉛めっき鋼板のめっき層剥離が生じ，このため接合強度が15.6 MPaと比較的低くなった。この原因は，接着剤Bが他の接着剤に比べ硬質であるため，接合端部での応力集中が激しく，このため高いピール応力が生じ，めっき層剥離が生じたものと思われる。しかし，これは本接着剤の接合力が低いことを意味せず，めっき層を除去したケースでは27.1 MPaの強度が得られている。

表1　接着剤のスクリーニング結果

◎：20 MPa～，○：5.5～20 MPa，×：5.5 MPa未満

接着材名称	被着材	基本強度			環境負荷（1000 h）				疲労強度	評価
		室温	−40℃	80℃	80℃	100℃	120℃	吸水*		
接着剤A	CF/CF	◎	◎	×					×	×
	CF/STEEL	◎							○	
	CF/AL	◎							×	
接着剤B	CF/CF	◎	◎	○	◎	◎	◎	○／○	○／◎	◎（AL）
	CF/STEEL	○	○	○	○	○	○	○／○	○	
	CF/AL	◎	◎	◎	◎	◎	◎	○／○	○	
接着剤C	CF/CF	◎	○	○					−	（×）
	CF/STEEL	○							−	
	CF/AL	○							−	
接着剤D	CF/CF	○	◎	○	◎	◎	◎	○／○	◎／○	◎（STEEL）
	CF/STEEL	○	◎	○	○	○	○	○／○	◎	
	CF/AL	◎	○	◎	◎	◎	◎	○	◎	

吸水：室温／80℃（2000 h）

接着剤Cでは，CFRP/ALで17.4 MPa，CFRP/STEELで16.5 MPaと，他の接着剤よりも異種材料接合時のせん断強度が低い。

同様に，疲労試験の結果を下記する。どの接着剤も負荷荷重の増加に伴い破断に至る繰り返し回数は減少しており，また，十分に低い負荷応力値でも破断が発生している。言い方を変えると，10^6サイクル程度まで試験を行っても，S−Nカーブ上の変化は見られず，したがってこの範囲には疲労限が存在しない。

CFRP同士の接合には，繰り返し回数の小さい範囲でエポキシ接着剤が優れており，接着剤A，接着剤B共に高い強度を示している。しかし，繰り返し回数の増加に伴い，アクリル接着剤（接着剤D）が，強度で上回り，高い耐疲労性を示すようになる。CFRP/AL接合部では，エポキシ接着剤がアルミ合金界面で界面剥離を生じ易く，疲労強度も低下し，接着剤Dが全てのサイクルにおいて最も高い耐疲労性を示している。特に接着剤Aは繰り返し負荷で界面剥離を生じ易く，強度も低い。CFRP/亜鉛めっき鋼板接合部では，常に亜鉛めっき層の剥離が生じるため，接着剤の種類によらず，非常に似通ったS−Nカーブが得られる。言い換えるなら，これは亜鉛めっき層の疲労剥離強度であり，接着接合部の疲労強度とは呼べない。

接着剤を限定して考えると，接着剤Aは，CFRP同士の接合に向いており，アルミ合金を含む接合部では疲労強度が極めて低くなる。接着剤Bの場合，CFRP同士若しくはCFRPとアルミ合金の接合に向いている。接着剤Dは，どの被着体でもイニシャルの強度が低いものの，強度低下も小さく，このため負荷繰り返し回数の多い領域では最も高い耐疲労性を示す。したがっ

て，疲労に強い接着剤といえる。

実際の車両における接合部を考えると，このような疲労に伴う強度減少は大きな問題である。明瞭な疲労限が存在しないため，負荷回数を考慮に入れた設計が必要と考える。

3.2 接着接合部の衝撃強度評価

車体の強度設計では，静的強度は言うまでもなく，これ以外にも疲労強度や衝撃強度など，多岐に渡る負荷条件を考慮する必要がある。中でも衝撃強度は，車両の衝突という最も負荷荷重の大きな条件によるものであり，格別の注意を払う必要がある。車両の衝撃強度設計には，まず部材と接合部の衝撃強度を明らかにし，次に衝撃応力解析などを実施して，その応力分布と時間変化を知る必要がある。CFRPの接着接合部を取り上げ，まずその衝撃強度を評価した。

接着接合部の衝撃強度を評価する際に留意すべき点として以下の事項を挙げることができる。まず，衝撃荷重の負荷方法である。衝撃試験には通常，シャルピー試験法（衝撃曲げ試験）やホプキンソン棒法（衝撃圧縮）などが用いられる。しかし，接着接合部の評価には引張ないしは引張せん断負荷が必要であり，負荷条件を適合させるために何らかの工夫が必要となる。次に負荷速度であるが，想定される車両の衝突速度は最大20 m/s程度と比較的高く，負荷速度もそれなりに高い値が確保できる試験法を採用する必要があると考えられる。また，試験温度も極めて重要である。接着剤は高分子材料であるため，低温では脆性化しやすく，エネルギー吸収能力も低下する傾向にある。したがって，衝撃強度評価は予想される最低温度で実施すべきである。

以上の観点を踏まえ，本研究項目では本年は以下の事項を実施した。

(1) シャルピー試験機を用いた接着接合部の衝撃強度評価予備実験

(2) 接着接合部の衝撃強度評価に適した回転円盤式衝撃試験装置の試作

シャルピー試験機を用いた予備実験では，接着剤のスクリーニングを主目的とし，4種類の接着剤に対して，試験片の衝撃曲げ試験を実施した。また，衝撃引張試験および衝撃引張せん断試験を実施すべく回転円盤式衝撃試験装置を試作した。

3.2.1 シャルピー試験機による接合部強度評価

シャルピー試験機を用い，CFRP重ね合わせ試験片の衝撃曲げ試験を実施した。衝撃負荷はペンジュラムの衝突により試験片中央部側面に加えた。この手法により，接着面に生じる応力は，回転変移に伴う分布は生じるものの，せん断成分が支配的になるものと期待した。試験片は他の試験同様，JIS規格に準規した寸法とし，かつCFRP被着体の厚さを4.6 mmとし，また接着重ね合わせ長さは12.5 mmとした。

実験に用いた計装化シャルピー試験機を図2に示す。本試験機では，ペンジュラム衝撃部に設置した荷重センサと，回転軸に設置した回転角センサにより，負荷と変位の双方を時系列のデータとして取得できる。本装置のペンジュラム重量は24 kgと比較的大きく，衝撃負荷容量も大きく取れるため，強度の高い本試験片の破壊試験にも適用可能である。試験条件としては，ペンジュラムの初期位置を－90°とし，衝突速度を約4 m/sとした。衝撃試験では，試験片の衝撃破壊に要するエネルギー算定が重要になる。本試験機は計装化されているため，図3に示す荷重－変位線図から破壊に要するエネルギーが算定可能である。また，ペンジュラムの振り上げ角度から，試験前後のペンジュラムの運動エネルギーを算出し，これから試験片の破壊に要するエネルギーを算定することもできる。本実験では，双方の方式で破壊エネルギーを算出した。

接着剤層は低温で脆性化し，衝撃時の吸収エネルギーが低下する恐れがある。このため試験では試験片を冷却した。具体的には，低温恒温槽（－40℃）中で保持し，このまま30分経過した後，素早く試験片を取り出し試験機に設置し，室温中で実験を行った。

全ての接着剤で界面破壊と凝集破壊の混合破壊を示した。また，面内曲げ試験のため，接着面中央を軸に回転せん断変形したため，引張せん断とは異なる特徴的な破壊様式となった。

図4に示す衝撃破壊に伴う吸収エネルギーをみると，計装システムによる算定値と，ペンジュラム位置変化による算定値が大きく異なっている。これは荷重変化が振動的であるため正しい値を取得できていない可能性や，ペンジュラムの初期角度と最終角度の相違が小さすぎるため（通

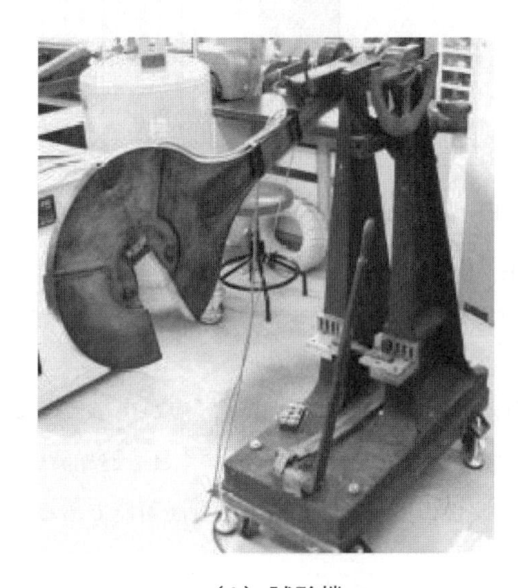

（A）試験機

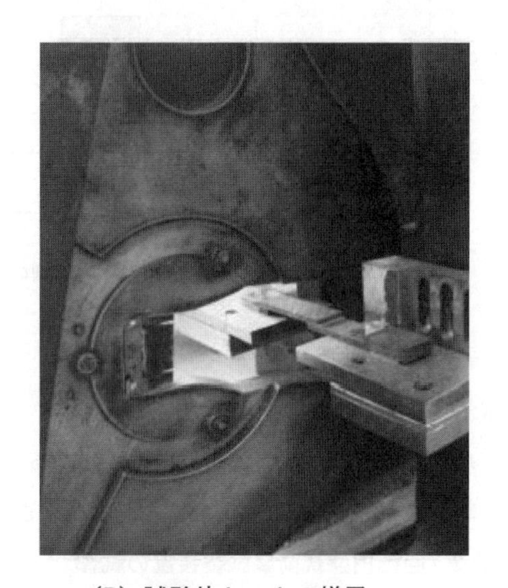

（B）試験片セットの様子

図2　接着試験片のシャルピー衝撃試験の様子

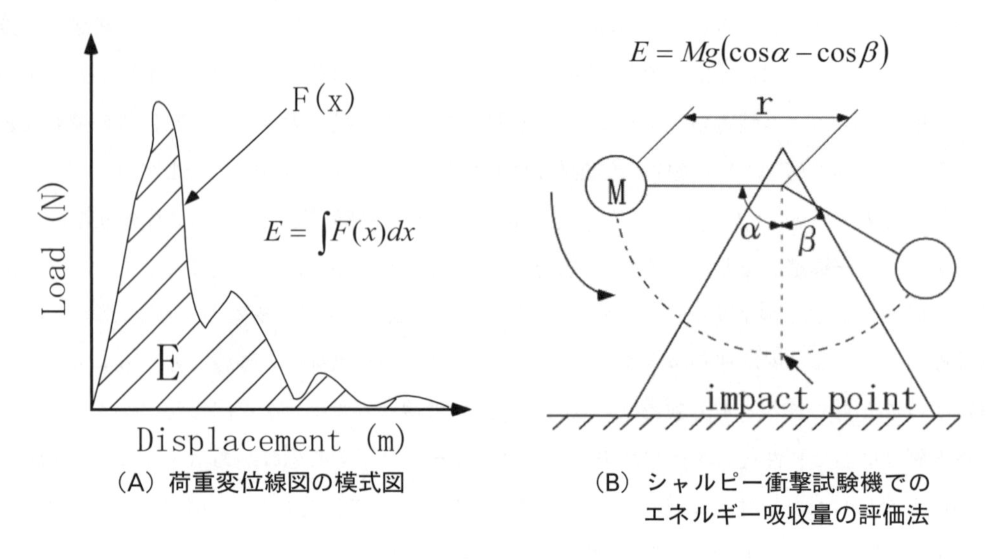

(A) 荷重変位線図の模式図

(B) シャルピー衝撃試験機でのエネルギー吸収量の評価法

図3　シャルピー衝撃試験でのエネルギー吸収量

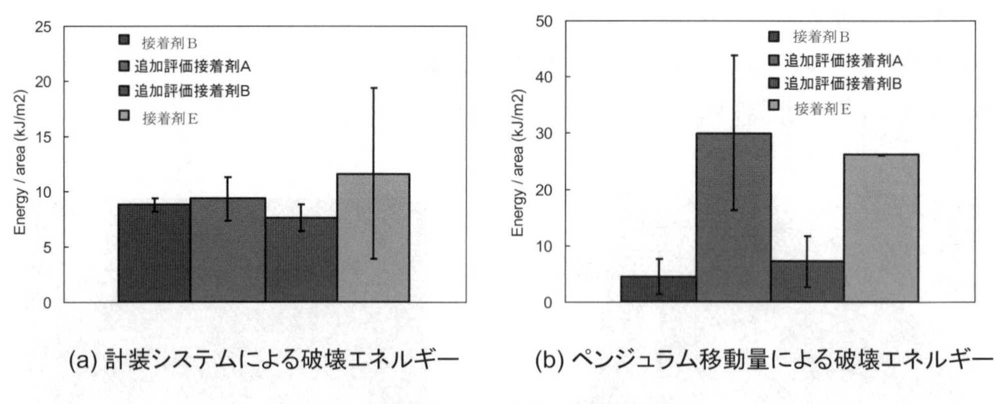

(a) 計装システムによる破壊エネルギー

(b) ペンジュラム移動量による破壊エネルギー

図4　接着剤のシャルピー衝撃試験結果

常1～3°）十分な分解能が得られない，乃至は誤差要因が大きいなどの問題点が指摘できる。したがって，どちらの値がより正確であるか，現状では判断できないが，少なくとも追加評価接着剤Aと接着剤Eの吸収エネルギーが大きく，耐衝撃性に優れていることは判断可能である。

3.2.2　回転円盤式衝撃試験装置の試作

前述の計装化シャルピー試験では，接着試験片の衝撃試験に適さない幾つかの項目が見出された。主要な事項として，破壊に要する吸収エネルギー算出の精度が低いこと，引張りせん断負荷を行えないこと，並びに十分高い衝突速度を得られないことを挙げることができる。簡易的な改良で必要な情報を得られる見込みが立たなかったため，新規に衝撃試験装置を試作した。

試験機に要求される性能として，まず試験片に引張せん断衝撃負荷可能であること，接着試験片を破壊できるだけの十分な容量を持つこと，振動的でない正確な荷重変動を測定できること，並びに高衝突速度を得られること等を挙げられる。これらの要件を満たす試験装置形式として，回転円盤式衝撃試験装置を採用した。ENSAM（仏）で試作されたイナーシャホイール試験装置が引張せん断試験に適しているため，これを参考とし，細部の設計を行った。

この装置では，慣性モーメントの大きな円盤（重量 400 kg）を，AC モータにより回転させ，その回転数が試験速度に達した時点で，円盤に設置したハンマーに試験片端部を衝突させ衝撃引張負荷を行う仕組みになっている。この方式により，試験片に破壊をもたらす十分な試験容量を得ることができ，また高い衝突速度を得ることが出来る。さらに，衝突前後の速度変化も，円盤の回転エネルギーが極めて大きいため無視できる。

図５に設計を行った回転円盤衝撃試験機の形状および寸法を示す。前述のシャルピー衝撃試験

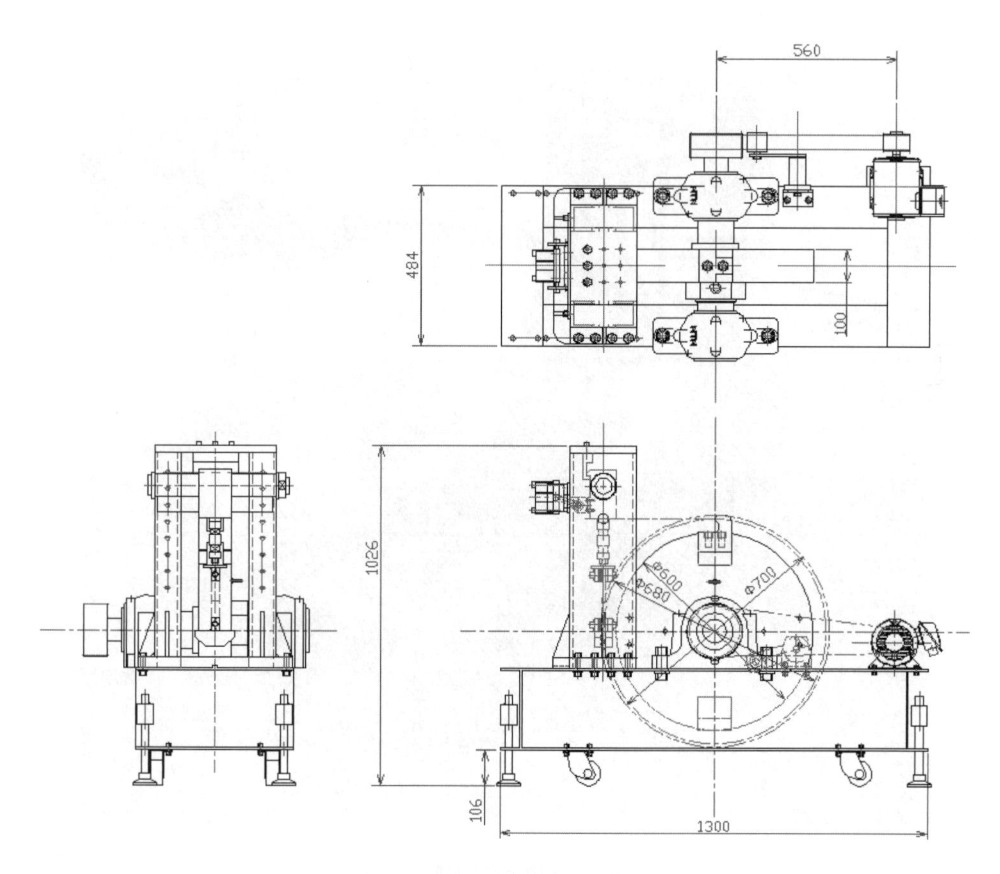

図５　引張衝撃試験機の形状

では，接着部の破壊に要した荷重は10 kN以下であったので，十分の余裕をとり，負荷容量を100 kNとして設計を行った。回転円盤の直径は600 mmとし，これを2つのベアリングブロックで支える形式とした。また，ACモータで発生させる回転駆動力を，コックドベルトを介して減速し回転円盤に伝えることにより十分なトルクを確保した。なおACモータはインバータで制御するため任意の角速度を得ることが可能である。モータを最高回転数に保持すると，そのときの回転円盤の周速度はハンマ位置で約20 m/sとなる。試作を完了した本装置を図6に示す。

追加評価接着剤Aを接着剤に使用した場合は，エポキシ接着剤Bの場合と試験結果が大きく異なった。衝撃速度によって荷重および変位の関係が変化することが確認できた。また，アルミニウム合金継手の最大せん断応力は，CFRP被着体を用いた結果と比べかなり高い値となっている。アルミニウム合金を用いた接着継手は，CFRP積層板を用いた継手に比べ，最大ひずみエネルギーもかなり大きくなっている。また，低速度領域においては破壊エネルギーの減少は生じていない。アルミニウム合金を用いた継手では，低速度域における変位量の減少が小さいため

図6　引張衝撃試験装置

である。一方，CFRP 継手の場合では低速度領域においても変位の減少量が大きいため衝撃速度の増加に伴い最大ひずみエネルギー値が減少している。

アルミを被着体とした場合，破断面形状は衝撃速度によらず，すべての場合において界面破壊および接着剤層での凝集破壊を生じていることが確認できた。CFRP 積層板を用いた場合，すべての速度において界面破壊，接着剤および被着体樹脂層での破壊が生じていることが確認できた。

エポキシ接着剤 B と追加評価接着剤 A の比較を行うと，図 7 (a) に示すように，アルミニウム合金継手の継手では，追加評価接着剤 A の方が高い最大せん断応力を持つ。また，この接着剤は，衝撃強度負荷での強度の増加率が大きく，特性の衝撃速度への依存性が高いと言える。最大ひずみエネルギーの比較をした場合，追加評価接着剤 A を用いた継手はエポキシ接着剤 B を用いたものに比べ，3 倍以上の最大ひずみエネルギーを有することが確認できる。よって，被着体にアルミニウム合金を用いた場合は，追加評価接着剤 A が全ての場合で良好な結果を示した。

次に，被着体に CFRP 積層板を用いた場合のせん断応力の比較を図 7 (b) に示す。また，各接着剤を用いた継手の，破壊に要するエネルギーを比較した場合，接着剤によらず最大せん断応力および最大ひずみエネルギーがほぼ一致し，被着体にアルミニウム合金を用いた場合と大きく異なっていることがわかる。破断面形状からわかるように，CFRP 積層板の材料破壊，特に表

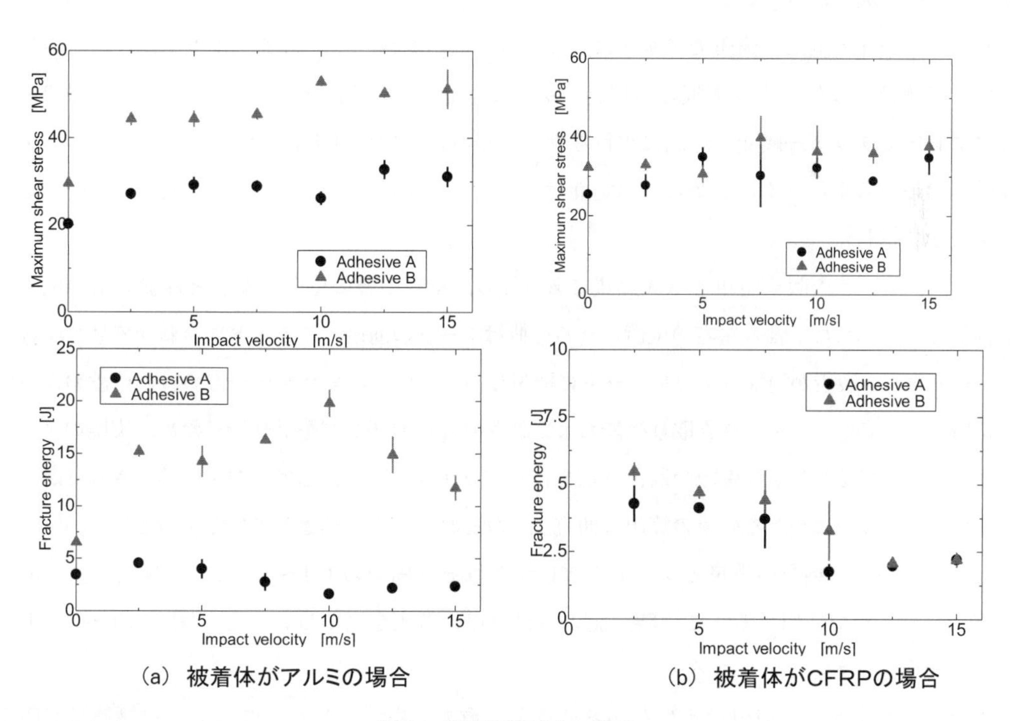

図7　引張衝撃試験の結果

層の樹脂一層の剥離が支配的なためで，この箇所の強度が限界値に達したためと考えられる。よって，この場合は，どちらの接着剤を用いても，同じような強度しか得ず，追加評価接着剤Aの特性を生かすには，CFRP表面の何らかの処理が必要になると考えられる。

3.3　シート取付部およびシートベルトアンカー部の接合構造設計

自動車の車体構造において，部品同士の取付構造には様々な部位がある。ここでは万が一の衝突時に乗員へのダメージを少なくするために重要な部位の一つであるシート，シートベルト取付け構造（シートベルトアンカー部と通常呼ばれる）を取り上げ，従来のスチール構造からCFRP構造へ移行した場合の構造立案と，その強度検証を行った。

これらの箇所は，プラットフォーム上で最も高い集中荷重が予想される部分であり，高い強度が要求される。また，この部分にはCFRP構造に金属インサート等を接合し，補強する必要が生じる。したがって，異種材料接合が必要とされる箇所で最も厳しい条件にあり，最初に克服されるべき課題であるとともに，この他の部分の設計はより容易に実施できると思われる。

3.3.1　設計，解析

CFRP車体において想定される運転席側（右ハンドル）のシート及びシートベルト取付け点の位置概略を図8に示す。

シートは底面の脚部4箇所でボルトによりフロアに締結される。スチール車体において締結面の向きは車種，部位によって異なる場合があるが，最も一般的な向きであることと，CFRPフロアにおいてフロア一般面（地面に平行な面）に垂直に取付け軸を設定することが最もシンプルに性能保証を考えられることから，締結面は4箇所ともフロア一般面に平行（地面に平行）な面であると想定した。

シートベルトは市販乗用車では3点式であるため，乗員の腰の位置の左右と片側の肩の位置の3箇所となる。ただし腰の左右の位置のうち片側はシートの前後のスライドに合わせて動き，容易にシートベルト装着が可能なようにシートに取付けられている。またもう一方の腰の位置および肩の位置については，ベルト巻き取り機能および高さの調整機能などを併せ持つため，実際のスチール車体においてはそれぞれ複数の取付け点を持つブラケット等を介してボディに締結されるが，ここでは各取付け点にかかる荷重の算出の便宜上それぞれ1点で締結されているものとした。

前面衝突時には乗員の重量とシートの重量がそれぞれ図中のF1〜F3として作用し，各取付け点に分配されて作用する。この時上記の取付け点の考えを当てはめると，図中のa〜fの取付け点で荷重を支えることになる。

衝突時の荷重から各取付け点にかかる荷重と荷重方向を計算した。ここで本目標値はCFRP構造を前提に6ヶ所の取付け点で荷重を受け持った場合の目標値であり，現行のスチール車体に

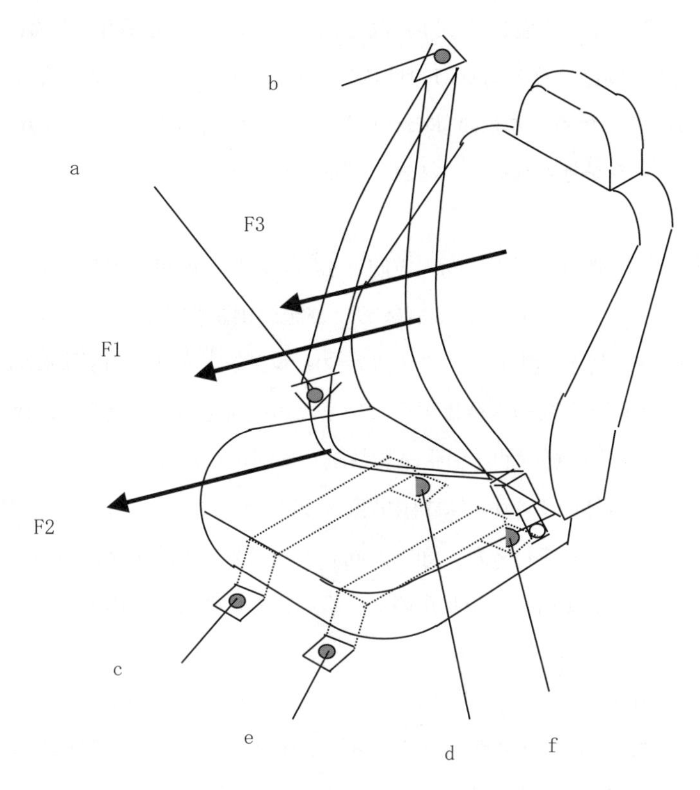

図 8　前面衝突時にシートに作用する力

における各取付け点の目標値とは異なることを付け加えておく。また，最も高い負荷がかかる点はＢピラー上にあり，対象とするプラットフォーム上には無い。したがって，プラットフォーム上の最大荷重点を検討対象として，構造立案，解析および評価実験を実施した。

3.3.2　供試体

使用した基本取付構造の供試体は以下のようにして作成した。

① 合金鋼（SCM 475）を用い，ボルト金具を作成，熱処理を行い強化

② CFRP 板（擬似面内等方，ハイサイクル樹脂による VaRTM 成形，300 mm 角，厚さ 2.3）を作成

③ CFRP 板に ϕ10.5 mm の穴を，CFRP 専用ドリルにて穿孔

④ ボルト金具の接着面をグリッドブラスト（粒度 120 番）にて処理，その後アセトンで洗浄

⑤ CFRP 板の接着接合部をサンドペーパー（240 番）で軽くサンディングし，離型材を除去後，アセトンにより拭取

⑥ 接着剤（接着剤 A）をボルト金具および CFRP 板の接合部に塗布し，その後に接合

⑦　両者を加圧しながら，室温にて24時間放置し，キュアおよび養生を実施

CFRP板を穿孔する場合，その切り口の性状はCFRP板のベアリング強度に大きな影響を与える可能性がある。このため，本供試体の作成にあたっては，CFRP穿孔用超硬ドリルを使用し，CFRP板にダメージを与えないよう注意して加工を行った。

3.3.3　試験方法

供試体の固定には，面外方向引張，面内方向せん断および角度付き引張の別に，それぞれ異なる治具を用いて行った。まず，CFRP供試体および金属供試体を固定フォルダにゴム板を介して挟み込み，ボルトで加圧・固定した。この固定フォルダを，面外方向引張の場合は試験機引張方向に垂直に，面内方向せん断の場合は平行に，また角度付き引張の場合は，試験機引張方向とθaの角をなすように，試験機（油圧引張試験装置）に固定した。

面外方向引張では供試体のボルト部に自由関節を取付け，これを介してロードセルに接続し，負荷を行うと共に荷重の測定を行った。面内方向せん断試験では，供試体のボルト部に長方形鋼材を取付け，これにナットを用いてねじ止めし，この長方形鋼材を自由関節を介して引張った。試験速度は，5 mm/sとした。

供試体のひずみ分布とその変化を求めるため，表面にゲージ長2 mmの2軸ひずみゲージを貼り付け，多チャンネル静ひずみ計を用いて，毎秒1回のインターバルでひずみ測定を実施した。

図9に面外方向引抜試験方法を示す。

3.3.4　試験結果

接合部要素試験結果および接合部試験体試験結果を表2に示す。CFRP供試体では，面外方向引抜が最も強く，スチール比構造比1.68倍もの極めて高い破壊荷重が得られた。この時の破壊様式はCFRP板の面外破壊によるボルト金具の貫通であり，CFRP板にボルト金具頭部とほぼ同寸の穴が開き，ボルト金具が完全に引き抜かれた。荷重－変位線図では，この引抜挙動に非線形性が少なく，供試体が弾性的に変形し，その後急激に破壊に至っている様子が分かる。したがって，本供試体の変形および破壊様式を決定しているのはCFRP内の炭素繊維であり，十分な荷重を受け持った後に脆性的に破断を生じたものと思われる。CFRP板上に貼り付けたひずみゲージのデータをみると，ボルト付け根に近い位置で半径方向に最も高いひずみが見られ，その大きさが炭素繊維の伸び限界に近い2.5%を上回っており，この箇所でCFRPの破損が進み，最終的に破壊に至った経緯が想像できる。

これに対し，面内方向せん断負荷では，強度がスチール比構造比0.86倍と，面外方向引抜に比べ大幅に低くなっている。またこのときの破壊様式はCFRP部に対してボルトが面内方向に食い込んでいく，いわゆるベアリング破壊であり，CFRP板が壊れ始めた後も継続的な破壊が進行し，荷重－変位線図も最大荷重点以降で比較的高い応力値を維持している。ひずみゲージの

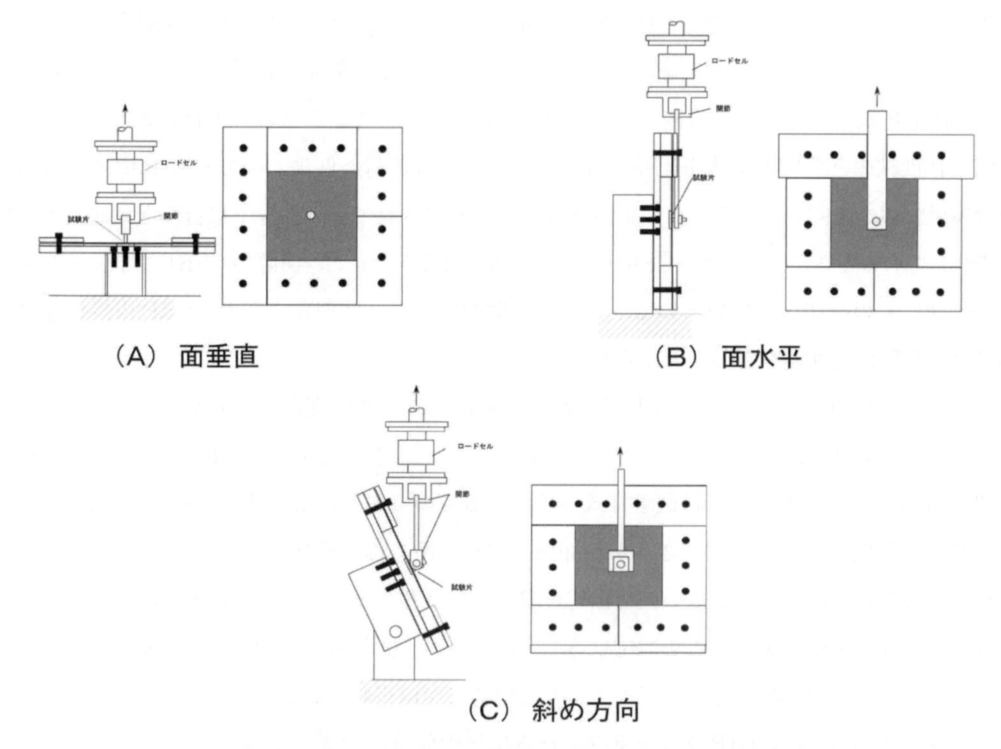

図9　シート結合部を模擬した各種接合強度試験

表2　CFRP供試体の接合強度

試験対象	負荷方向	強度（スチール構造比）	破壊様式
接合部要素	面垂直（引抜）	1.68	面外破壊
	面水平（せん断）	0.86	ベアリング破壊
接合部試験体	θa	0.63	面外破壊

データをみると，ボルト付け根に近い位置でボルトの進行する方向に高い圧縮ひずみが，またその反対方向に高い引張ひずみがみられる。接着接合部の剥離が最大荷重点より早い時期に生じていると考えられる。また，この後CFRPの局部的面圧破壊から大域的なベアリング破壊に至るものと予想される。

接合部試験体に対して，θaの角度付き引張試験を実施した場合，その強度はスチール比構造比0.63倍となり，面外方向引抜並びに面内方向せん断よりも低くなった。このときの破壊形態は面外方向引抜と同様にCFRP板の面外破壊であり，やはりボルト金具がCFRP板を貫通した。ひずみ変化は，ボルト進行側で面内方向せん断負荷に似ており，すなわち接着接合部の剥離がまず生じ，その後ベアリング破壊に遷移する傾向が見られ，またボルトの進行と反対方向では，一旦ひずみが増大するが，その後減少している。これはまず接着剤部の剥離が生じ，その後CFRPに局部的面圧破壊が起こり，最後にボルト金具の貫通が生じているものと思われる。

CFRP供試体と金属供試体を比較すると，まず全ての負荷条件においてCFRP供試体の強度が金属供試体を上回っている。金属供試体は実車に使用されているシート接合部とほぼ同等の特性を有していると考えられるが，CFRP供試体の板厚は2.3 mmと，実際のCFRPプラットフォームより薄いものを使用しているので，この点を勘案すると今回対象としたCFRP用接合部は極めて高い荷重伝達性能を持つと考えられる。

金属供試体では，面外方向引抜と面内方向せん断であまり強度が異ならなかったが，CFRP供試体では，面外方向引抜での強度が極めて高く，これに対し，面内方向せん断ではあまり良い結果は得られなかった。これは破壊様式の差によるものであり，面外方向引抜ではCFRP中の炭素繊維の強度を有効に利用できるが，面内方向せん断ではCFRPのベアリング破壊と，炭素繊維の特性を有効に活用できない破壊様式を取るためと考えられる。したがって，CFRPプラットフォームに荷重伝達金具などを取付ける場合，なるべく面外方向に荷重が加わるよう，パネルやサイドシルなどの形状と方向を工夫すると良い結果が得られると思われる。

結果をまとめると，CFRPプラットフォームに集中荷重を伝達する場合，ボルト金具などを，CFRPに穴を開けて負荷方向の反対側から接着接合する方法が有効であり，特にCFRP面に対して垂直な負荷の場合極めて高い荷重伝達が可能になると言える。他方，せん断方向負荷でもそれなりの荷重伝達が可能であるが，垂直方向の負荷には及ばない。また，スチール製実車と同じ程度の寸法を有するCFRP基本取付構造で，これを凌駕する強度の得られることを確認できた。

3.4 まとめ

① CFRP部材と金属材料を接合する構造用接着剤が，自動車が曝される温度環境下（−40℃～80℃）で接着強度20 MPa以上を有する事を実証し，クリープ，衝撃における強度確認も実施した。

② CFRP/金属材料の接合部構造について，接合部モデルの実験を実施して，荷重値，破壊形態をフィードバックすることにより接合部解析精度を向上させ，接合部を設計に貢献した。

③ ボルト接合（シートベルトアンカー接合部，ドアヒンジ接合部），インサートナット接合（サスペンションメンバ接合部）について設計，製作し，妥当性を検証した。

④ CFRPのコキュア接着モデル試験にて，自動車が曝される温度環境下（−40℃～80℃）においても実用的な強度を有することを確認した。

⑤ 自動車部材製造工程を前提とした，接着剤塗布工程の管理工程図を作成した。

文　　献

1）佐藤千明, "車体と接着技術の進歩", 自動車技術会シンポジウム【2020年, 自動車とその製造技術の将来】, 東京, pp.49-53 (2004)

2）佐藤千明, "解体性接着の現状", 日本接着学会「環境にやさしい接着・接着剤」セミナー（大阪・東京）, pp.1-8 (2006/2/7, 2/16)

3）佐藤千明, "CFRP車体の接着接合技術", 技術情報会自動車CFRPセミナー (2008/10/20)

4　安全設計技術の開発

4.1　CFRP の動的解析技術の開発

CFRP の動的解析技術は CFRP 製車体の設計を実施するにあたり開発スピードの短縮及び開発コストの削減等，開発効率を向上させる上で必要な技術である。

本稿では CFRP 製圧縮型エネルギー吸収部材及び引張型エネルギー吸収部材の衝撃破壊挙動の解析精度を 5 %以内にする解析手法を CFRP 車体の衝突解析に供することを目的として実施した。

CFRP 材を自動車の構造に応用した場合の衝突時の安全設計技術を開発するために，未だに明らかにされていない CFRP 材の衝撃圧縮強度，衝撃破壊ひずみや衝撃圧縮弾性率などを明らかにし，それらの値を有限要素法の衝撃応答解析に用いる必要がある。そこで CFRP 材の衝撃圧縮実験を行い，さらに試験片の形状寸法の影響等を検討するために，静的圧縮実験も併せて行った[50, 52]。

4.1.1　CFRP 材料の物性取得

CFRP 材が衝撃圧縮荷重を受けた場合の衝撃圧縮強度，衝撃破壊ひずみや衝撃圧縮弾性率など未だに明らかにされていない。本プロジェクトで安全設計技術を開発するためには，これらの特性値を求めることは必要不可欠である。ここでは，CFRP 材の衝撃圧縮実験結果について述べる。また，圧縮試験における試験片の形状寸法が圧縮特性値に及ぼす影響は静的圧縮試験を用いて検討を行ったので，その結果についても記述する。

①　動的圧縮試験

a. 試験機と測定概要

図 1 に動的圧縮試験機の写真を，図 2 に同実験に用いた試験片を支持する治具と表 1 (a) に衝

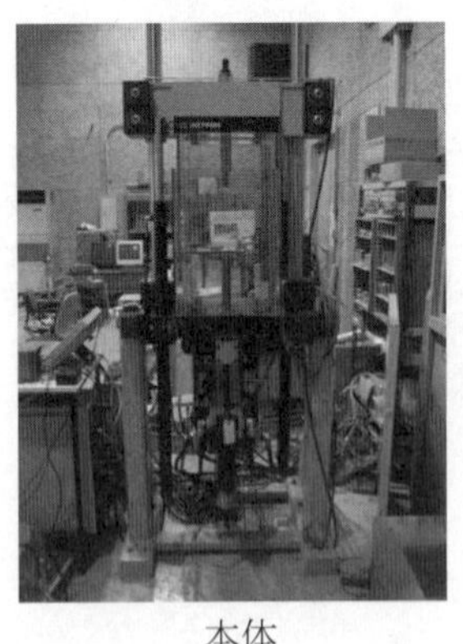

本体

操作盤

図 1　CFRP の衝撃圧縮試験装置

治具全体図

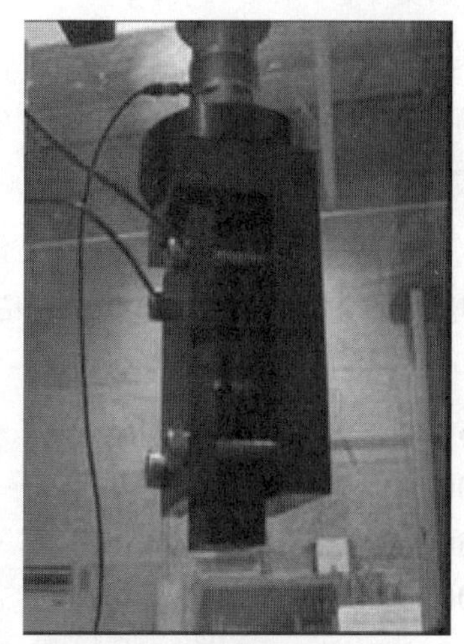

治具上部

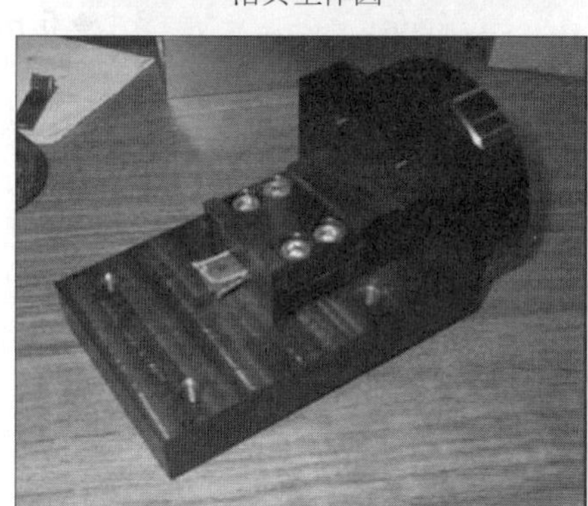

治具下部

試験機の衝撃部

図2　動的圧縮試験の試験治具

表1　動的圧縮試験の試験条件

データ収集システム	
圧縮試験機	INSTRON 油圧式衝撃試験機
フレーム構造　剛性	33000 Kgf/mm
荷重容量	2000 Kgf
速度精度	±3%
ピストン重量	7.7 Kg
ひずみゲージ	汎用箔ひずみゲージ（共和電業）表裏2枚

試験条件	
試験速度（m/sec）	5，10，15
データサンプリング間隔	2 μsec

撃圧縮実験の条件をそれぞれ示す。

b. 試験結果

図3，図4には衝撃圧縮強度と衝撃速度の関係，衝撃圧縮弾性率と衝撃速度の関係を示す。本検討で，擬似等方性積層材[(45/0/−45/90)$_2$]$_S$の衝撃圧縮強度の値は静的圧縮強度（平均値約600 MPa）と比べて増加し，衝撃速度が5 m/secの場合で100 MPa，10 m/secの場合で300 MPa程度増加した。同じく，擬似等方性積層材[(45/0/−45/90)$_2$]$_S$の衝撃圧縮弾性率の値は静

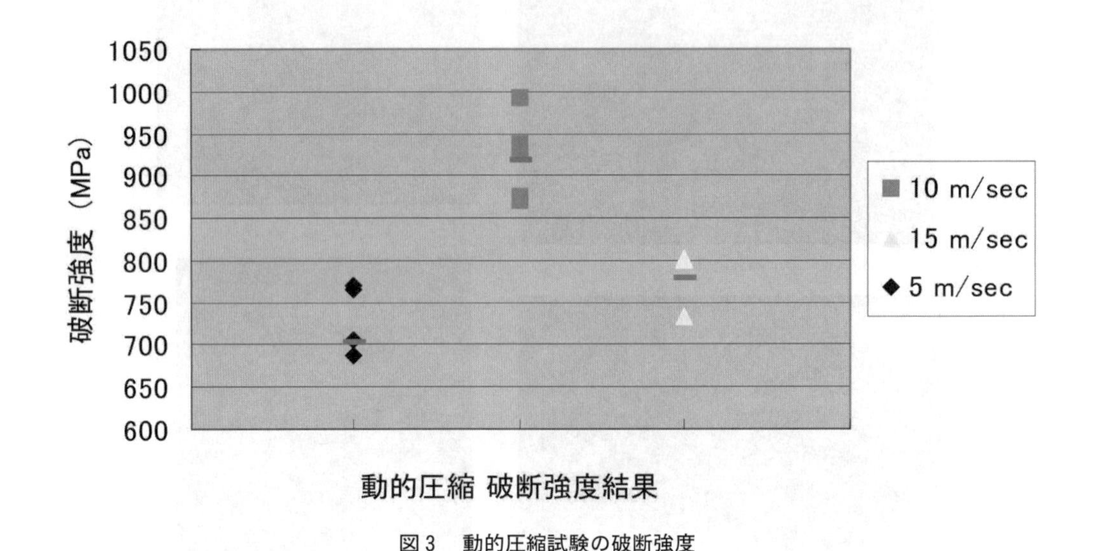

図3　動的圧縮試験の破断強度

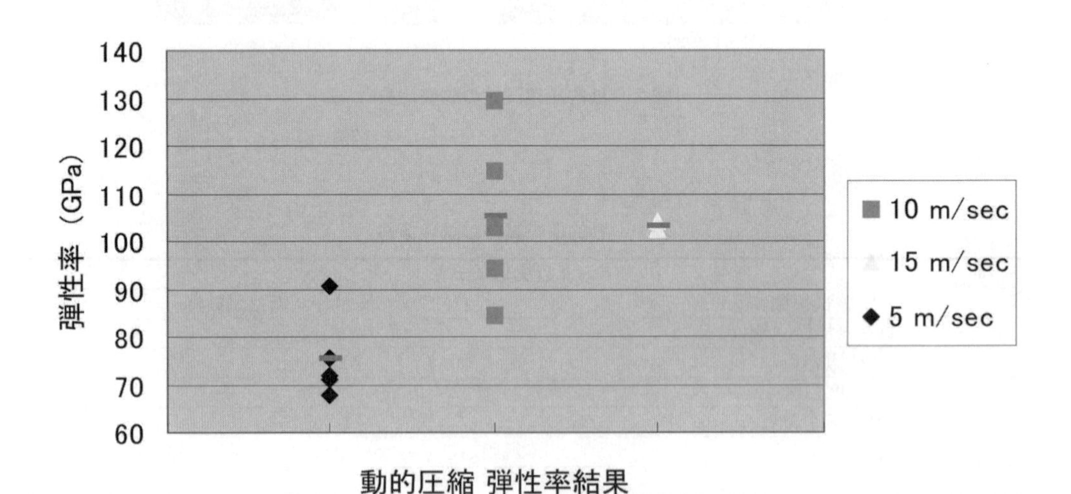

図4　動的圧縮試験の弾性率

的の場合の値（平均値約44 GPa）に比べて，この場合も増加した。衝撃速度が5 m/secの衝撃圧縮弾性率は75 GPa，10 m/secの場合は105 GPaで，衝撃速度15 m/secの場合は，2本の平均値で103 GPaとなった。圧縮試験における試験片のサイズが実験結果に及ぼす影響を静的実験の場合で検討した結果，試験片寸法105×25.4の強度は他の2つの寸法に比べて小さくなるが，試験片寸法80×15 mmと80×12 mmの強度の差はあまりない。また，弾性率は3つの寸法による大きな差はないので，前述の衝撃試験の試験片サイズは80×12 mmとした。

4.2　圧縮型エネルギー吸収部材の解析技術の開発

CFRP製圧縮型エネルギー吸収部材の衝撃破壊挙動の解析精度を5%以内にする解析手法をCFRP車体の衝突解析に供することを目的として圧縮型のエネルギー吸収部材の衝撃試験を行い，解析手法の妥当性を検証した[10, 22, 23, 42~44, 47]。

4.2.1　圧縮型エネルギー吸収部材の衝撃実験

①　試験体形状

一方向配向炭素繊維プリプレグ（東レ㈱P 3052 S-20，マトリックス樹脂：エポキシ）を用いてシートワインド法により長方形断面を有するCFRP角柱を製作した。試験体の本体部分の積層構成は$[(0/90)_6/0]_S$とした。また，補強リブ部分の場合は0°方向繊維のみが配置されている。試験体の先端には安定的な衝撃破壊挙動を得るために角度45°のテーパ加工を施した。試験体の形状および寸法を図5に示す。

②　試験方法

落錘衝撃試験は高さ12 m（衝突スピード：約55 km/h）で質量105 kgの落錘子を自由落下させることにより行った。衝撃荷重はロードセルを試験体の下に取付けて計測した。また，高速度カメラにより衝撃圧縮破壊プロセスも観察した。なお，落錘子の変位は，高速度カメラで撮影した動画を用い，画像によって変位を測定することのできる画像解析ソフトウェア（PcVector，㈱応用計測研究所製）を用いて測定した。

③　試験結果

図6に衝撃実験後の試験体の様子を示す。図からは安定的な衝撃破壊進展挙動を示していることが分かる。破壊の大半は外側に向けて進展しているが，内側にも破片が詰まっていることが分かる。

4.2.2　圧縮型エネルギー吸収部材の解析

圧縮型エネルギー吸収部材の積層構成$[(0/90)_6/0]_S$（Model 3）に加え，積層構成$[(0/90/90)_4/90]_S$，$[(90/0/0)_4/90]_S$，$[(0/45/-45/90)_3/90]_S$及び$[(0/45/-45/90)_3/0]_S$の解析を行い衝撃応答挙動および衝撃吸収エネルギー特性について比較検討を行った。また，層間剥離を考

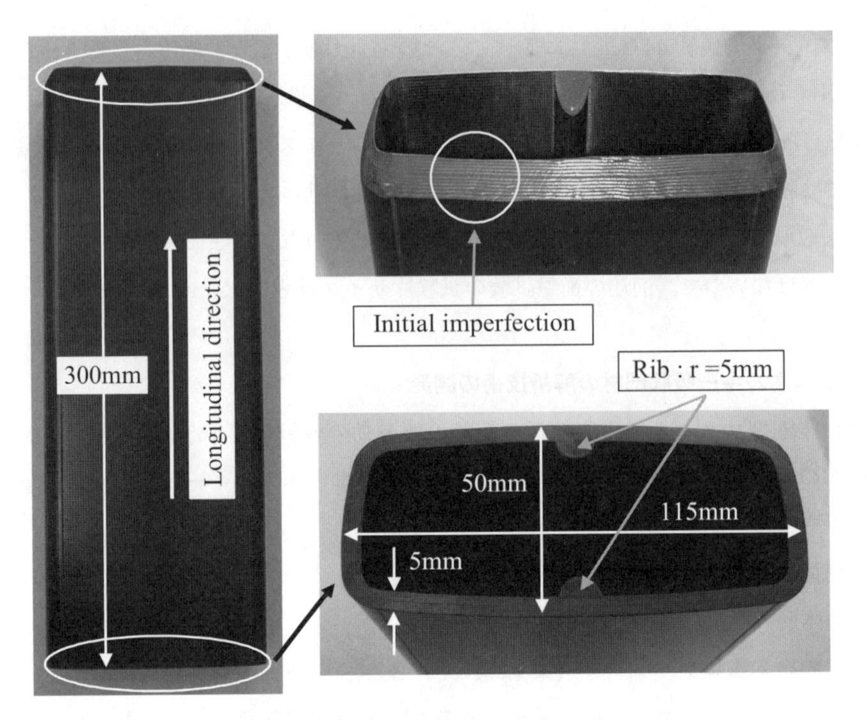

図5　圧縮型エネルギー吸収部材

慮したモデルに対しても解析を行った。

①　有限要素解析モデル

有限要素ソルバー LS-DYNA（Ver.970, LSTC 社）を用い解析を行った。有限要素モデルの詳細を図7に示す。

②　境界条件および解析条件

図8に境界条件および解析条件を示す。落錘子は剛体とし，Z 軸変位のみを許し，初速度 15.27 m/sec（55 km/h）を与えて解析を行った。試験体の最下部は完全固定し，また，最下部から 40 mm まではＺ軸変位のみを許し，それ以外の部分はフリーとした。

接触条件は落錘体と試験体の間には面－面接触条件を，試験体には自己接触条件を与えた。また，モデルの試験体には，Chang-Chang 破損側を用い衝突時の破壊進展過程をシミュレートした。本解析で用いた CFRP の材料定数を表2(a) に示す。

③　解析結果

積層構成$[(0/90/90)_4/90]_S$については変位 40 mm 付近で衝撃荷重が急激に低下したため解析を強制的に終了させた。最大衝撃荷重は積層構成$[(0/45/-45/90)_3/0]_S$が一番高く，最大変位は積層構成$[(0/45/-45/90)_3/90]_S$が一番高い値を示した。また，積層構成$[(0/90/90)_4/90]_S$

図6　エネルギー吸収部材の破壊様相

を除いて，破壊過程での衝撃応答挙動については同様な傾向が見られた。

表2に積層構成$[(0/90/90)_4/90]_S$を除いた各積層構成を有するCFRP角柱の解析結果の要約を示す。衝撃エネルギー吸収量に関してはすべての積層構成において同等な値を示している。

④　層間はく離を考慮した有限要素解析

③で述べた衝撃応答解析で，Model 3の実験結果と解析結果との比較では最大衝撃荷重，最大変位，そして衝撃吸収エネルギーについては，よい結果が得られた。しかし，衝撃試験後の写真と解析から得られた破壊過程での破壊様相を比較すると，破片が角柱の表面の外側に進展すると同時に内側にも破片が詰まっている衝撃試験後の破壊様相と破片が内側にのみ進展する破壊様相を示す解析結果と異なる。したがって，角柱本体を，1つの層でモデル化した解析モデル（以下，一層モデルと称する）に加えて，角柱の本体を2つの層でモデル化した解析モデル（以下，二層モデルと称する）を作製し，衝撃解析を行った。二層モデルの積層構成は，内側の層が$[(0/90)_6/0]$，外側の層が$[0/(90/0)_6]$とし，補強部の場合は一層モデルと同様0層のみ配置し

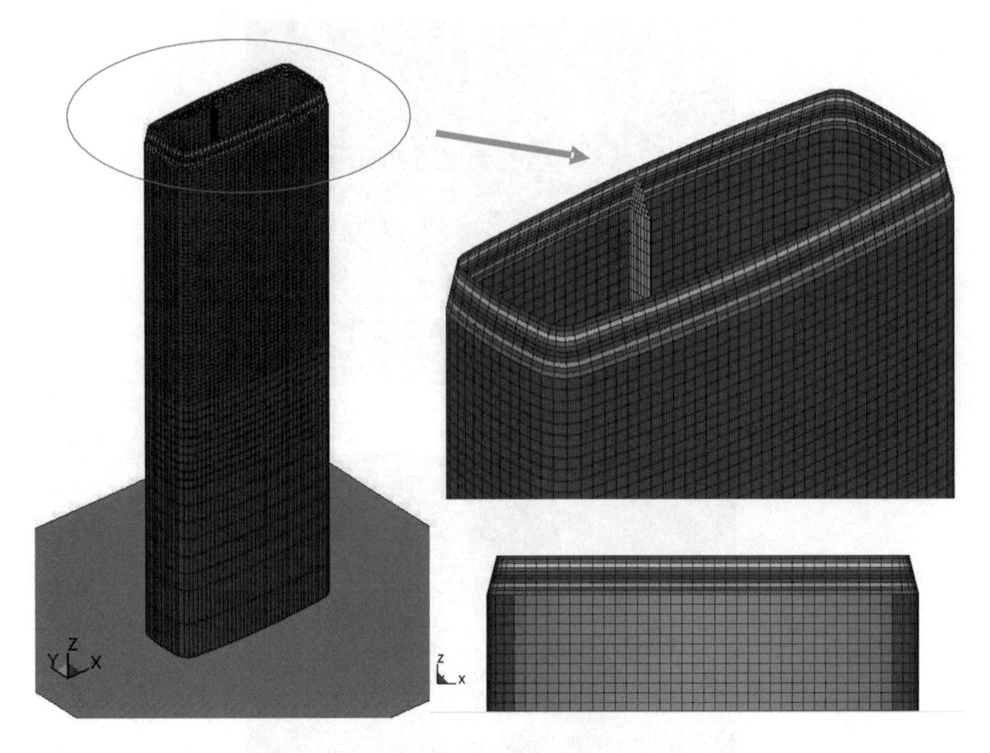

図7　圧縮型エネルギー吸収部材の解析モデル

た。図9に二層モデルの詳細を示す。

解析条件と境界条件，そして接触条件は一層モデルとほぼ同様だが，内側層と外側層との層間には改めて接触条件を設け，層間に垂直応力が70 Mpa，せん断応力が90 MPaに達すると層間はく離が発生するようにした。二層モデルの最大荷重は一層モデルと実験結果の最大荷重に比べて低い値を示しているが，破壊過程での荷重レベルに関してはよい一致を示している。

表3は実験結果の平均値，一層モデル（Model 3）と二層モデルの解析結果の要約を示す。衝撃荷重－変位線図から得られた衝撃吸収エネルギーは実験結果の平均値，そして一層モデルの解析結果とよい一致を示している。

4.3　スチール，アルミ等とのハイブリッド構造体の設計・解析技術

スチール，アルミ等/複合材料ハイブリッド構造は自動車の側面衝突時において，曲げ荷重を受ける部品にCFRPを適用することにより引張強度が高い材料特性を利用して，限られた変位量で多くの衝撃エネルギーを吸収できる。

そこで，ハイブリッド構造部材の設計要件確立および衝撃破壊挙動の解析精度を5％以内にする解析手法の確立を目指した[1～6,11～13,24～31,45,46,48,49,51,57～59]。

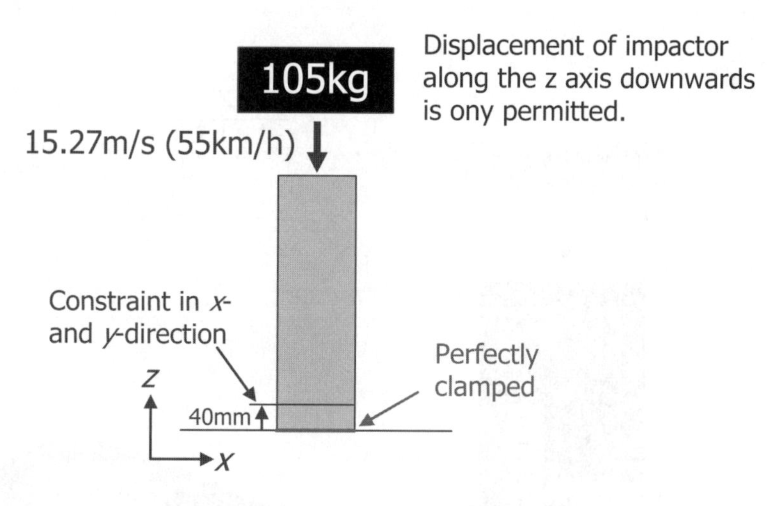

図8　圧縮型エネルギー吸収部材の解析条件

表2　解析に用いたCFRPの材料定数

Longitudinal Young's modulus	E_a	140.0 GPa
Transverse Young's modulus	E_b	9.0 GPa
Minor Poisson's ratio	ν_{ba}	0.0219
Shear Modulus in plane (*ab*)	G_{ab}	4.0 GPa
Shear Modulus in plane (*bc*)	G_{bc}	2.0 GPa
Longitudinal tensile strength	X_T	2.6 GPa
Longitudinal compressive strength	X_C	1.5 GPa
Transverse tensile strength	Y_T	0.07 GPa
Transverse compressive strength	Y_C	0.05 GPa
Shear strength in plane (*ab*)	S_C	0.09 GPa

表3　圧縮型エネルギー吸収部材の解析結果

(a) 積層構成による吸収エネルギー

	Max. load	Max. displacement	Absorbed energy
$[(0/90)_6/0]_S$	174.0 kN	140.0 mm	12.10 kJ
$[(90/0/0)_4/0]_S$	199.9 kN	141.5 mm	12.12 kJ
$[(0/45/-45/90)_3/90]_S$	199.1 kN	151.4 mm	12.06 kJ
$[(0/45/-45/90)_3/0]_S$	235.4 kN	140.3 mm	12.04 kJ

(b) FEMの積層による吸収エネルギー

	EXP. Ave	1-Shell (Model 3)	2-Shell model
Maximum load	172.8	174.0	127.3
Maximum displacement	138.1	140.0	141.6
Absorbed energy	12.8 kJ	12.1 kJ	12.1 kJ

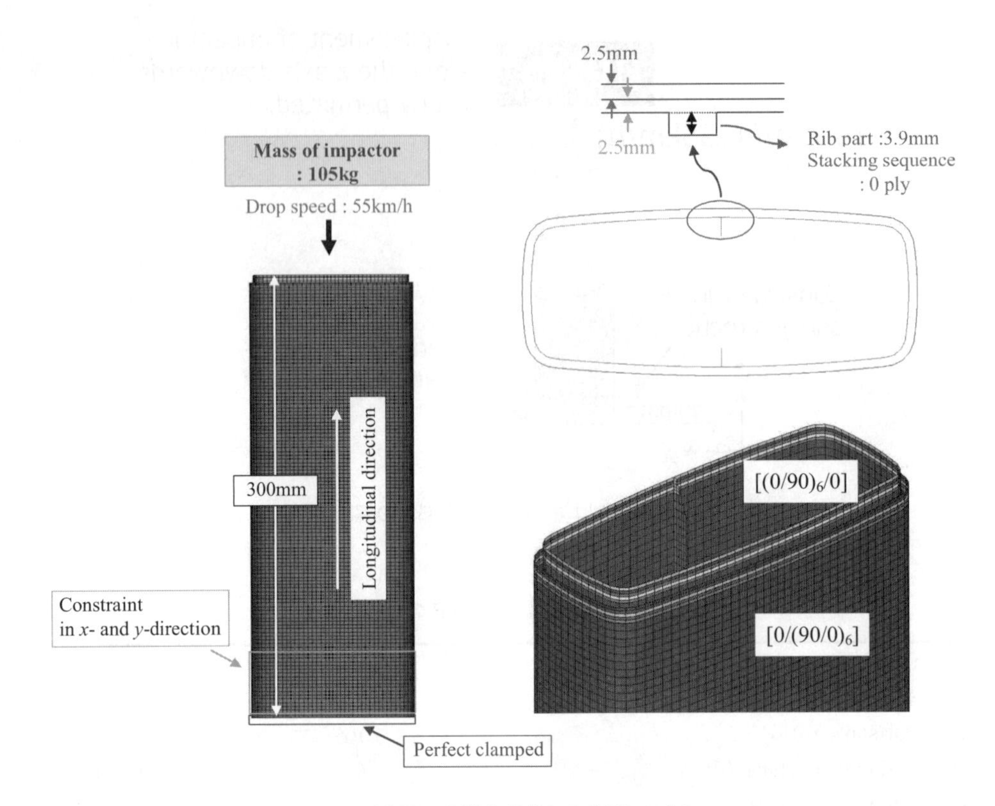

図9　層間はく離を考慮した解析モデル

4.3.1　ハイブリッドガードビーム

アルミニウム合金（Z6W-T5）とCFRPで構成される自動車のドア内部に実装される対側面衝突用部材の「ハイブリッドガードビーム」の概要を図10に示す。この「ハイブリッドガードビーム」は，CFRPの厚みと幅，種類と接着剤をそれぞれ3種類変えて試作し，図10に示すように，衝撃荷重により，曲げ変形を起こした際の引張側にのみCFRPを接着させることにより，極僅かな重量増加で，吸収エネルギー能力の向上を目指したインパクトビームである。試験体は上下非対称の断面形状を持つ試験体である。

4.3.2　ハイブリッドガードビームの有限要素法による衝撃解析

解析には，衝撃解析に特化した日本イーエスアイ㈱（ESI Group社）の"PAM-CRASH SOLVER 2006"を使用した。図11に実験のモデル図およびFEM解析モデルを示すが，解析は全てシェル要素でモデル化を行なった。

落錘子，支持点，ジグ（壁）はシェル要素に対するヌルマテリアルとして"MAT 100"を適用し，剛体定義をした。飛散防止用ナイロンベルトには弾性シェル要素"MAT 101"を使用した，落錘子とビームとの間には1mmの空走距離を設け，落錘子には初速度15.27 mm/msecと，付加重量100 kgを与えた。表4に解析に用いたアルミニウム合金の材料定数を示す。引張強さをFt，せん断強さFs，ヤング率をそれぞれE，Gとして，表5に接着剤の材料定数，表6にCFRPの材料定数を示す。

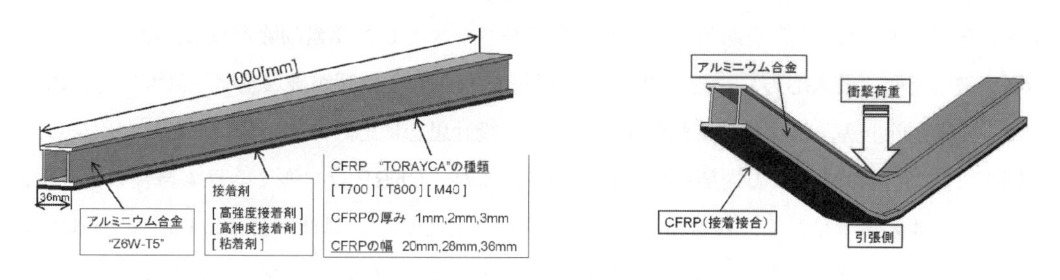

図10　ハイブリッドAL/CFRPのモデル

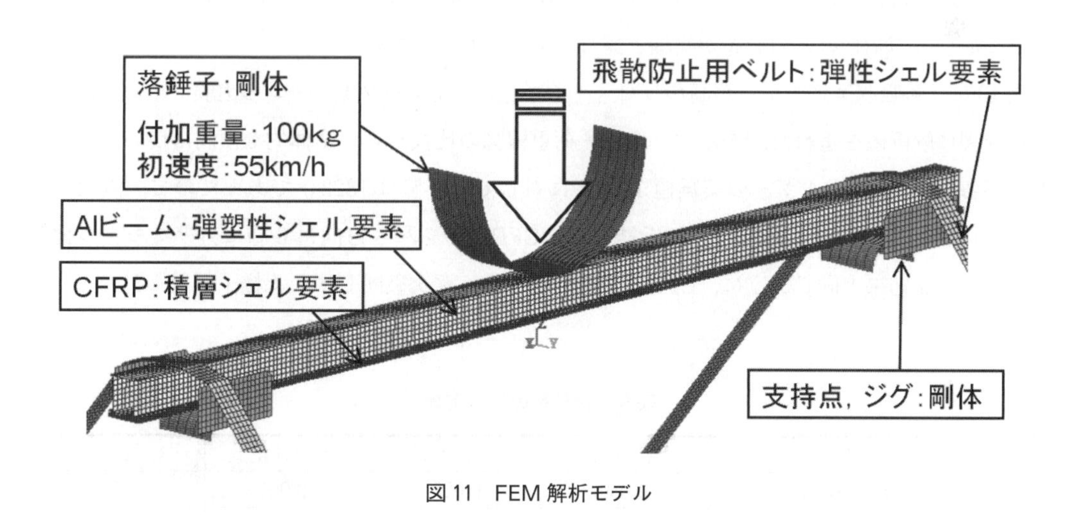

図11　FEM解析モデル

表4　アルミニウムの材料定数

Alumimium Alloy (Z 6 W-T 5)		
Tensile Strength	Elastic Modulus	Plastic Modulus
0.48 [GPa]	70 [GPa]	10 [GPa]

アルミニウム合金の破壊基準は厚さベースの破壊基準を用い，厚みが5％減少あるいは厚みが30％増加したら要素削除とした。これは，実験における高速度カメラと変位―荷重線図上での合わせ込みから導いた。

CFRPの破壊基準は最大応力説であるが，PAM-CRASH上でさらに細かく要素削除定義が出来る。ここでは，「一層の全ての応力が破壊基準（最大応力）に達したら要素削除」という定義がされる"I　FAIL＝2"を適用した。破壊基準をベースとした要素削除定義は，他にも「1つの層が破壊基準（最大応力）に達したら要素削除」や，「中心の層が破壊基準（最大応力）に達したら要素削除」等，様々な要素削除定義が出来，設計思想に応じて使い分けることが出来る。

図12は試験体のモデルの端部を拡大した図であるが，CFRPはアルミニウム合金のように，1枚のシェル要素ではなく，複数のシェル要素を使用している。具体的には，4plyにつき1枚のシェル要素を使用し，板厚3mmのCFRPの場合，24plyなので，シェル要素は厚さ方向に6層としてCFRPを表現した。このように，CFRPを1枚のシェル要素ではなく，複数のシェル要素とした理由は，1枚のシェル要素でCFRPを表現した場合，CFRPの中立面に接着することになり，CFRPの応力分布が実機と異なってくるためである。

図13に一番吸収エネルギーが高かった，ハイブリットインパクトビームの実験で求めた荷重－変位線図に解析値を重ねた図を示す。変位－荷重線図の比較から，全体的な傾向は良い一致を示している。吸収エネルギーの実験値1827Jに対して解析値は1822Jであったので，吸収エネルギーの誤差は0.27％であった。解析結果は，CFRP層を厚さ方向に6層に分けてモデル化したので，実験結果と同じように，CFRPが最外層から，逐次破断していく様子が見られた。

表5　接着剤の材料定数

Type of Adhesive	Ft [GPa]	Fs [GPa]	E [GPa]	G [GPa]
High Strength	0.030	0.025	3.00	1.150
High Elongation	0.013	0.013	0.36	0.138
Urethane	0.001	0.001	0.00001	0.0000038

表6　CFRPの材料定数

CFRP	F_L Tension [GPa]	F_L Compression [GPa]	F_T [GPa]	E_L [GPa]	E_L [GPa]
T 700	2.55	1.47	0.069	135	8.5
T 800	2.84	1.57	0.080	160	7.8
M 40	2.45	1.27	0.053	230	7.7

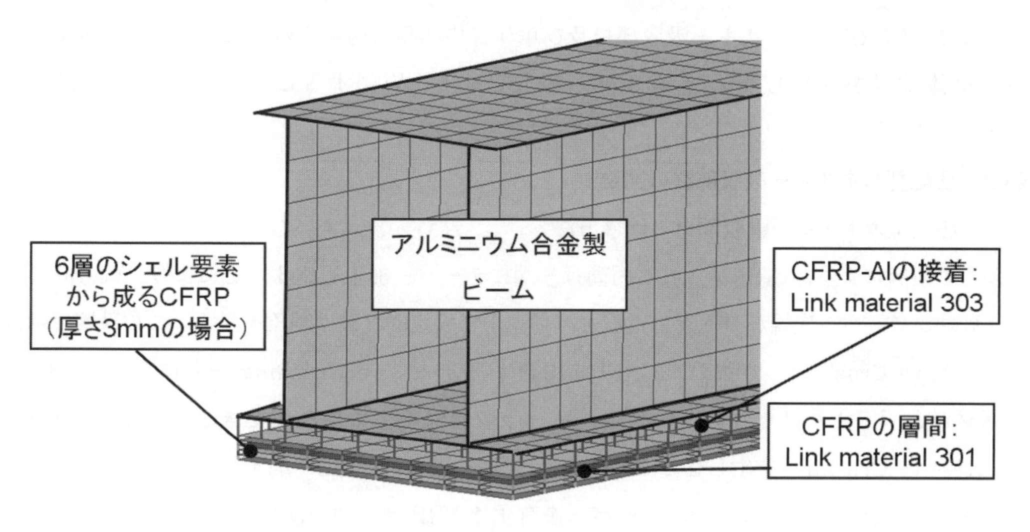

図12　FEMモデル端部

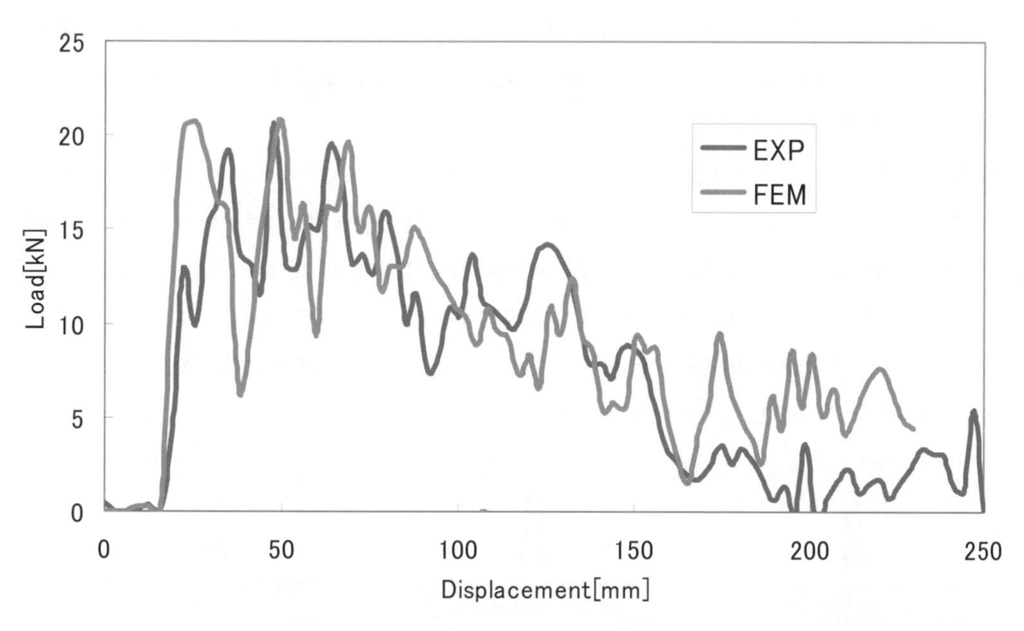

図13　荷重変位線図での実験と解析の比較

4.4　エネルギー吸収技術の開発

自動車産業において，正面衝突時にエネルギーを吸収する部材（エネルギー吸収部材）はこれまでスチールやアルミニウム等の金属材料が用いられているが，近年交通事故の増加に伴い車体の安全性の向上が重要視されており，衝撃エネルギー吸収能力の高い構造部材が求められている。

そこで，CFRP をエネルギー吸収部材及び車体骨格部品に適用する事によりスチール車体に対し車体重量を 50% 以下，エネルギー吸収量を 1.5 倍にすることを目的として実施した[7,8,14~21,32~41,53~36]。

4.4.1 圧縮型エネルギー吸収部材の開発

① 圧縮型エネルギー吸収部材の破壊方法

多くの研究により，FRP から成る円筒は一端にテーパー加工を施すことにより，軸方向圧縮時，破壊がテーパー先端から徐々に進展し高荷重下で安定的な破壊現象を示す。この破壊挙動は Progressive Crushing と呼ばれる。FRP 円筒は Progressive Crushing を生じることにより，金属材料と同等またはそれ以上のエネルギー吸収特性を示すことができる。しかしながら，Progressive Crushing を生じさせる機能を持つテーパーは，加工に関するコストが増えるうえに，構造部材として利用する際，テーパーを有する FRP は，他の部品との接続が困難である。ここで，テーパーを有さない円筒に対する破壊導入方法として，特殊な治具を提案した。

本研究では，内開きおよび外開きの 2 種類の治具を作製した。治具の仕様は図 14 に示す。円筒の破壊部分が，内開き治具により円筒の内側のみ展開，外開き治具により円筒の外側のみ展開する。二種類の治具とも，円筒の端部と接触するところに 3 mm および 5 mm の R を施した。

② 材料および試験方法

組糸および中央糸には 12,000 フィラメント 800 Tex のカーボンプリプレグヤーン（TORAYCA T 700-12 K，Toray Industries Co., Ltd）を用いた。組糸および中央糸の繊維束数はそれぞれ 48 本，24 本とした。成形工程は自動丸打組機（村田機械）を用い，内径の 50 mm の円筒形のマンドレル上に所定の組角度で組物を構成し，6 層を積層し，プリフォームを作製した。真中の 4 層は組角度 15° の組物で，さらに，プリフォームの形状を安定させるため，最内および最外層は中央糸無しで組角度 60° の構造である。

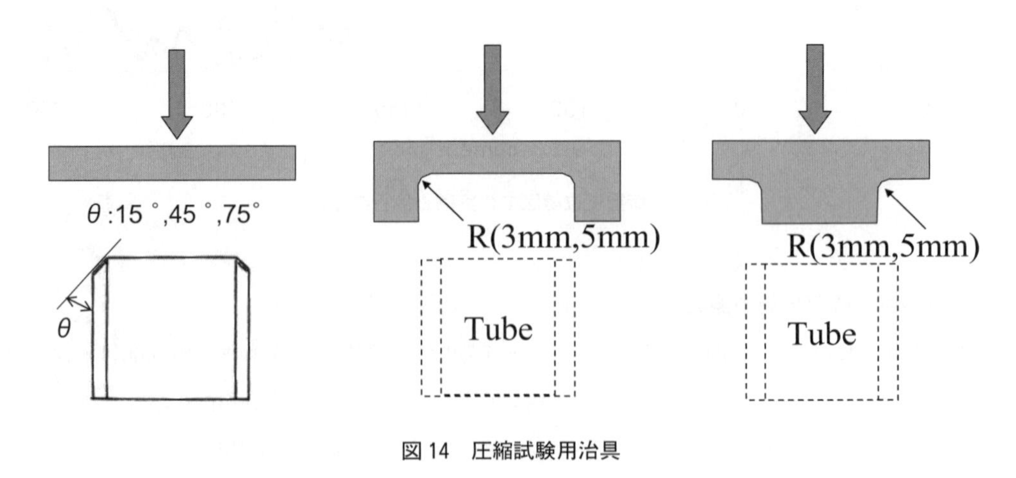

図 14 圧縮試験用治具

その後，離型テープをプリフォームに巻きつけ，余分な樹脂や気泡を取り除いて形を整えた後，130℃で4時間の硬化条件により組物複合材料円筒を作製した。作製して円筒の内径は50 mmで，厚さは2.5 mmで，繊維含有率は52%である。50 mmの長さで切断し，試験片とした。

組物円筒のエネルギー吸収特性に及ぼす治具およびテーパーの影響を比較するために，試験片をテーパーグループおよび治具グループに分けた。テーパーグループの試験片は，一端に15°，45°，75°のテーパー加工を施し，T-15，T-45，T-75試験片とした。治具グループの試験片は，テーパー加工を施さず，用いた治具より，I-3，I-5，O-3，O-5を名付けた。例えば，Rの3 mmつき内開き治具を用いた場合，試験片はI-3と呼び，Rの5 mmつき外開き治具を用いた場合，試験片はO-5とした。 インストロン万能試験機(4206 型)を用い，試験速度5 mm/minで試験片軸方向に対して静的圧縮試験を行った。

③　圧縮試験結果

圧縮試験により得られた代表的な荷重－変位曲線をそれぞれ図15に示す。すべての試験片において，荷重は初期変位において急激に上昇し，ピークに達した後にやや減少し，その後再び増加し，ほぼ一定の値で安定的に進行し，Progressive Crushing の破壊挙動を示した。

テーパー加工を施した試験片の中で，初期変位における荷重値については，T-15が一番高いピーク値および傾きを示した。しかしながら，Progressive Crushingの段階においては，三種類の試験片とも，ほぼ同様的な荷重の変動が見られた。一方，治具グループはテーパーグループと異なる荷重－変位曲線が得られた。特に，Progressive Crushingにおける平均荷重について，I-3は82.7 kN，I-5は35.8 kN，O-3は44.3 kN，O-5は19.2 kNで大きな差を示した。

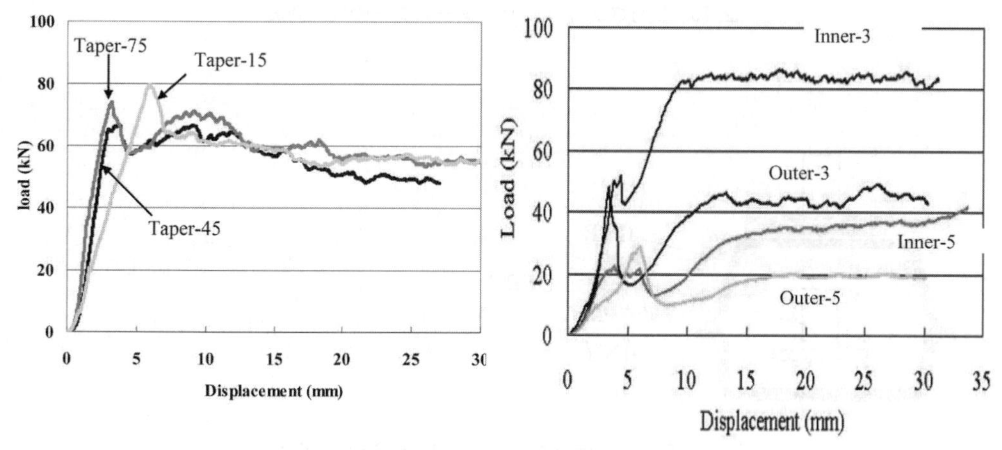

図15　各サンプルでの荷重変位線図

4.5 エネルギー吸収自動車部品の開発

4.5.1 ハイブリッドセンターピラーの構造立案

側面衝突発生時に衝撃を吸収し，乗員の安全性を確保する車体骨格部品がセンターピラーである。

図16に示す現行スチール製ピラー構造の代表断面を抽出し，一定断面のテストピースを製作，現行スチール製ピラーT/Pを目標値としてアルミ-CFRPハイブリット構造体からなるピラー構造について検討した。

現行のスチール製ピラーの構造を参考に，アルミ-CFRPハイブリットピラーの構造は，車体の外板となるCFRP製のOTRと車体内側を構成するCFRP製INRを設定し，図17に示すようにアルミ-CFRPハイブリット構造体を強化材（REINF）としてOTR，INR内部に配置する構成を基本構造とした。

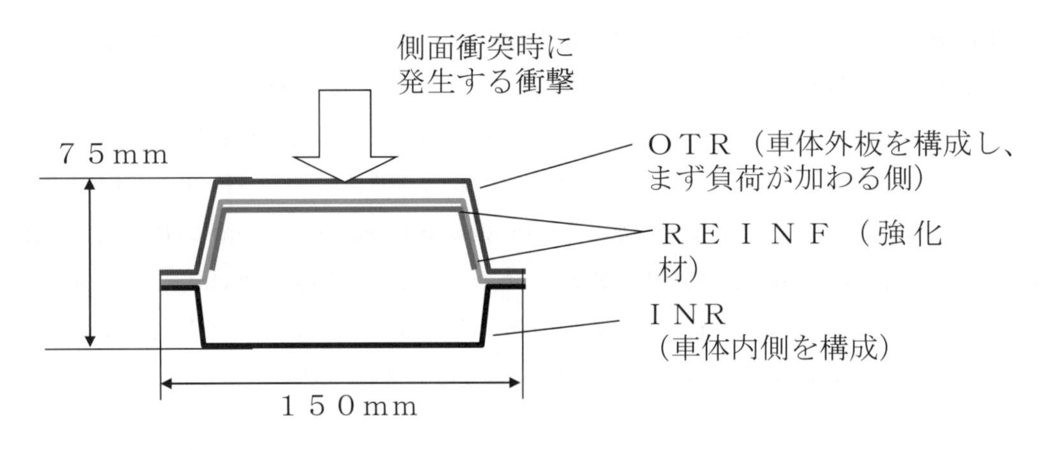

図16 現行スチール製センターピラーの代表断面

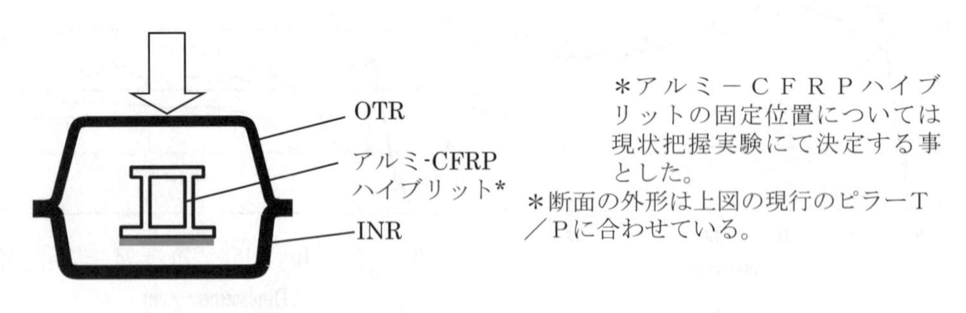

図17 CFRP製センターピラーの断面形状の考え方

構造の検討にあたっては下記のようなステップを設定し，実験検証した。

①　現状把握

・目標値（現行スチール製ピラー T/P）の設定

・CFRP 製ピラー基本構成の実力値検証

②　エネルギー吸収量向上因子の確認

・T/P 荷重を分散させた仕様での検証

・ピラー根元部（代表的断面と比較し断面係数 1/2）の検証

ただし，エネルギー吸収量は 150 mm 変位時のエネルギー吸収量とする

①　CFRP センターピラーの構造評価

a.　実験条件

実験設備，実験条件を下記に示す。

・設備名：落重試験機

・落錘重さ：75 kg

・落下距離：12 m

・落下速度：55 km/h

・負荷位置：中央

・支持スパン：800 mm

・T/P 長さ：1000 mm

b.　試験片および材料

試験片仕様を下記表7に示し，それぞれの断面を図18に示す。

表7　検証実験の試験片仕様

仕様名	構成	N数
①	CFRP 製 OTR，INR＋AL 単体	3
②	CFRP 製 OTR，INR＋ハイブリット梁	3
③	CFRP 製 OTR（板厚薄），INR＋ハイブリット梁	3
④	CFRP 製 OTR，INR（断面積小）＋ハイブリット梁	3
A－1	AL 押出し材のみ	3
A－2	ハイブリット梁のみ	3

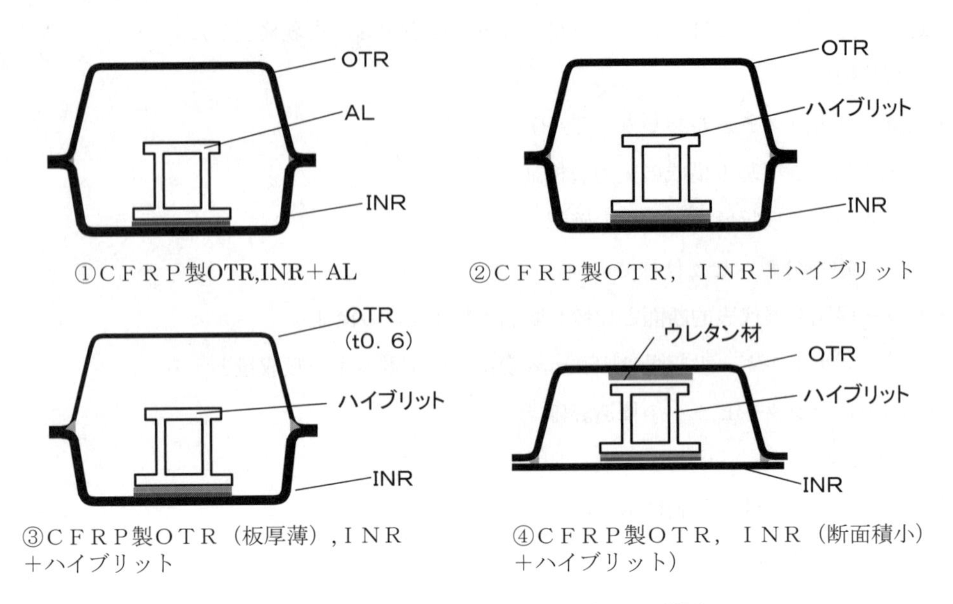

図18　検証試験用の CFRP センターピラーの断面

【ハイブリット仕様】

・アルミ押出し材仕様

　材質：7000系（ピラー想定材）

・CFRP 仕様

　板厚：2.0 mm

　プリプレグ種類：T 700

・CFRP 製 OTR　INR 仕様

　成形工法：VaRTM

　板厚：1.2 mm（仕様③OTR のみ 0.6 mm）

　クロス：T 700　12 K　平織り

　樹脂：ハイサイクル樹脂

c.　実験結果

図19に試験片の破壊様相を示す。

これらの破壊様相からセンターピラーの実験結果についてまとめると下記の通りである。

アルミ押出し材単体では破断していたが，CFRP を貼付する事により，アルミ押出し材の破断を抑える事ができ，ハイブリット効果が確認された。一方，ピラー構造の検証では，OTR 損傷後の維持荷重がアルミ押出し材単体よりも，ハイブリット材を設定した場合の方が高く，

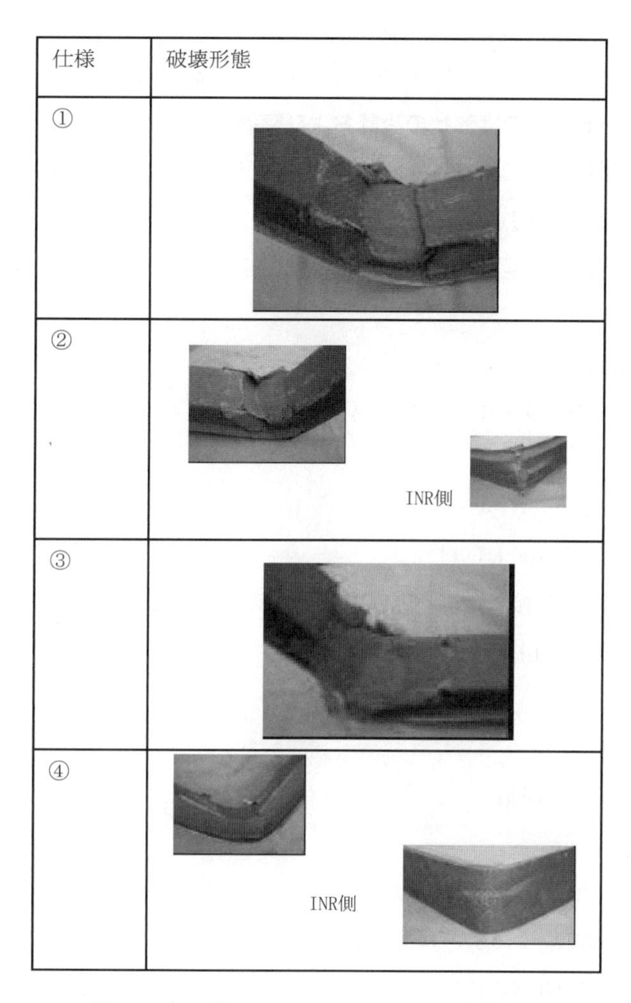

図19　ハイブリッドセンターピラーの破壊様相

CFRP製OTR，INRのREINF材として用いるにもハイブリットの効果がある事が分かった。また，OTRを薄肉化させ，OTRの破壊を促進させる事により，他の仕様より変位初期段階で荷重がハイブリット材に伝わり，エネルギー吸収量が向上した。仕様③は仕様①，②と比較し，ハイブリット材，INR材で吸収するエネルギー量が多いと考えられるが，破断は起こしていない。

さらに，ピラー根元部構造の検証については，ピラー根元部を想定した仕様④はピラーの代表的断面形状を抽出している仕様②と比較し，断面2次モーメントが約1/2程度となっているがエネルギー吸収量は仕様②の1.3倍となっている。

また，OTR-ハイブリット材間に挿入したウレタン材は負荷部周辺が破損しており，ウレタンにより負荷荷重を分散させていると考えられる。また，CFRP製OTRとウレタン材で荷重を受ける事により，初期反力を抑えられている。

上記結果を元に，実形状を持つCFRPセンターピラーの設計を実施した。

4.5.2 CFRPセンターピラーの実形状の設計および評価

これまでの実験結果によりCFRP製ピラーの仕様を下記の通り決定した。

【CFRP製ピラーの設計仕様】

センターピラー実形状での検証は，下記仕様でCFRP製ピラーを製作する事とした。

ハイブリット仕様

・アルミ押出し材仕様

材質：7000系（センターピラー想定材）

・CFRP仕様

板厚：2.0 mm

プリプレグ種類：T 700 UD材

ハイブリット-CFRP接着剤：ハイブリット用高伸度接着剤

・CFRP製OTR，INR仕様

成形工法：VaRTM

クロス：T 700

樹脂：ハイサイクル樹脂

OTR板厚：0.6 mm

INR板厚：1.8 mm

そこで，目標値としているスチール製車体をベースとして，安全設計技術で設計したCFRP製車体ピラー部の形状でCFRP製ピラーを製作し，実験，検証を実施した。

① 実験条件

実験設備，実験条件を下記に示す。

・設備名：落重試験機

・落錘重さ：75 kg

・落下距離：12 m

・落下速度：55 km/h

・負荷位置：図20参照

・支持スパン：1100 mm

・試験体長さ：1230 mm

・支持方法：図20参照

＊車体の側面衝突を想定した支持方法と負荷位置を設定している。

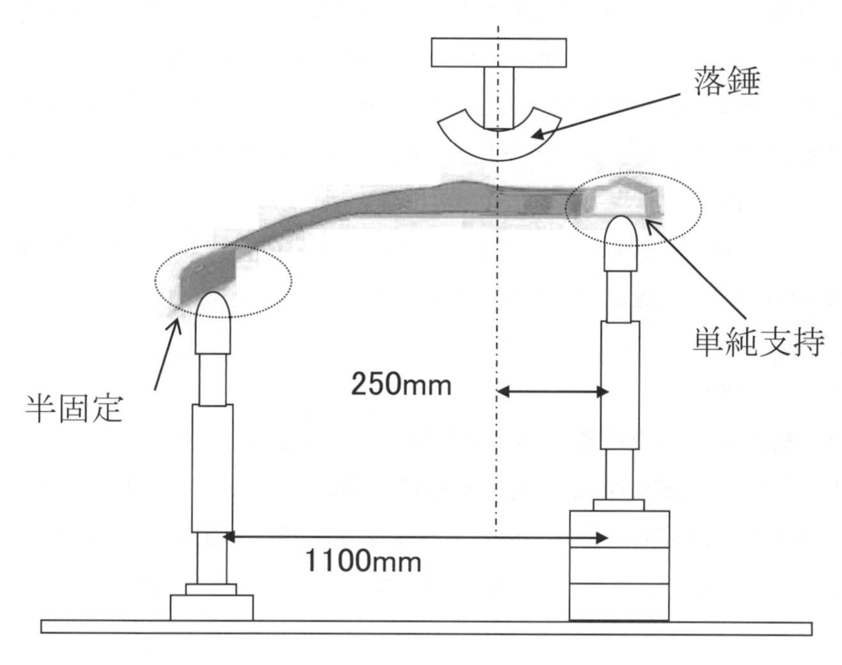

図20　センターピラーの衝撃試験の模式図

②　試験体

図21に示す試験体を作製した。

現行のスチール製車体は，部位により強度を変更し，必要最低限の材質，板厚構成としている。よって，今回，T/P実験では代表的な断面構成にて目標値を定めたが，部位によっては代表的

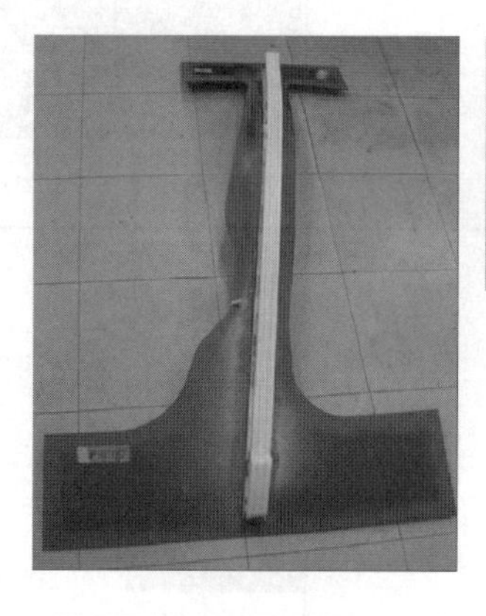
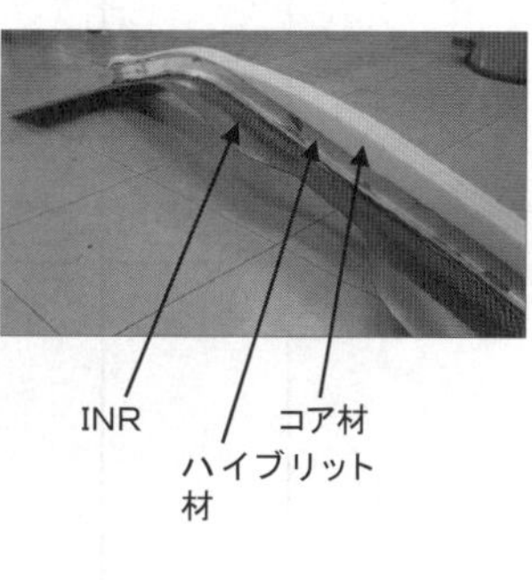

図21　CFRP製センターピラー

断面と異なる構成となっている。本実験条件での負荷位置周辺では，代表的断面構成と比較し，強化材が足りない部位もある。この他，スチール製のセンターピラーは，車両としての機能を果たすため，INR 等に電装系の配線用の穴，部品の取り付け用穴，工具用穴等が形成されている。

一方，実形状 CFRP 製センターピラー製作にあたり，OTR，INR の全体形状は目標値としているスチール製車体をベースとして，安全設計技術で設計した CFRP 製車体ピラー部の形状部を模し，OTR，INR ともに板厚は一定とした。また，ハイブリット材も一定断面であり，部位による必要強度の差異は考慮していない。配線用，部品取り付け用，工具用穴は設定していない。

③　実験結果

図 22 に破壊様相を示す。

まず，本実験設備では，支持部にかかった荷重の合計値と試験体の変位を用いてエネルギー吸収量を算出している。実験条件上，負荷部と支持部の距離がピラー上下で異なっており，ピラー上部の支持点への荷重伝播に時間がかかるため，変位初期段階では主にピラー下部で荷重を維持していた。変位 50 mm 前後でピラー上部に荷重がかかることにより，維持荷重が変位初期段階

仕様	エネルギー吸収量 スチール対比	破壊形態
①	2.2	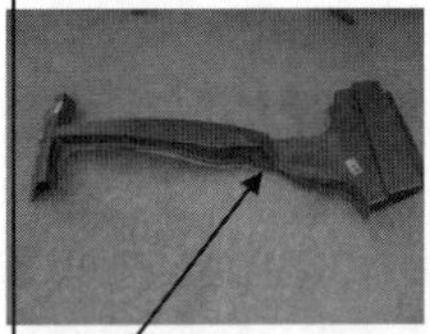 負荷部が潰れている OTRの破断、飛散は見られない
②	2.4	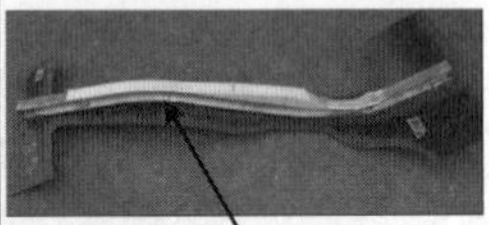 INRーハイブリットでハガレが生じている
③	1	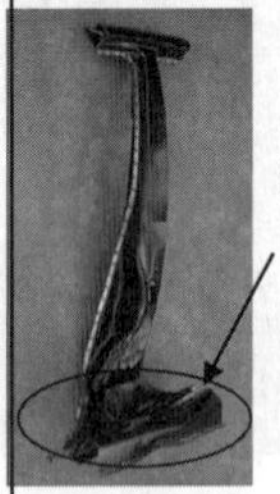 ピラー下部 断面が開いている

図 22　センターピラーの実験の衝撃破壊試験の様子

と比較し，高くなっている。一方，CFRP製ピラーの場合，変位後半での維持荷重はT/P実験とほぼ同様の値であり，本実験条件ではピラー形状を付与したことによる変位後半での強度低下は見られなかった。さらに，CFRP製ピラーのOTR形状の複雑化によるOTRの破断，飛散等は認められなかった。

仕様①ではINRはハイブリット材に食い込まれるように変形しており，INRがハイブリット材の変形に追従し，OTR-INRのハガレも見られなかった。また，仕様②はINR剛性，強度ともに高く，仕様①のような変形は見られず，OTRのある仕様ではピラー下部で，OTRの無い仕様ではピラー上部，下部でハガレが発生していた。ハイブリット材の変形がＩＮＲの弾性変形内であり，変形に追従しなかった事が原因と考えられる。ただし，CFRP製車体を想定した場合，ピラー下部はボディサイド全体を形成することから，ハガレは抑制されると予想できる。

スチール製車体ピラー切り出し品との比較を下記項目に沿って行った。

a. ピラー全体の変形

CFRP製ピラー，スチール製車体ピラー切り出し品共に，負荷部は負荷部方向に凹形状に変形し，ピラー上部の変形量はわずかである。また，部品の破断，飛散は無い。

b. エネルギー吸収量

CFRP製ピラーはT/P実験とほぼ同様のエネルギー吸収量が得られ，スチール製車体ピラー部切り出し品のエネルギー吸収量は極めて低い値となった。スチール製車体ピラー部切り出し品は，負荷部周辺が代表的な断面と異なり，また，サイドシルの切り出し部の断面は切り出したままとしているため，開断面になっている。実際のスチール製車体の場合，切り出し部はボディサイド全体を形成している事から実質，閉断面であると考えられ，T/P実験での維持荷重と比較し，低下している原因の一つと考えられる。

④　まとめ

本実験で使用した試験体仕様にすることで，CFRP製センターピラーは側面衝突相当の負荷を与えていても，構成部品の破断，飛散は認められず，車体部品として望ましい破壊形態となる。また，本実験条件では，T/P形状とほぼ同様の維持荷重が得られ，センターピラー形状とすることでのエネルギー吸収性能の大きな低下は見られない。さらに，ただし車体適用時は，形成される取り付け部品用，配線用穴仕様が決定次第穴加工した部品にて検証する必要がある。

4.5.3　CFRP製フロントサイドメンバーの開発

目標値のスチール比1.5倍のエネルギー吸収量が得られる車体構造とすべく評価範囲で主にエネルギー吸収する部品であるフロントサイドメンバーの性能向上に取り組んだ。

①　フロントサイドメンバー構造の検討

本プロジェクトの最終目標である，エネルギー吸収量スチール比1.5倍は，CFRP製台車前面衝突実験，ならびに前面衝突解析にて検証を実施した。

実験では台車での評価となるが，実車ではタイヤ，エンジン等が前面衝突時の破壊形態に影響を及ぼすため，本プロジェクトでは，上記部品の影響の受けない範囲で評価を実施した。

これまでの台車前面衝突実験から得られた荷重変位線図から，フロントサイドメンバーに取り付いているエネルギー吸収部材の逐次圧縮が終了後，荷重が低下する。

このとき，荷重はフロントサイドメンバーにかかっているため，フロントサイドメンバーの更なる強度向上が必要となると考えられる。

そこで，図23に示すように，エネルギー吸収部材を延長し，エネルギー吸収部材の逐次圧縮終了後，フロントサイドメンバーのみによる荷重維持期間を極力短くし，フロントサイドメンバーとボディサイドで荷重を維持させる事により，荷重の落ち込みを抑える構造とした。

ただし，エネルギー吸収部材の延長にあたっては，実車で搭載される周辺部品に影響が無いよう，サスペンションメンバー取付け部が確保できる長さとした。

また，圧縮型エネルギー吸収部材の開発にて，エネルギー吸収部材にエネルギー吸収促進用治具（デバイス）を装着する事で，エネルギー吸収量が向上する結果が得られている事から，エネルギー吸収部材の高強度化とともにデバイスを装着する事とした。

② フロントサイドメンバー形状でのエネルギー吸収部材評価

ここではフロントサイドメンバー形状でのエネルギー吸収部材のエネルギー吸収量向上策について検討する。

エネルギー吸収量向上策として最も効果のある方策として，材質変更，板厚アップが考えられ，板厚アップでは先導研究でも実証されている。しかしながら，材質変更，板厚アップでは炭素繊維の単価の上昇，使用量の増加に伴い，フロントサイドメンバーの部品費増加につながるため，上記以外の方策を検討する事とした。

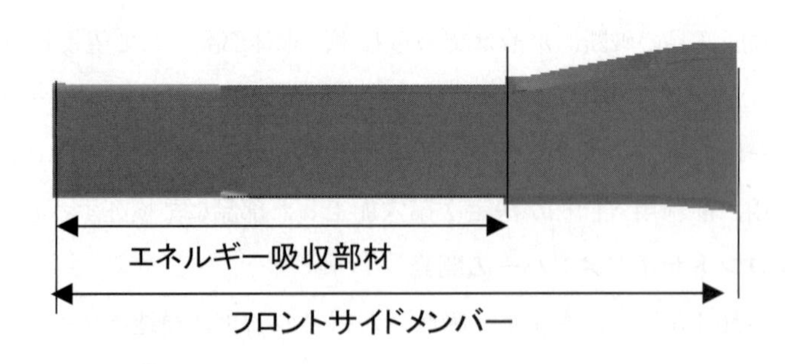

図23 CFRP製フロントサイドメンバーの模式図

そこで，先導研究で効果が検証できているリブの追加，T/P形状にて検証できているデバイス追加の効果について，フロントサイドメンバー形状での評価を実施した。

③　実験条件

実験設備，実験条件を下記に示す。

・設備名：落重試験機

・落錘重さ：450 kg

・落下距離：11 m

・落下速度：53 km/h

・測定長さ：330 mm

・T/P長さ：450 mm

④　実験結果

デバイスによる効果が大きく，デバイスのある場合は，デバイスのない場合に比べ，平均荷重が2倍程度も高い。また，デバイスのある場合は変位後半に荷重値が高くなっている。これは，エネルギー吸収部材内側に倒れた部材先端が底面に着き，エネルギー吸収部材を更に圧縮，部材が内部に詰まる事により，荷重値が上昇すると考えられる。そのため，荷重値が上昇するのは部材先端が底面についてからだと推測できる。

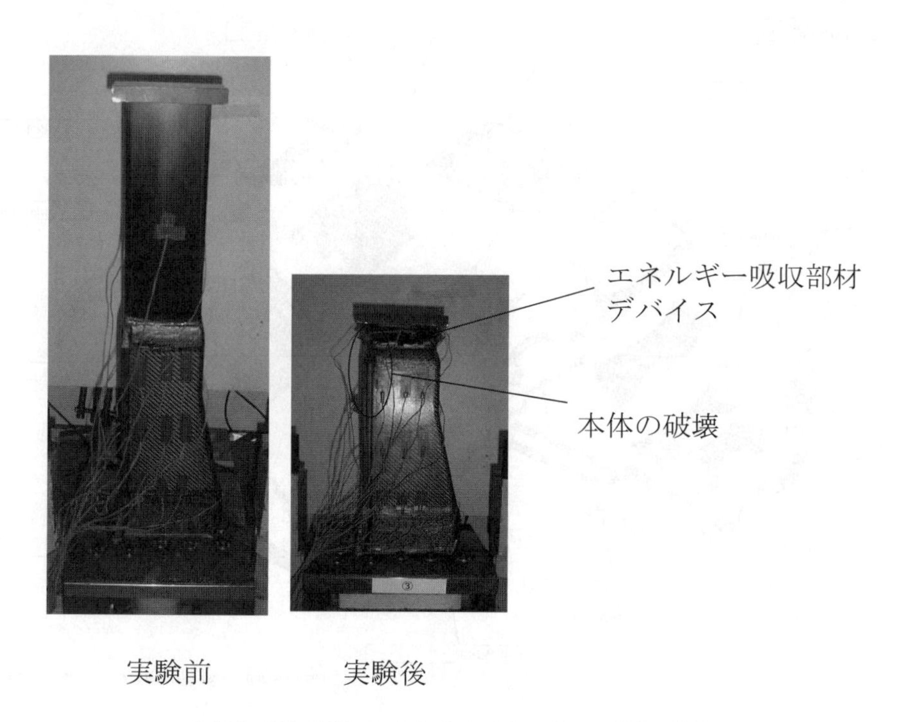

図24　CFRP製フロントサイドメンバーの実験の様子

さらに，デバイスのある場合と比較すると，デバイスのない場合はリブの効果が高い。リブは内側に設定している為，リブを設定している側に引張り荷重がかかるデバイスがない場合の効果が大きくなると考えられる。

フロントサイドメンバーを用いた実験も実施し，図24に示すように，逐次破壊が発生することを確認した。

これらの結果から，エネルギー吸収単品での荷重-変位線図，破壊形態が，フロントサイドメンバーに搭載後も再現できた。また，エネルギー吸収部材が破壊後に本体が破壊しており，エネルギー吸収部材と本体との接合強度は問題ないと判断できる。さらに，試験機取付け部となる本体根元部にもクラック等は確認できなかった事から，本体強度も問題ないと判断できる。

4.5.4 CFRP製プラットフォームの開発

① CFRPモデルの設計仕様

プラットフォームのフルラップ・オフセット衝突に適するエネルギー吸収技術・構造を決定し，エネルギー吸収量スチール比1.5倍及び車体重量スチール比50%を達成する課題について，一次設計モデル衝突実験の結果及び二次設計モデルの衝突解析結果を踏まえて，図25に示す三次設計車体構造の検討を実施した。

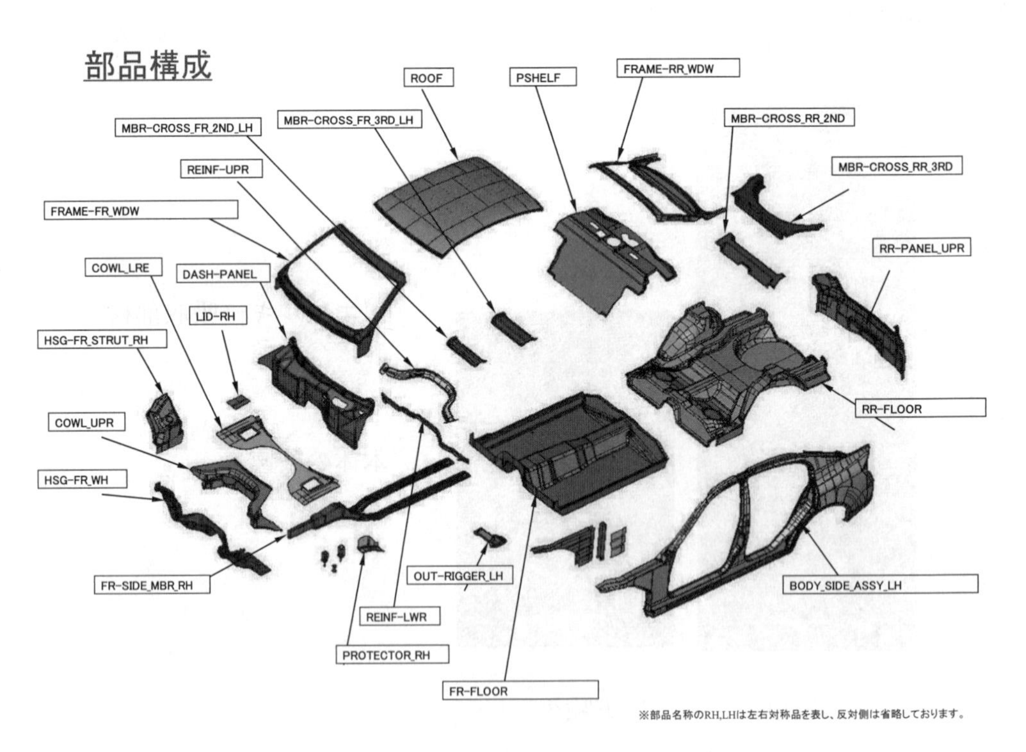

図25　CFRP製車体モデル

② CFRP モデルの台車フルラップ衝突実験

a. 台車フルラップ衝突実験の評価区間の定義

実車ではエンジンルーム内搭載物とエンジンの干渉が始まり，反力が増加していく。そのため台車実験が実車状態を再現できているのは初期部までと判断し，評価区間を決定した。

b. 台車フルラップ衝突実験条件

台車フルラップ衝突実験の実験条件を以下に示す。

・実験場所：財団法人　日本自動車研究所　衝突実験場

・実験方法：台車フルラップ衝突試験

・試験品：三次設計モデル CFRP 車体

・台車総重量：2102 kg

・試験速度：43.8 km/h

（衝突エネルギー量は車両重量 1500 kg，衝突速度 55 km/h 相当）

・測定項目：バリア荷重，車体－台車間荷重，台車加速度，車体ひずみ

フルラップ衝突実験車体を図 26 に示す。

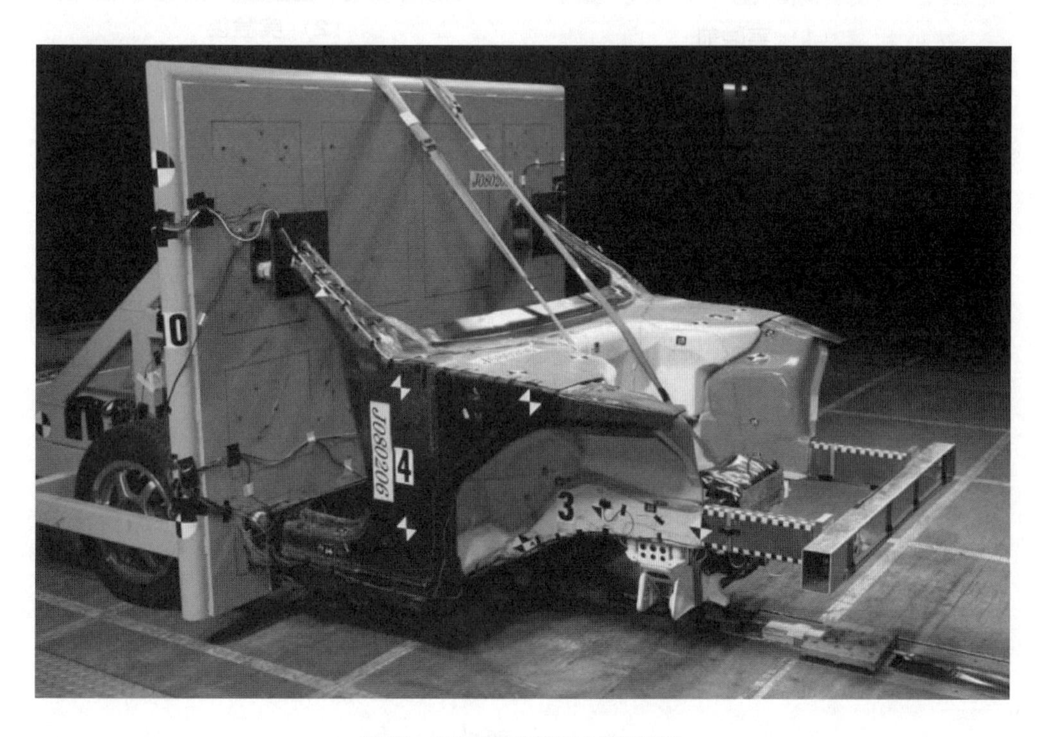

図 26　CFRP 製自動車の実験車体

c. 台車フルラップ衝突試験結果

試験前後の試験体の状況を図27に示す。

バリアに衝突後，エネルギー吸収部材が内側に座屈しながら破壊されており，設計思想通りの破壊モードとなった。

フロントサイドメンバー部で衝突エネルギーの約8割を吸収し，残り2割を車体全体で吸収した。

また，評価区間までの累積エネルギー吸収量を図28に示す。評価区間での累積エネルギー吸収量はスチール車体に対し，1.89倍であった。

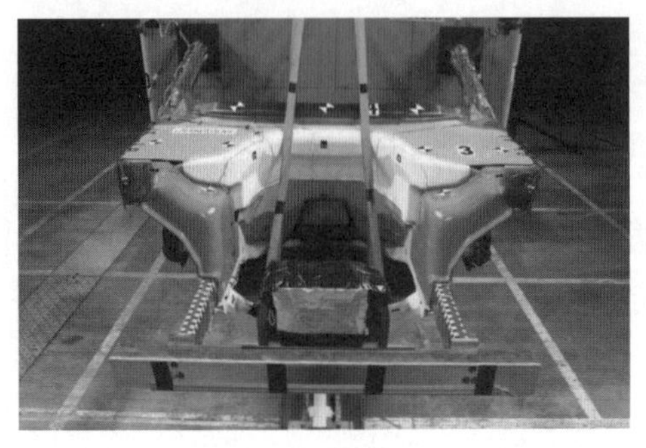

（1）実験前

（2）実験後

図27　CFRP製実験車体の実験前と実験後の様子

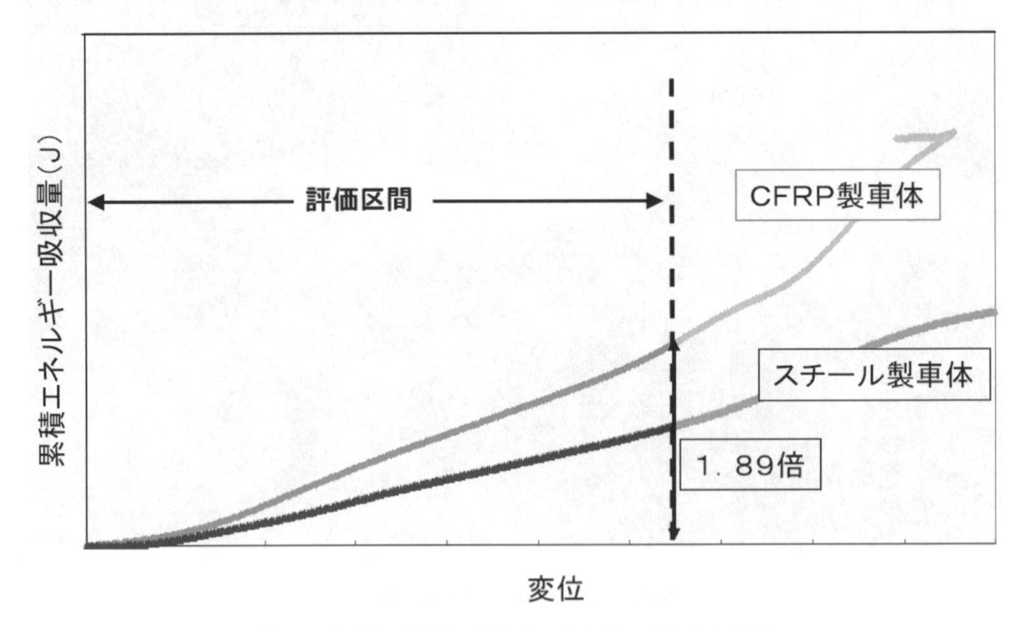

図28　前面衝突試験の変位とエネルギー吸収量の関係

累積エネルギー吸収量はスチール車体に対し1.89倍であった。これは，フロントサイドメンバーの先端部に配置されているエネルギー吸収部材がデバイスを用いる事により，内側に座屈しながら破壊され，効率よくエネルギーを吸収できたためである。エネルギー吸収量を1.5倍にすると言う事は入力を保持する力も1.5倍必要であり，フロントサイドメンバーを支持している骨格部品が車体全体に入力を分散し保持できたため，車体が崩壊せずにエネルギーを吸収できた。

③　CFRP製プラットフォームのまとめ

最終目標であるプラットフォームの軽量・安全性能，対スチール比50%軽量，エネルギー吸収量1.5倍を実証した。

a. 車体重量

車体重量については図29に示すように，05年度より設計を開始して06年度07年度に実施した衝突解析及び衝突実験結果をフィードバックしながら設計を進めてきた。

05年度に実施した設計ではスチールと等剛性となる設計を実施し，材料代替により軽量化効果は−44%となった。

06年度では更なる軽量化を目指し，板厚の適正化を実施した。この時点で重量目標は達成していたが，衝突性能が未達であった。

そのため，07年度では車体強度向上として板厚UP及び，構造合理化を検討し，目標値を上回る−51%を達成した。

更に樹脂化によるメリットとして形状自由度を生かした設計を行い部品点数が大幅に削減できた。

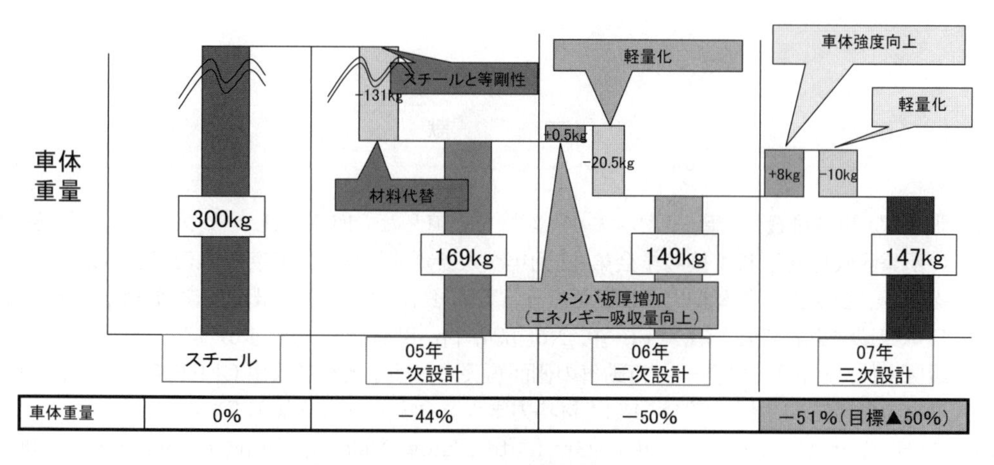

図29　CFRP製車体の重量

表8　衝突安全性に関するプロジェクト目標値と結果

	目標値	結果（スチール比）
車体重量	▲ 50%	▲ 51%
台車フルラップ衝突 累積エネルギー吸収量 （実験）	1.5 倍	1.89 倍
台車フルラップ衝突 累積エネルギー吸収量 （解析）	実験との乖離 ± 5 %以内	乖離 － 2 %
実車フルラップ衝突 累積エネルギー吸収量 （解析）	1.5 倍	1.92 倍
実車オフセット衝突 累積エネルギー吸収量 （解析）	1.5 倍	1.58 倍

b. 安全性能

表 8 に CFRP 製プラットフォームの安全性能の結果まとめを示す。

目標値であるエネルギー吸収量スチール比 1.5 倍に対し台車フルラップ衝突実験ではスチール比 1.89 倍を実証した。

また実車モデルでのフルラップ衝突・オフセット衝突においても，解析にて 1.5 倍以上を確認できた。

文　　献

1） 張承珉，川井雄貴，佐藤千明，"フォーム材を充填した CFRP/AL ハイブリッド接着接合材の衝撃吸収特性"，日本接着学会第 42 回年次大会講演要旨集，東京，pp.51-52 （2004）

2） 邉吾一，金炯秀，青木義男，北野彰彦他，"CFRP 薄肉ベルトの衝撃応答挙動とその強度"，日本機械学会論文集 A 編，Vol. 70，No. 694，pp. 824-829 （2004.6）

3） 飯塚由佳，金炯秀，邉吾一，"自動車の側面衝突における衝撃吸収用 CFRP-Steel ハイブリッド材の開発"，日本機械学会 M&M 材料力学カンファレンス（2004.7）

4） H. S. Kim, G. Ben, Y. Izuka (Graduate), "Low-Velocity Impact Behavior of CFRP -Steel Hybrid Members", The 11th US-Japan Conference on composite Materials, (at Yamagata, Japan) （2004.9）

5） G. Ben, "Impact Behaviors of CFRP-Steel Hybrid Members Equipped Inside Doors

of Automobiles", International Workshop on Advanced Computational Mechanics, (at Hachioji, Japan) (2004.11)
6) G. Ben, "Development and Evaluation of CFRP Automobilmembers absorbing Impact Energy", Symposium on Dynamics and Impact Behaviors on CFRP, (at Daejeon, Korea) (2005.3.29)
7) 陽玉球，岡野政則，杉本健一，仲井朝美，濱田泰以，"Multi-axial warp knitted fabricを強化形態とする複合材料パイプのエネルギ吸収特性"，第57回日本繊維機械学会，大阪科学技術センター（2004.05.27-28）
8) Y. Yang, H. Hamada, "Crushing performance of Multi-axial warp knitted fabric composites", The 11th Us-Japan Conference on Composite Materials, (at Yamagata Univ.) (2004.09.09-11)
9) G. Ben, "Applications of CFRP to Automotive Members for Absorbing Impact Energy", 20 th Annual Technical Conference, American Society for Composite, (at Philadelphia, USA) (2005.9) (Plenary Speech)
10) H. S. Kim, G. Ben, Y. Aoki, A. Shikada, "Comparison of FEM Results with Experimental Ones for CFRP Tubes in Automobiles under Impact Load", 5th Japan-Korea Joint Symposium on Composite Materials, (at Matsuyama, Japan) (2005.10)
11) 小林功，小澤航平，青木義男，邉吾一，"自動車用CFRPインパクトビームの衝撃吸収特性と強度"，日本材料学会第35回FRPシンポジウム　(2006.3)
12) 飯塚由佳，小林功，邉吾一，"車両の側面衝撃吸収用のCFRP-Alハイブリッド材の解析と実験"，日本複合材料学会第30回複合材料シンポジウム　(2005.10)
13) 青木義男，邉吾一，小澤航平，"CFRP薄肉ベルトの衝撃吸収特性と強度"，日本複合材料学会第30回複合材料シンポジウム　(2005.10)
14) 陽玉球，魚住忠司，仲井朝美，濱田泰以，"3D組機を用いて作製した角筒複合材料のエネルギー吸収特性"，2005年度日本複合材料学会　(2005.05.23-24)
15) Y. Yang, A. Nakai, H. Hamada, "Energy absorption characteristics of carbon fiber reinforced textile composite tubes", JSME/ASME 2005 (2005.06.19-22)
16) Y. Yang, A. Nakai, H. Hamada, "Crushing performance of braided fabric FRP under a new collapse trigger", American Society for Composites 20th Annual Technical Conference (2005.9.7-9)
17) Y. Yang, A. Nakai, T. Uozumi, H. Hamada, "A collapse trigger mechanism for progressive crushing of FRP", The 13th International Pacific Conference on Automotive Engineering (2005.8.22-24)
18) Y. Yang, A. Nakai, T. Uozumi, H. Hamada, "A collapse trigger mechanism for progressive crushing of FRP", The 13th International Pacific Conference on Automotive Engineering (2005.8.22-24)
19) 陽玉球，魚住忠司，仲井朝美，濱田泰以，"FRPのエネルギー吸収部材への応用に関する研究"，2005年自動車技術秋季大会　(2005.09.28-30)
20) 陽玉球，仲井朝美，魚住忠司，濱田泰以，"複合材料のエネルギー吸収特性"，第30回複合材

料シンポジウム (2005.10.19-21)
21) Y. Yang, A. Nakai, T. Uozumi, H. Hamada, "Axial crushing behavior of braiding FRPs", 9th Japan International SAMPE Symposium & Exhibition JISSE-9 (2005.11.29-12.2)
22) G. Ben, "Outline of NEDO project in Japan for Applying CFRP to Automotive Structures", 2006 Autumn conference of the Korean Society for Composite Materials, (at Gumi, Korea) (2006.11) (Plenary Lecture)
23) H. S. Kim, G. Ben, Y. Aoki, "Impact Response Behavior of Rectangular CFRP Tubes for Front Side Members of Automobiles", The 12th US-Japan Conference on Composite Materials, (at Detroit, U.S.A.) (2006.9)
24) G. Ben, Y. Aoki, H. S. Kim, "Comparison of Experimental Results with FEM for Impact Behaviors of Al Door Guarder Beam Reinforced with CFRP", The 12th US-Japan Conference on Composite Materials, (at Detroit, U.S.A.) (2006.9)
25) Y. Aoki, G. Ben, I. Kobayashi, "Development and Impact Behaviors of CFRP Guarder for Side Collision of Automobiles", The 12th US-Japan Conference on Composite Materials, (at Detroit, U.S.A.) (2006.9)
26) G. Ben "Development of CFRP Impact Energy Absorption Members for Light-weight of Automobiles", The 7th China-Japan Joint Conference on Composites, (at Dunhuang, China) (2006/8) (Keynote Lecture)
27) 小林功, 青木義男, 鈴木伸重, 邉吾一, "自動車用CFRPインパクトベルトの衝撃吸収特性と強度", JCOM-36 (材料･構造の複合化と機能化に関するシンポジウム) (2007.3)
28) 邉吾一, 青木義男, 杉本直, "自動車の側面衝突時のエネルギ吸収用 CFRP/Alハイブリッド材の応答特性", 日本複合材料学会第30回複合材料シンポジウム (2006.10)
29) 邉吾一, 金炯秀, 鈴木力, "CFRP材の静的・衝撃圧縮特性評価", 日本複合材料学会第30回複合材料シンポジウム (2006.10)
30) 青木義男, 邉吾一, 小林功, "CFRPインパクトベルトの衝撃吸収特性", 日本複合材料学会第30回複合材料シンポジウム (2006.10)
31) 邉吾一, 杉本直, 飯塚由佳, "自動車の側面衝突用CFRP/Alハイブリッド材の開発と衝撃特性", 日本複合材料学会2006年度研究発表講演会 (2006.6)
32) 陽玉球, 仲井朝美, 濱田泰以, "複合材料角筒の破壊メカニズムの解明", 2006年度日本複合材料学会, A-16, 東京JAXA (2006.6.5-6)
33) Y. Yang, A. Nakai, S. Sugihara and H. Hamada, "Energy absorption capability of Multi-axial warp knitted FRP tubes", International Crashworthiness Conference 2006, 2006-110, (at Athens, Greece) (2006.7.4-07)
34) Y. Yang, A. Nakai and H. Hamada, "A method to improve the energy absorption capability of fiber reinforced composite tubes", International Crashworthiness Conference 2006, 2006-24, (at Athens, Greece) (2006.7.4-07)
35) Y. Yang, T. Uozumi, A. Nakai and H. Hamada, "Crushing performance of 3D braided-textile composite tubes", 12th US-Japan Conference on composite materials, Paper No.1046, (at the university of Michigan-Dearborn, USA) (2006.9.20-22)

36) Y. Yang, T. Uozumi, A. Nakai, H. Hamada, "Crushing Performance of Braided composite tube", 8th International Conference on Textile Composites (TEXCOMP-8), (at University of Nottingham, UK) (2006.10.16-18) (Poster)
37) 陽玉球, 仲井朝美, 濱田泰以, "複合材料のクラッシング挙動における破壊メカニズムの解明", 第31回複合材料シンポジウム, 信州大学 (2006.10.26-27)
38) Y. Yang, A. Nakai, T. Uozumi, H. Hamada, "Energy Absorption Capability of 3D Braided-Textile Composite Tubes with Rectangular Cross Section", The Fifth Asian-Australasian Conference on Composite Materials (ACCM-5), Paper No.301-J, (At Hong Kong) (2006.11.27-30) (Invited).
39) Y. Yang, T. Uozumi, A. Nakai, H. Hamada, "A study of applicability of Fiber Reinforced Plastic as energy absorption member", Review of Automotive Engineering, Vol. 27, No. 3, pp.477-481 (2006)
40) 陽玉球, 魚住忠司, 仲井朝美, 濱田泰以, "FRPのエネルギー吸収部材への応用に関する研究", 自動車技術会論文集, Vol.37, No.4, pp.203-208 (2006)
41) Y. Yang, A. Nakai, T. Uozumi, H. Hamada, "Energy Absorption Capability of 3D Braided-Textile Composite Tubes with Rectangular Cross Section", Key Engineering Materials, Vols.334-335, pp.581-584 (2007)
42) 邉吾一, 杉本直, 青木義男, 金炯秀, "自動車のフロントサイド用CFRP角柱の衝撃実験と解析", 日本複合材料学会誌, Vol.34, No.6 (2008)
43) 金炯秀, 邉吾一, 青木義男, "自動車のフロントサイド用CFRP角柱の衝撃実験と解析", 日本複合材料学会誌, Vol.34, No.2 (2008)
44) G. Ben, "What We Have Aqccomplised in NEDO Project for Automotive Strucures", Proceedings of 16th International Conference on Composite Materials (2007.7, at Kyoto, Japan) (Plenary Lecture)
45) N. Sugimoto, G. Ben, Y. Aoki, "Impact Properties of CFRP/Al Hybrid Impact Beam for Absorbing Impact Energy in Side Collision of Automobiles", 16th International Conference on Composite Materials (2007.7, at Kyoto, Japan)
46) Y. Aoki, G. Ben, H. S. Kim, "Development and Impact Behaviors of CFRP Guarder Belt for Side Collision of Automobiles," 16th International Conference on Composite Materials (2007.7, at Kyoto, Japan)
47) H. S. Kim, G. Ben, Y. Aoki, "Comparison of Experimental Results with FEM ones of Rectangular CFRP Tubes for Front Side Collision", 16th International Conference on Composite Materials (2007.7, at Kyoto, Japan)
48) N. Sugimoto, G. Ben, Y. Aoki, "Impact Behavior and Optimization of CFRP/Al Hybrid Impact Beam in Side Collision of Automobiles", 6th Japan-Korea Joint Symposium on Composite Materials (2007.11, at Pohang, Korea)
49) 金炯秀, 邉吾一, 青木義男, "CFRP-Steelハイブリッド材の衝撃応答挙動", JCOM-37 (材料・構造の複合化と機能化に関するシンポジウム) (2008.3)
50) 鈴木力, 邉吾一, "CFRP積層材の衝撃圧縮特性評価", 日本機械学会第15回機械材料・材料加工技術講演会 (2007.11)

51) 鈴木伸重，青木義男，邉吾一，金炯秀，田端昭久，"自動車用 CFRP インパクトベルトの衝撃応答解析と落錘衝撃試験"，日本複合材料学会 第 32 回複合材料シンポジウム （2007.10）
52) 鈴木力，邉吾一，金炯秀，"CFRP 材の静的・衝撃圧縮特性評価"，日本複合材料学会 2007 年度研究発表講演会 （2007.5）
53) Y. Yang, A. Nakai, T. Uozumi, H. Hamada, "Energy Absorption Capability of 3D Braided - Textile Composite Tubes with Rectangular Cross Section", Key Engineering Materials, Vols.334-335, pp.581-584 (2007)
54) Y. Yang, Y. Nishikawa, A. Nakai, U. S. Ishiaku, H. Hamada, "Effect of cross-sectional geometry on the energy absorption capability of unidirectional carbon fiber reinforced composite tubes", Science and Engineering of Composite Materials (in press)
55) Y. Yang, A. Nakai, H. Hamada, "Effect of collapse trigger mechanism on the energy absorption capability of FRP tubes", 16th International Conference on Composite Materials, (2007.07.13, at International Conference center, Kyoto, Japan)
56) Y. Yang, T. Sugie, A. Nakai, H. Hamada, "Application of Multi-axial warp knitted composite tubes as energy absorption elements in automobile", 2007 年自動車技術秋季大会， No. 291（2007.10.19，国立京都国際会館）
57) H. S. Kim, G. Ben and Y. Aoki, "Impact Response Behavior of CFRP-Steel Hybrid Members", Proceedings of US-Japan Conference on composite Materials 2008 (US-Japan 2008) (at Tokyo Japan), No.AUT-3, PP.(AUT-3)1-6 (2008.6)
58) Y. Aoki, G. Ben and H. S. Kim, "Impact Strength and Response Behavior of CFRP Guarder Belt for Side Collision of Automobiles", Proceedings of US-Japan Conference on composite Materials 2008 (US-Japan 2008) (at Tokyo Japan), No.AUT-5, PP.(AUT-5)1-10 (2008.6)
59) 青木義男 "先端材料活用による自動車車体剛性と衝撃吸収特性の向上"，技術情報会自動車 CFRP セミナー （2008.10.20）

5　リサイクル技術の開発

本プロジェクトのリサイクル技術の開発においては，図1に示すようなリサイクルフローを考え，図2に示す金属部材とCFRPとの分離を5分以内とする分離技術，および図3に示す3回以上リサイクル可能な再加工性技術の開発を目標とした。CFRPを自動車部材へと適用する場合，欧州ELV指令，国内自動車リサイクル法も踏まえて，自動車の部材レベルでのリサイクルが必要になっていくと考えられる。現行のCFRPのリサイクルは，粉砕後にコンクリート補強物などとして使用されているが，自動車部材のリサイクル品は，再度自動車部品として使用されることが望ましい。そこで，本研究開発では，自動車部材の廃棄処理時の易解体性を確保するための解体性接着剤の研究開発を実施し，自動車が使用される環境下では接着剤として機能し，150℃に加熱することで5分以内に解体できる基本処方・分離技術を開発する。また，射出成形によるリサイクルCFRPを作製し，自動車部品形状での3回リサイクルを実証し，再加工性技術を開発する。

5.1　スチール，アルミと樹脂との分離技術

本項では，金属などの異種材料が接合されたCFRP構造をリサイクルする際に問題になる材料間の分離・解体に対する解体性接着技術の適用についての検討内容を報告する[1～4, 9～16, 31～38, 45～49]。

5.1.1　解体性接着剤の試験（スクリーニング）

CFRP車体のプラットフォームを考えると，構造の大半をCFRPで作成可能であるが，集中荷重点やヒンジ部，並びにサスペンション取付部等には金属構造を併用するのが現実的である。この場合，現実的接合手段は機械的締結，接着接合およびこれらを組み合わせたものである。中

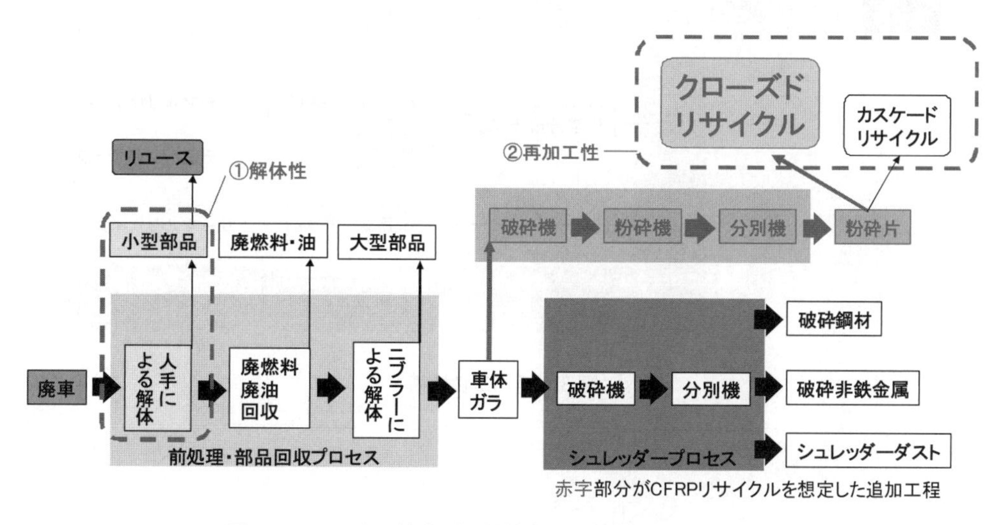

図1　リサイクル技術（分離技術，再加工性技術）の開発

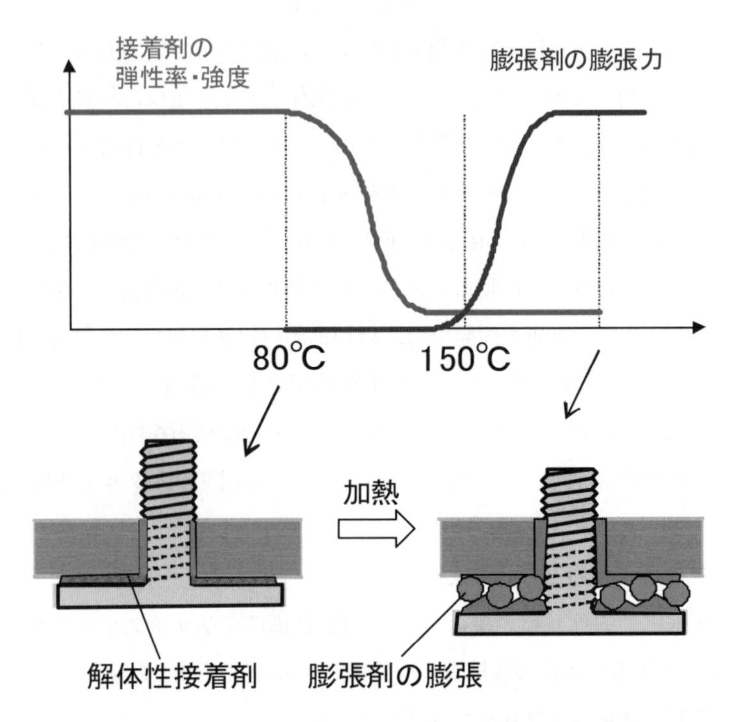

図2　金属／樹脂の分離技術（解体性接着剤）の概念

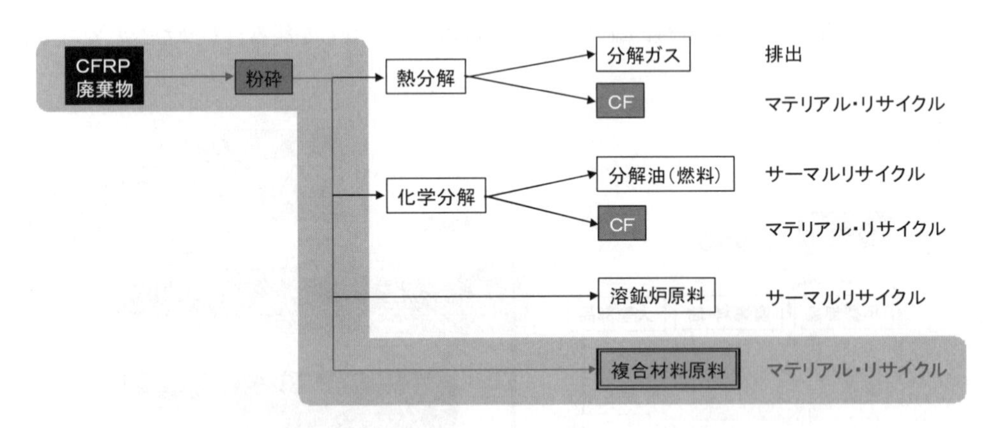

図3　再加工性技術

でも接着接合は軽量化や重量軽減の観点から有利である。

CFRP構造のリサイクルは，CFRP部をまず分離・分別し，これを粉砕して微細化し，短繊維フィラーとして樹脂やコンクリートに混入するケースが多い。この場合，CFRP部材に金属等が付着していると粉砕機に投入することが困難になる。したがって，粉砕工程以前に接着接合部を解体し，両者を分離する必要がある。しかし従来の接着接合部は解体が困難であり，この意味でリサイクルに向いていない。

近年，各種のリサイクル法が成立し，多くの分野で高度なリサイクルが義務付けられており，例えば家電や住建などの分野では製品の解体性設計が必須となりつつある。このため，各種の解体性接着剤，いわゆる"剥がせる接着剤"が開発され始めている。本研究項目では，この比較的新しい技術のCFRP車体構造への適用，並びに金属との分離によるCFRPリサイクルの可能性について検討し，本アプリケーションに適した解体性接着剤および解体技術の開発を行う。

5.1.2　膨張剤のスクリーニング

耐熱性解体性接着剤を実現するため，混入すべき膨張剤のスクリーニングを実施した。本アプリケーションでは，接着剤の樹脂相に膨張力を与えこれを膨らませるのが目的であり，したがって混入すべきフィラーは膨張しても発泡してもよい。ただし，発泡する場合は，生じた気体が樹脂相より漏洩し難いことが重要となる。入手可能な膨張剤は，大半が発泡剤の一種であり，したがってスクリーニングの対象も発泡剤となった。

発泡剤は大きく3つに分類される。まず，化学反応によりガスを発生させる有機発泡剤，鉱物に酸などを含有させた無機発泡剤，および熱膨張マイクロカプセルなどの物理発泡剤である。それぞれの得失を表1に示す。有機発泡剤としては，主要なものとしてADCA（アゾジカルボンアミド）およびOBSH（4, 4'-オキシビス）などがあり，それぞれ異なる発泡温度を持つが，概ね120～170℃の発泡開始温度を持つ。100～300 ml/g程度の発泡量を示すので解体性接着剤の

表1　膨張剤の種類と性能

分類	名称	発泡開始温度	膨張倍率（発泡量）	発生ガス	備考
有機発泡剤	ADCA（アゾジカルボンアミド）	130℃	300 ml/g	N_2，CO，CO_2	接着剤と化学反応，ガス有害
	OBSH（4, 4'-オキシビス）	120℃	150 ml/g	N_2	接着剤と化学反応
無機発泡剤	膨張黒鉛	150℃	200～300 ml/g	N_2，H_2O，HN_3，SO_2	特性良好
物理発泡剤	熱膨張性マイクロカプセル	140℃	60倍	イソブタン	膨張力弱い

フィラーとして有望であるが，樹脂と化学反応してしまう可能性もある。無機発泡剤としては，天然黒鉛の結晶面内に酸をインターカレーションした膨張黒鉛が，発泡開始温度と膨張倍率の点で有望である。物理発泡剤としては，やはり熱膨張マイクロカプセルが有力な候補である。

これらの発泡剤に関して，解体性の有無を実験的に調べた。具体的には，耐熱接着剤Ⅳ液状成分とエポキシ樹脂Ⅰに対して，各発泡剤を 20 wt%混入し，内部が観察し易いようにスライドグラスを被着体としてこれを接合し，樹脂の硬化後に 200℃で加熱した。発泡剤には，ADCA として FE-788 を，OBSH として N#1000 M を，膨張黒鉛として SYZR 501 を，並びに熱膨張マイクロカプセルとして F-85 D を使用した。エポキシ樹脂Ⅰに対しては，ADCA，OBSH および膨張黒鉛による解体性の発現が確認されたが，耐熱接着剤Ⅳに対しては，膨張黒鉛のみが解体可能であった。また，熱膨張マイクロカプセルでは，どちらの樹脂にも解体性を付与できなかった。したがって，耐熱性の解体性接着剤へは，膨張黒鉛の混入が有望であると考えられる。

膨張黒鉛混入解体性接着剤の CFRP/金属接合構造への適用可能性を，実寸大供試体を用いて，実証的に調べた。実寸大供試体として，300 mm 角の CFRP 板に，各種金具を接合したものを使用した。これは CFRP 車体への CFRP/金属接合構造適用が，多くの場合このような形式になるであろうとの想定に基づいており，既存の複合材料製車体でも，このような箇所が多く見られる。

金具としては，スチールプレートにスタッドボルトやナットなどが溶接されているものを用いた。これらは FRP 構造にボルトやナットなどを鋳込むために実際に使用されている金具である。これらを CFRP 板に対して，膨張黒鉛混を 20 wt%混入した接着剤Ⅳ接着剤により接合した。金具の一部は CFRP 板を穿孔し，裏面からボルト・ナット部を貫通させ接着した。また他の金具は CFRP 板の表面に接着した（図 4 (1)～(2)）。

供試体の解体試験を，200℃，5 分の条件で加熱し実施した。試験後の様子を図 4 (3)～(4) に示す。接着剤は十分に膨張し，かつばらばらに崩壊していた。接合金具は全て剥離しており，人手による力をかけるまでも無く，供試体を持ち上げるだけで分離できた。崩壊後の接着剤は大半が粉末状になり容易に分離できるが，一部 CFRP と金具に付着し，この分離は容易でなかった。以上の実験より，本解体性接着剤が実物レベルの構造にも適用可能であることが分かった。

5.1.3　耐熱接着性を有する構造用解体性接着剤の設計思想

解体性接着剤のスクリーニングにより，市販エポキシ接着剤接着剤Ⅳに膨張黒鉛 SYZR 501 を 20 wt%配合した接着剤は 200℃での解体が可能であり，室温せん断接着強さ 16.3 MPa，80℃せん断接着強さは 12.8 MPa であることが知られた。また，市販エポキシ接着剤 CT-2163 に同様の膨張黒鉛を添加した場合，室温せん断接着強さは 20.3 MPa と向上したが，80℃接着強さは不明であり，硬化完了に 2 時間必要との課題があった。以上の検討結果を踏まえ，開発目標を，「選択的温度で 5 分以内に解体可能であり，かつ，80℃耐熱接着性を有する改良解体性接着剤の

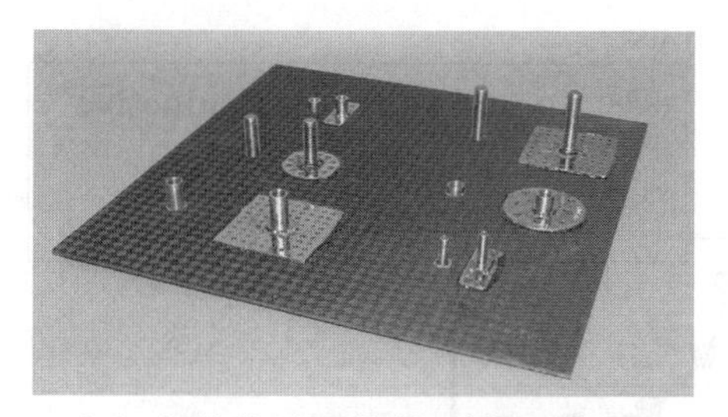

（1） 加熱前（部品接着の様子　表面）

（2） 加熱前（部品接着の様子　裏面）

（3） 加熱後（表面）

（4） 加熱後（分離後）

図4　解体性接着剤の実寸大供試体

組成を決定する」こととした。具体的には，次項の考え方により，構造接着に供しえる80℃耐熱接着性と解体性との両立を目指した。

既存の樹脂設計思想の範疇では，樹脂ガラス転移温度（T_g）以上の温度域において，膨張フィラーの体積膨張が可能なまでに大きく軟化する組成とすれば，T_g自体が低下し耐熱接着性が保てない。一方，T_gを維持しようとすればT_g以上の温度域での軟化が小さくなり，解体性を付与できない。すなわち，耐熱接着性と加熱解体性は一般にトレードオフの関係にある。この両特性を兼備させるためには，樹脂組成設計において新しい要素技術の発見が必要と考えられる。

そこで，耐熱接着性と加熱解体性を兼備させる接着剤組成の設計指針として次の2つのアプローチの組合わせを考えた。

(a)　80℃耐熱接着性を確保すべく80℃以上のT_gを維持しながら，T_gを超えると著しく軟化し，ゴム状弾性率を大きく低下させうるマトリックス樹脂をまず見出すこと。

(b)　次いで，上記樹脂の加熱軟化とタイミングを合わせて大きく体積膨張し，接着層を分離する解体トリガー（膨張黒鉛から選択。但し，接着剤の塗布性を考えると，小粒径・少量であるほど好ましい）を探索すること。

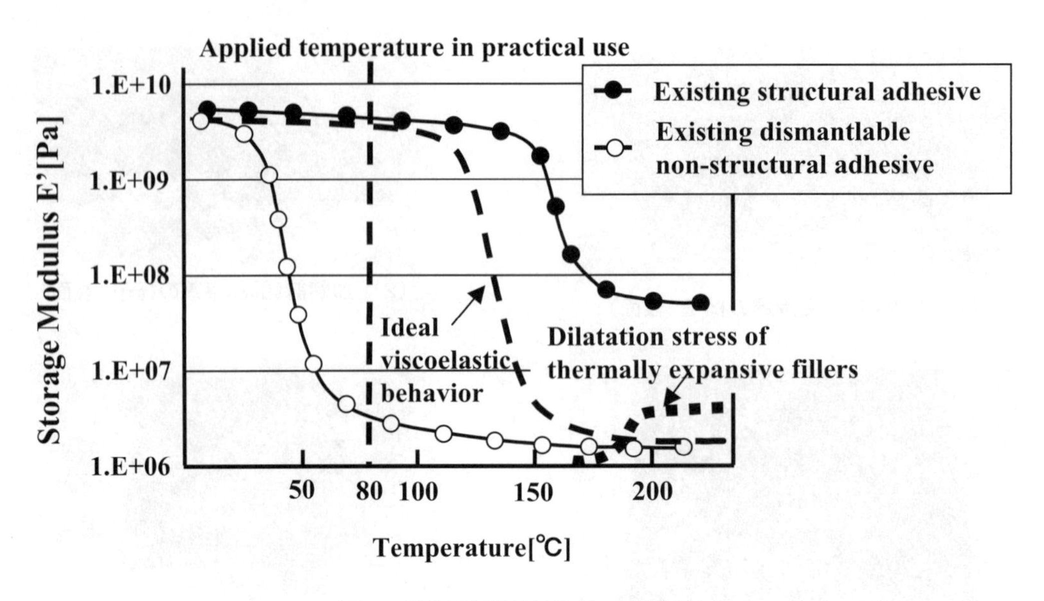

図5　構造用解体性接着剤の設計思想

以上の接着剤設計指針を概念図として図5に示した。図中に示すように現在構造用接着剤に使用されている芳香族アミン硬化型エポキシ樹脂は，ガラス転移温度（T_g）が高く耐熱性に優れているが，解体トリガーとして膨張剤を添加しても，樹脂のゴム状弾性率が高いため加熱膨張できず解体性に乏しい。一方，現存の解体性接着剤は，ゴム状弾性率が低く，膨張剤の体積膨張による解体性を有するが，T_gが低く耐熱性に劣る。実用耐熱温度を越えるT_gを有しながら，解体トリガーが働く軟化レベルまでゴム状弾性率を大きく低下させるという，理想的粘弾性挙動を満たす樹脂組成とするためには，「樹脂架橋密度を低下させ（すなわち，ゴム状弾性率を低下させ）ながら，一方で生じがちなT_g低下を抑制しうる化学構造を見出すこと」が必要と考えた。

5.1.4　硬化樹脂粘弾性への単官能エポキシ添加効果

エポキシ樹脂の架橋密度を低下させゴム状弾性率を低下させるには単官能エポキシの配合が有効であるが，T_g低下を抑制する化学構造を見出すことが鍵と考えられる。そこで，次の検討を行った。

(1)　材料

接着剤樹脂組成の主剤には2官能エポキシ樹脂であるビスフェノールAジグリシジルエーテル（以下DGEBAと略記；エポキシ樹脂Ⅰ：エポキシ当量189 g/eqおよびエポキシ樹脂Ⅱ：エポキシ当量475 g/eq）を用いた。また，単官能エポキシ化合物として，N-glycidyl phthalimide（以下GPIと略記；エポキシ当量216 g/eq），p-tertiary butyl phenyl glycidyl ether（以下TBPGEと略記；エポキシ当量225 g/eq），およびPhenol polyethyleneoxide glycidyl ether

（以下EOGEと略記；エポキシ当量400 g/eq）を用いた。

硬化剤・硬化触媒としてアニオン重合型硬化触媒である2-メチル-イミダゾール（2 MZ）もしくは熱活性型潜在硬化剤であるジシアンジアミド（以下DICYと略記）を用いた。DICY粒子はDGEBA（エポキシ樹脂Ⅰ）と重量比1：2で三本ロールにより混合しマスター化して配合した。また，DICY使用に際しては，硬化触媒として芳香族尿素化合物であるジクロロフェニルジメチル尿素（以下DCMUと略記）を併用した。

一方，接着剤に熱解体性を付与するための膨張剤として，熱膨張性マイクロカプセルと膨張黒鉛を比較して用いた。平均粒子径は20～30 μm，シェル組成はポリアクリロニトリル系コポリマーであり，膨張開始温度は約170℃である。膨張黒鉛には，80 LTE-UおよびCA-60を用いた。天然鱗片状黒鉛の層間に化学品を挿入（インターカーレーション）し，加熱による層間化合物の分解ガス圧で膨張するメカニズムを持っている。80 LTE-U，CA-60の膨張開始温度は約200℃である。

(2)　樹脂硬化板の作製

樹脂構成成分をガラス容器に所定の配合比ではかりとり，120℃にて加熱混合した。次に，80℃に冷却した後，硬化剤・触媒を樹脂と混合し減圧脱泡した後，樹脂組成物を離型処理済みのアルミニウム製モールドへ注ぎ込んだ。加熱硬化後，室温まで徐冷することにより樹脂硬化板を得た。

(3)　硬化樹脂の動的粘弾性評価法

動的粘弾性測定装置（㈱セイコーインスツルメンツ製DMS 6100）を用い，樹脂の動的粘弾性（貯蔵弾性率E'）の温度依存性を評価した。樹脂試験片は幅10 mm，厚さ2 mm，長さ50 mmとし，チャック間距離20 mmの両持ち曲げモードで，周波数1 Hz，昇温速度2℃/minにて23～190℃の温度範囲で測定した。ガラス領域と転移領域からそれぞれ接線をのばした交点温度を硬化樹脂のガラス転移温度（T_g）と定義した。

(4)　結果と考察

2官能のDGEBA樹脂中に各種単官能エポキシ樹脂を4割配合した樹脂組成物をイミダゾール触媒により硬化させた。その動的粘弾性の温度依存性を図6に示した。単官能エポキシ樹脂の添加により，T_gとゴム状弾性率が低下することがわかる。その中にあって，イミド骨格を有するGPIブレンド系は，ゴム状弾性率を効果的に低減しながらもT_g低下度合は比較的小さいことを見出した。GPI分子構造の高極性高剛性が反映されたと考えられる。単官能エポキシ樹脂4割配合組成において，GPIとTBPGEの比率を変化させた樹脂の動的粘弾性についても同様の結果が現れている。

5.1.5　解体試験

上記の樹脂系の解体性を確認するために，接合物の加熱解体試験を実施した。昨年度までは，

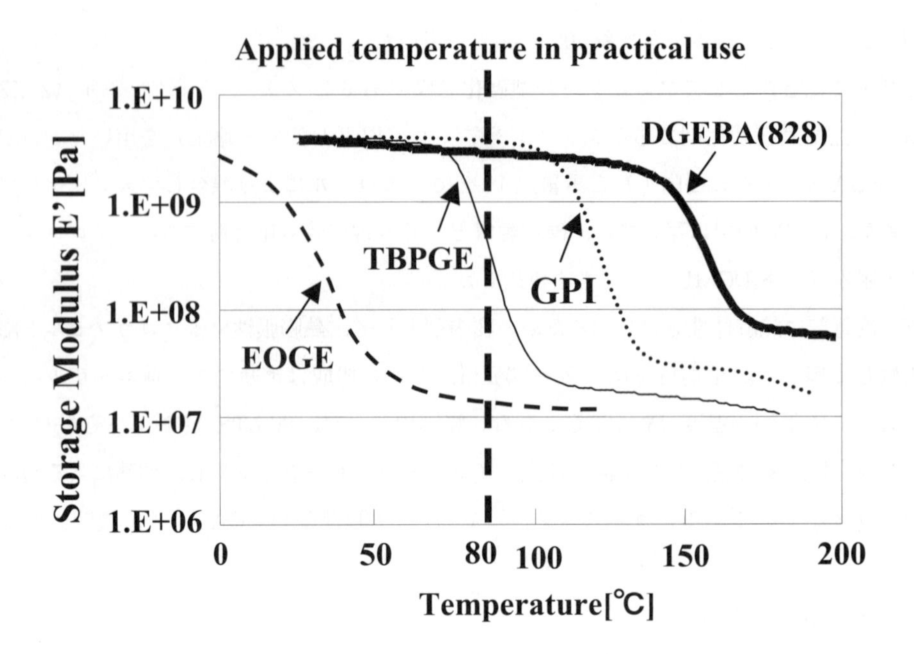

▬DGEBA(エポキシ樹脂Ｉ) = 100
…DGEBA(エポキシ樹脂Ｉ):GPI = 60:40
—DGEBA(エポキシ樹脂Ｉ):TBPGE = 60:40
- -DGEBA(エポキシ樹脂Ｉ):EOGE = 60:40

Curing agent : 2-Methyl Imidazole
Curing temperature : 120℃
Curing time : 60min

図 6　硬化樹脂粘弾性への単官能エポキシ添加効果

比較的小さな金具をCFRP板上に接合し，その解体を行ったが，平成19年度は，実車に即した，より大きなCFRP同士の供試体を用いることとした。これは，CFRP車体のパネルや部材同士の接合を念頭に置いたもので，車体の大域的な解体が可能になり，リサイクルのみならず，リペアにもその適用が可能となる。

(1)　供試体および実験手順

図7(1)～(2)に解体試験用供試体を示す。これは300 mm角のCFRP板に，L字CFRP板を接合したもので，140 mm×300 mmという大きな接着面積を有している。この試験片を図7(2)に示すように，ホットプレート上で加熱し，その解体を調べた。ホットプレートの表面温度は250 ℃とし，これに供試体を載せてから接合部が解体するまでの時間を計った。

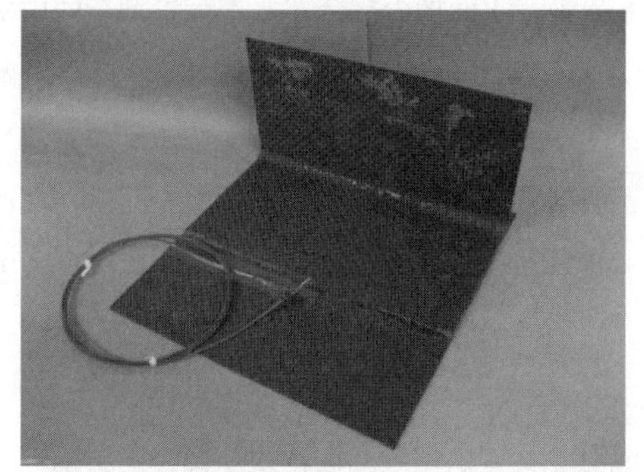

（1）実験供試体

（2）加熱の様子

（3）加熱後の分離の様子

図7　CFRP部品の解体性評価

(2)　解体試験結果

ホットプレートに供試体を乗せると，ホットプレートの表面温度が200℃まで急速に低下した。これはホットプレートの熱容量が十分でなく，供試体への移動により減少した熱量を直ちに供給できなかったためと考えられる。このため，250℃での加熱が継続できなかった。この後，ホットプレート温度は少しずつ上昇した。

CFRP表面に設置した熱電対も，試験の途中で剥がれてしまったため，剥離開始（接合部温度が200℃になると発生すると考えられる）の時点の特定も出来なかった。このため，試験時間が5分を過ぎても試験を継続した。7分程度で，接合部端部が浮き上がり，その開口部から煙の発生が確認された。これは剥離が開始し，かつ内部の膨張黒鉛から生じた蒸気やガスなどが放出されているためと考えられる。しかし，接合部全体の明確な分離は観察されなかった。そこで，試験を10分まで継続し，その後すぐに試験片をホットプレートから除去した。試験片が十分に冷却した後に接合部に微力を加えてみたところ，殆ど力を加えることなく接合部が分離できた。図7(3)に試験片の加熱分離後の様子を示す。

このように，5分での明確な分離は示せなかったものの，大面積の接合部も本接着剤を使用することにより剥離解体が可能であることが分かった。本実験では恐らく7〜8分で接合部の剥離が生じていたと考えられるが，接合面が大きいため，その剥離が内部まで達しているかの確認はできなかった。ただし，別の加熱手段や，より容量の大きなホットプレートを使用し，接合部の温度を急速に200℃まで上昇させることが可能であれば，5分以内の解体も確実に実施できると考えられる。

5.1.6 まとめ

本研究項目では耐疲労性に優れた解体性接着剤を開発するために高靭性化を図った接着剤マトリックス樹脂の耐疲労性を調べた。また，これに膨張黒鉛を組み合わせることにより解体性接着剤を作成し，その耐疲労性，強度およびクリープ特性も併せて調べた。さらに，それらの解体性を実験的に確認した。以下に内容をまとめる。

① 解体性接着剤に使用するマトリックス樹脂として，エピコート828，エピコート1001およびGPIを30：45：25で混合したものに硬化剤としてDICYを4.43 phr，硬化触媒を3 phr添加したものを母剤とし，これにコア/シェル型ゴム粒子を添加したものが最も相応しいことが分かった。

② き裂の進展を調べたところ，コア/シェル型ゴム粒子の添加により耐疲労性の向上する理由として，き裂の発生を遅らせる効果があることが分かった。

③ 上記樹脂系に膨張黒鉛を混入した場合の疲労強度を測定したところ，膨張黒鉛を混入しない場合と比較して静的強度は低下するが，S-N曲線の傾斜はあまり変化しないことがわかった。また，実用上十分な静的強度と耐疲労を併せ持つ解体性接着剤が実現できた。

④ コア/シェル型ゴム粒子を使用した解体性接着剤の疲労試験を行ったところ十分な耐疲労性を有していることが確認できた。また250℃の加熱により解体することが確認できた。

⑤ 本解体性接着剤は，CFRPの接合に対しても，使用温度範囲（−40℃〜80℃）にて十分な接合強度を有する。

⑥ 本解体性接着剤の耐クリープ性は良好であり，他の構造用接着剤よりもむしろ優れているといえる。この理由はキュア温度が高いためと考えられる。

⑦ 接着接合面の大きな対象であっても，十分な加熱手段が得られるならば，本接着剤を用いた加熱解体は可能である。

5.2 再加工性技術の開発

本項においては，リサイクル樹脂材料の物性改善，モデル自動車部材の試作／試験を実施してリサイクル基礎技術を確立すると共に，リサイクル対象となる自動車部材を決定することを目的としている。再加工性に優れる樹脂材料を開発し，モデル部材を試作する。そして，モデル部材試験結果を基に，部材として実用化可能なレベルまでリサイクル樹脂材料の高性能化を図るものである。

CFRP粉砕片と樹脂を溶融一体化し，3回以上リサイクル可能な樹脂製自動車部品の創出を目標として，再加工性に関する技術調査を実施すると同時に，試験片試作装置を導入し，試験片レベルで，リサイクル材を添加した樹脂材料の基本物性試験準備を行った。

まず図8は現在の自動車リサイクルにおけるマテリアルフローであるが，CFRPを導入したCFRP製自動車においては，自動車ガラの中のCFRPの3R率向上を考える必要があり，図9に示されるように，熱硬化性のCFRP（CFRTS）と熱可塑性のCFRP（CFRTP）に分けて，それぞれの3R可能率を向上させるための要因分析と改善技術開発を行う必要がある[5～8,17～30,39～44,50～59]。

5.2.1　再加工樹脂材料の検討

現在，CFRPのマトリックスの殆どはエポキシなどの熱硬化性樹脂（TS）である。これは，一度硬化すると容易には樹脂と繊維を分離できないため，リサイクルに適していない。実際，使用済みのCFRPについては現在殆ど焼却処理か，セメントなどへの充填・強化材としての利用がある程度である。

CF/TSのリサイクルとしては，樹脂の熱分解や超臨界流体による分解，加溶媒分解などの方法による繊維と樹脂の分離・回収が考えられている。リサイクルにおいては，製造時の消費エネ

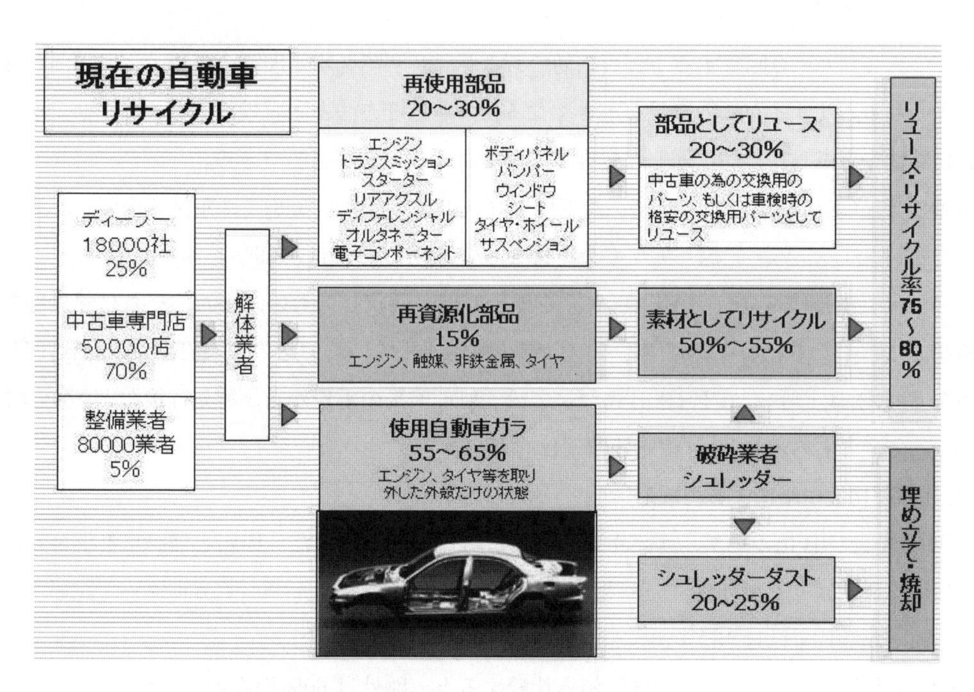

図8　現在の自動車リサイクルにおけるマテリアルフロー

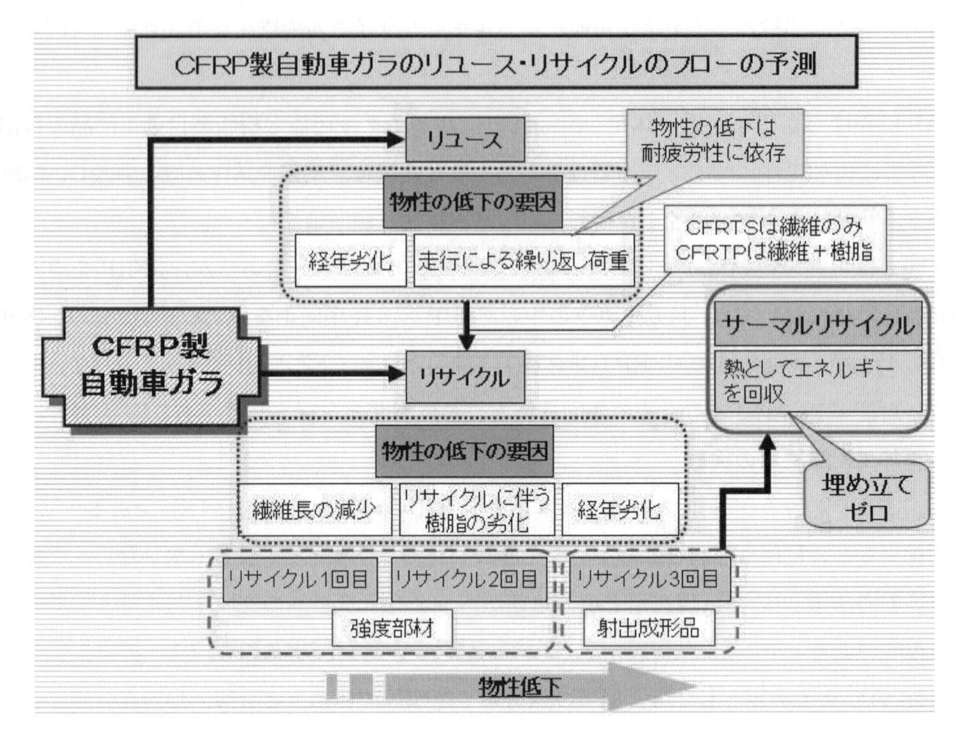

図９　CFRP 製自動車において想定すべき３R 体制

ルギーの大きな CF を回収することが有効であるが，リサイクル処理時の消費エネルギーがあまり大きくなるとリサイクルの効果が小さくなるため，処理方法と回収効率，そしてリサイクル後の材料特性を考慮し，目的に即した処理方法を検討することが必要である。

本項では，CF/TS からのリサイクル工程において想定されるリサイクル材を作製し，その材料特性を評価した。ここで，リサイクル材として利用したのは，CF/エポキシ樹脂（EP）の CFRP 製品（繊維体積含有率 Vf＝60%）を破砕処理し回収したもの，また，それに熱処理を加え樹脂を飛ばしたものの２種類である。以降，熱処理していないものを CFRP. A，熱処理したものを CFRP. B と呼ぶ。CFRP. B については，処理前後の重量から，熱処理後の Vf が平均 90%になっているものとした。（樹脂残留率は約 17%）

(1)　熱硬化性樹脂による再成形

CFRP. A 及び B について，エポキシ樹脂による再成形を行った。樹脂と破砕材を混練し，常温で板状に硬化させた後 40℃で 16 時間保持した。硬化後，ダイヤモンドカッターで試験片を切り出した。試験片寸法は 130×18×2 mm とし，引張試験を行った。

Vf から計算されるヤング率の理論値と比較すると，剛性は 60%程度の発現率を示している。強度では，樹脂と同程度かむしろ低下しており，非常に脆い材料であることがわかる。脆さの原因として，気泡が破断のきっかけとなっていることが考えられる。これは成形時に発生する欠陥であるが，この点を改善する方法として成形時に樹脂を型に入れ真空引きをするなどといった方法が考えられる。

しかし，リサイクル材であることを考えると，工程が増えることは避けるべきである。また，リサイクルの一つの目的である省エネ，省資源化ということを考えると，製造エネルギーが大きく高価なエポキシ樹脂を用いてリサイクル材を作成することは好ましくない。少なくとも今回行った成形法において，CFRP 破砕材をエポキシ等の熱硬化性樹脂で再成形することはリサイクルとしては不適切であると考えられる。

(2)　熱可塑性樹脂による再成形（ポリプロピレンの場合）

(1)と同じ破砕材を，熱可塑性樹脂を使って再成形を行った。樹脂はポリプロピレンである。また，樹脂と繊維の接着のため無水マレイン酸を 0.3 wt%添加した。樹脂と破砕材を，ラボプラストミルを使って混練し，ホットプレスを使用して板状に成形した。試験片サイズは 100×18×2 mm とした。3点曲げ試験の結果を図10に示す。

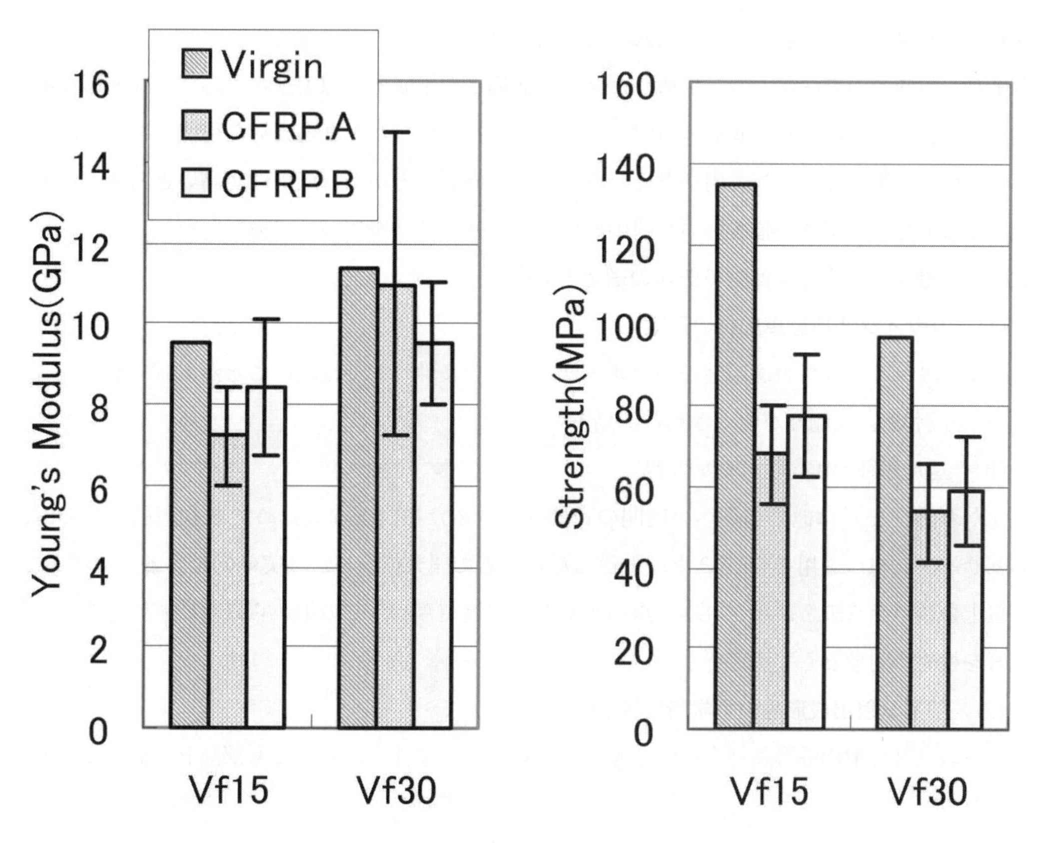

図10　CFRP 破砕材をポリプロピレンで成形したものの強度とヤング率

バージン材と比較すると，リサイクル材でも剛性では75～96%程度の値が得られているが，強度については50～60%程度しか値が出ていない。これは，機械混練によっても破砕材が完全にはほぐれず，また，破砕材に残っていたエポキシ樹脂が固まりあるいは粉状になって含まれるため，繊維と樹脂との接着を阻害したり，欠陥として働くためであると考えられる。

なお，CFRP. A/PPのヤング率で非常に大きな値が出ることがあったが，これは，破砕材が塊のまま残り，部分的に一方向材的な特性を示す部分があるからと思われる。熱処理によって繊維がほぐれやすくなり，材料特性は安定する。また，強度も10%程度向上した。

(3) まとめ

CF/TS破砕材のリサイクルについては，熱硬化性樹脂による再成形は適さないことがわかった。また，熱可塑性樹脂によって混練・再成形した場合も，破砕しただけのCF/EPでは十分な破断歪みが得られないことがわかった。

すなわち，再成形品の特性を向上させるには，CF/EP破砕材から効率良く樹脂を除去する方法を再度検討する必要がある。今回樹脂を除去する方法として熱処理を行ったが，薬品による化学的な処理や超臨界流体を使用した処理なども提案されており，リサイクル時の処理に必要なエネルギーやコストを考慮しつつ今後適用を検討したい。

また，再成形の方法は大型品に適したプレス成形と射出成形が想定される。プレス成形と射出成形を比較すると，プレス成形の方がより長い繊維長を保ったまま再成形が可能であるが，複雑形状を持つ自動車部品への適用を考えた場合，射出成形の方がより汎用性が高いと考えられるため，ここでは熱可塑性樹脂を用いた射出成形によるリサイクルについて検討した。

5.2.2 リサイクル自動車部材モデルの選定と評価

(1) リサイクル自動車部材の選定

CFRPリサイクル材の適用性を検討する候補部品の条件としては次のことがあげられる。

(a) 高強度，高剛性が要求される部品

(b) 適用車種が限定されない部品

すなわち，(a) は他の部品への展開の可能性も含めた検討となるためであり，(b) はCFRPのリサイクル材の適用をCFRP車に限定しないことで開発技術をより実効的にするためである。

以上の観点から表2に示される4点の候補部品が選定され，その中から最も要求性能の高い部品Bを検討の対象として決定した。

(2) 部品B射出成形品の力学特性評価

以下の条件で射出成形条件を検討した結果，いずれの条件下においても部品Bが成形できるようになった。

① フレッシュCF（炭素繊維体積含有率30%）

表 2　部品性能詳細

（○：性能要求項目×：性能不要項目）

部品名称	クリープ性能	加振耐久性能	熱サイクル性能	精度要求	リサイクル率（製品重量）	判定
①部品 A	×	○	○	○	△（1 kg）	△
②部品 B	○	○	○	○	△（0.5 kg）	○
③部品 C	×	×	○	○	○（8 kg）	×
④部品 C	–（単体は無し）	–（単体は無し）	×	○	○（8 kg越え）	×

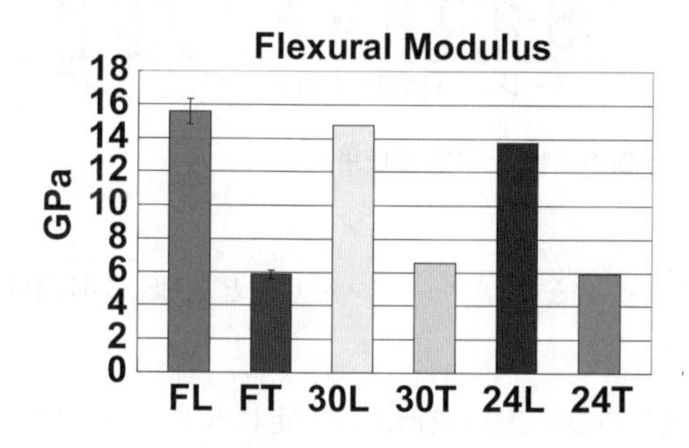

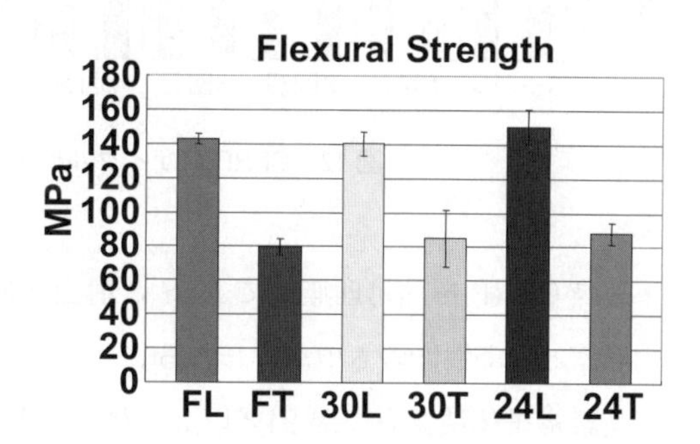

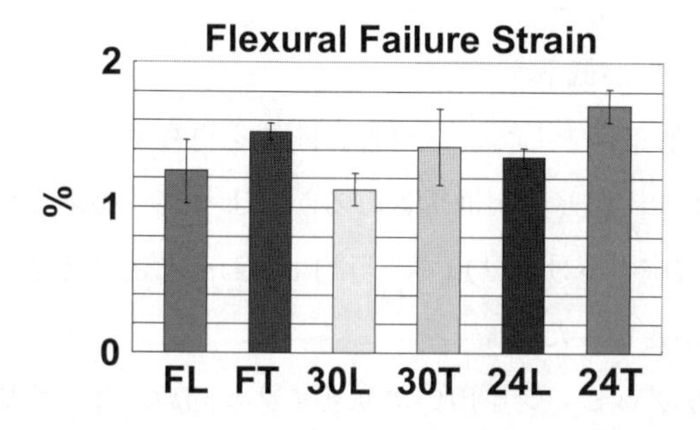

図 11　CFRP リサイクル射出成形板の各特性（ABS を使用）

②　破砕 CFRP（炭素繊維体積含有率 30%，24%，15%，7%）

部品 B のような複雑形状の射出成形体は繊維の配向により力学特性が分布するため，そのマクロな性能評価に先立って，同じ条件で作成した板を縦横方向に切り出してその力学特性を比較検討した。試験方法はプレス成形法の所で記述したものと同じである。図 11 がその結果であり，次のような知見を得た。

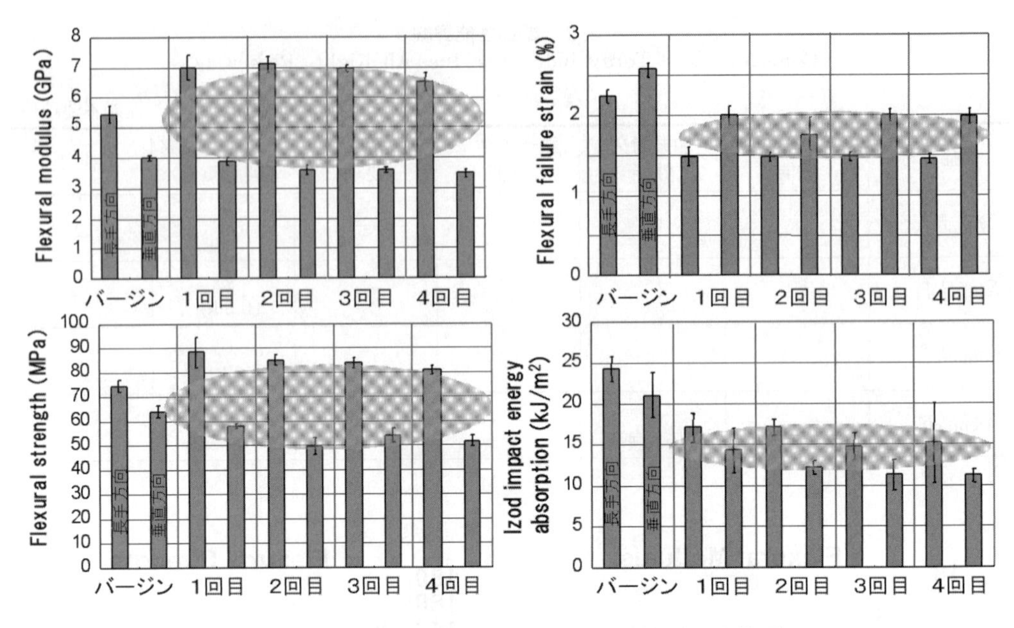

図 12　CFRP リサイクル射出成形板の各特性（PP を使用）

- 破砕 CFRP を熱処理無しで ABS と射出成形することで，フレッシュ CF と ABS の射出成形体と同等性能のものが得られる。
- 炭素繊維体積含有率が 24%以上になると混練ならびに射出成形が不安定になり，物性向上も頭打ちとなる。
- 炭素繊維体積含有率が 24%以下では強度・剛性が低下する。

以上のことから，リサイクル CFRP の射出成形条件として，成形性と剛性を重視する場合には，熱処理無しの破砕 CFRP（炭素繊維体積含有率 24%）が推奨されるが，より高い破断ひずみを求められるような場合には炭素繊維体積含有率を下げれば良く，目的に合わせた配合をすることで多くの用途に対応可能となることが明らかとなった。

また，熱可塑性樹脂として ABS に替えてポリプロピレンを用いてリサイクル回数が及ぼす影響を検証した。図 12 に示すように，射出成形により再加工し，各種力学特性を検証した結果，3 回リサイクルにおいてもほとんど低下なく力学特性を発現することを実証した。

5.3　まとめ

本検討での結果を下記の通りまとめる。選択的な温度で金属部と複合材との分離を 5 分以内とするため，解体性接着剤の開発を実施し，最終組成（改良樹脂＋コアシェルゴム＋膨張黒鉛）により，強度，耐久性および解体性のバランスの取れた接着剤が完成した。また，本接着剤を用いた金属と複合材の接着部について，250℃，5分以内の分離を達成した。

さらに，3回以上リサイクル可能な樹脂製自動車部品の試作を目標に，CFRPの再加工性技術の開発を実施し，リサイクル方法を検討した結果，CFRP粉砕片に熱可塑性樹脂を加えて射出成形を選定し，リサイクルCFRPが適用可能な自動車部材を選定し，射出成形によって部品形状での3回リサイクルを達成した。

文　　献

1）西山勇一，佐藤千明，宇都伸幸，石川博之，"解体性接着剤および混入用マイクロカプセルの熱膨張特性"，日本接着学会誌，Vol. 40，No. 7，pp. 298-304 （2004）

2）Y. Nishyama and C. Sato, "Expansion Behaviour of Thermally Expansive Microcapsules for Dismantlable Adhesive", Proceedings of 7th European Adhesion Conference EURADH 2004, (at Freibrug, Germany) pp.319-324 （2004）

3）杉浦学，西山勇一，藤塚将行，佐藤千明，"膨張剤を混入した解体性接着剤の膨張特性"，日本機械学会第12回機械材料・材料加工部門技術講演会（M&P 2004），熊本，pp.347-348 （2004）

4）佐藤千明，"車体と接着技術の進歩"，自動車技術会シンポジウム【2020年，自動車とその製造技術の将来】，東京，pp.49-53 （2004）

5）高橋淳，"持続可能社会のための車の軽量化"，第18回複合材料セミナーテキスト，炭素繊維協会，pp.37-46 （2005/3）

6）中塚史紀，鈴木徹也，高橋淳，"CFRPによる車両重量軽量化の環境負荷低減効果"，第29回複合材料シンポジウム講演論文集，pp.201-202 （2004.10）

7）尾台竜也，圖子博昭，大澤勇，鵜沢潔，高橋淳，"CFRP破砕材を利用したCFRPリサイクルの提案"，第29回複合材料シンポジウム講演論文集，pp.197-198 （2004.10）

8）鈴木徹也，菅満春，高橋淳，"量産車用CFRPによる軽量乗用車のLCA"，第29回複合材料シンポジウム講演論文集，pp.195-196 （2004.10）

9）佐藤千明，"解体性接着の現状"，日本接着学会「環境にやさしい接着・接着剤」セミナー（大阪・東京），pp.1-8（2006.2.7, 2.16）

10）C. Sato, Y. Nishiyama and M. Sugiura, "Mechanical Properties of Dismantlable Adhesive Including Expansion Agents", Proceedings of The 2nd JSME/ASME International Conference on Materials and Processing 2005, (at Seattle, USA), ICS_14 （2005）

11）C. Sato and Y. Nishiyama, "FEM Analysis of Expansion Behavior of Dismantlable Adhesive Consisting of Epoxy Resin and Thermally Expansive Microcapsules", Proceedings of the 1st Asian Conference on Adhesion, (at Jeju, Korea), pp.59-63 （2005）

12) 岸肇，稲田雄一郎，植澤和彦，松田聡，村上惇，"耐熱性を要求される構造部材用解体性接着剤の組成設計"，第51回高分子研究発表会（神戸），A-21，p.37 （2005）
13) 岸肇，"構造接着剤としてのエポキシ樹脂組成設計"，日本接着学会関西支部H&I研究会第6回研究会（大阪）（2005.10.13）
14) 岸肇，"エポキシ樹脂系構造接着剤の高性能化"，エポキシ樹脂技術協会第33期第2回特別講演会（東京）（2005.10.27）
15) 岸肇，"耐熱性と解体性を兼備した接着剤組成設計"，H17年度第3回解体性接着技術研究会（大阪）（2005.11.29）
16) 岸肇，植澤和彦，稲田雄一郎，西田裕文，松田聡，佐野紀彰，村上惇，"高極性単官能モノマー含有エポキシ樹脂の接着強さ発現機構"，日本接着学会誌，42 （2006）
17) 圖子博昭，大沢勇，鵜沢潔，高橋淳，"CF/PPシートプレースメント法によるCFRPPの補強"，第30回複合材料シンポジウム講演論文集，pp.231-232 （2005.10）
18) 松塚展国，高橋淳，圖子博昭，大沢勇，鵜沢潔，"炭素繊維強化プラスチックスのクローズドリサイクルの各段階における力学特性評価"，第30回複合材料シンポジウム講演論文集，pp.223-224 （2005.10）
19) 福井良平，尾台竜也，圖子博昭，大沢勇，鵜沢潔，高橋淳，"廃棄CFRPのリサイクル性評価"，第30回複合材料シンポジウム講演論文集，pp.221-222 （2005.10）
20) N. Matsutsuka, J. Takahashi, H. Zushi, I. Ohsawa and K. Uzawa, "Evaluation of recycled CFRTP for mass production applications", Proceedings of 9th Japan International SAMPE Symposium, pp.50-55 （2005.11）
21) R. Fukui, T. Odai, H. Zushi, I. Ohsawa, K. Uzawa and J. Takahashi, "Recycle of carbon fiber reinforced plastics for automotive application", Proceedings of 9th Japan International SAMPE Symposium, pp.44-49 （2005.11）
22) H. Zushi, I. Ohsawa, M. Kanai, K. Uzawa and J. Takahashi, "Fatigue behavior of unidirectional carbon fiber reinforced polypropylene", Proceedings of 9th Japan International SAMPE Symposium, pp.26-31 （2005.11）
23) T. Suzuki and J. Takahashi, "Prediction of energy intensity of carbon fiber reinforced plastics for mass-produced passenger cars", Proceedings of 9th Japan International SAMPE Symposium, pp.14-19 （2005.11）
24) R. Shida, K. Tsumuraya, S. Nakatsuka and J. Takahashi, "Effect of automobile lightening by CFRP on the world energy saving", Proceedings of 9th Japan International SAMPE Symposium, pp.8-13, （2005.11）
25) T. Suzuki, M. Kan, M. Yamamoto, K. Uzawa, J. Takahashi and J. Kasai, "Structural Analysis and LCA of Lightened Buses by Carbon Fiber Reinforced Plastics", Advances in Ecomaterials （Proceedings of 3rd International Conference on Materials for Advanced Technologies （ICMAT 2005）），Stallion Press, Vol.2, pp.634-639
26) H. Zushi, D. Shiozawa, I. Ohsawa, K. Uzawa and J. Takahashi, "Improvement of Mechanical Properties of Recycled CFRP Reinforced by Thin CF/PP Sheets", Advances in Ecomaterials （Proceedings of 3rd International Conference on

Materials for Advanced Technologies (ICMAT 2005)), Stallion Press, Vol.2, pp.512-519

27) H. Zushi, T. Odai, I. Ohsawa, K. Uzawa and J. Takahashi, "Mechanical Properties of CFRP and CFRTP After Recycling", Proceedings of 15 th International Conference on Composite Materials (ICCM-15), pp.1-10 (2005.6)

28) T. Suzuki and J. Takahashi, "LCA of Lightweight Vehicles by Using CFRP for Mass-produced Vehicles", Proceedings of 15 th International Conference on Composite Materials (ICCM-15), pp.1-4 (2005.6)

29) T. Suzuki, T. Odai, R. Fukiu and J. Takahashi, "LCA of Passenger Vehicles Lightened by Recyclable Carbon Fiber Reinforced Plastics", Proceedings of International Conference on LCA 2005, pp.1-3 (2005.4)

30) 高橋淳, 鵜沢潔, 松塚展国, 山口晃司, "粉砕 CFRP を用いたリサイクル自動車部材" 成型加工学会第14回秋季大会 (2006.11.22)

31) C. Sato, Y. Inada, J.Imade, H. Kishi, I.Taketa, M. Yamasaki, "Development of Dismantlable Adhesive for Material Recycling of Adhesively Bonded Joints between CFRP and Metallic Materials Used for Carbon Composites Cars", 12 th US-Japan Conference on Composite Materials (2006.09.20)

32) 岸肇, 植澤和彦, 稲田雄一郎, 西田裕文, 松田聡, 佐野紀彰, 村上惇, "高極性単官能モノマー含有エポキシ樹脂の接着強さ発現機構", 日本接着学会誌, Vol. 42, No. 6, pp.224-230 (2006)

33) 岸肇, 稲田雄一郎, 今出陣, 植澤和彦, 松田聡, 佐藤千明, 村上惇, "解体性と耐熱性を兼備した構造用接着剤の組成設計", 日本接着学会誌, Vol. 42, No. 9, pp.356-363 (2006)

34) 岸肇, 今出陣, 稲田雄一郎, 松田聡, 佐藤千明, 村上惇, "耐熱性と解体性を兼備した構造用接着剤の組成設計", 第52回高分子研究発表会（神戸）予稿集, C-8, 60 (2006)

35) 岸肇, 稲田雄一郎, 今出陣, 植澤和彦, 松田聡, 佐藤千明, 村上惇, "高耐熱接着性と加熱解体性を両立する解体性構造用接着剤の樹脂組成設計", 日本接着学会第44回年次大会講演要旨集, P 24 B, 47-48 (2006)

36) 岸肇, 稲田雄一郎, 今出陣, 植澤和彦, 松田聡, 佐藤千明, 村上惇, "高耐熱接着性と加熱解体性を両立する解体性構造用接着剤の樹脂組成設計", 日本接着学会関西支部第2回若手発表会, P-3 (2006)

37) 岸肇, "環境対応と高性能の両立を目指す次世代接着剤研究の動向",「ポリファイル」, **43**, 11, 49-51, 大成社 (2006)

38) 岸肇, "第2章　解体可能な耐熱性接着材料",「接着とはく離のための高分子－開発と応用－」, pp.65-77, シーエムシー出版 (2006)

39) J. Takahashi, K. Uzawa, I. Ohsawa, N. Matsutsuka, A. Kitano and K. Nagata, "Mechanical properties of injection molded CFRTP by using recycled CFRP", The 10 th Japanese-European Symposium on Composite Materials, pp.8-11 (2006.9)

40) J. Takahashi, K. Uzawa, I. Ohsawa, N. Matsutsuka, A. Kitano and K. Nagata, "Applicability of recycled CFRP to secondary parts of automobile", Proceedings of the 12 th US-Japan Conference on Composite Materials, pp.398-410 (2006.9)

41) 高橋淳, "先進材料の環境問題への取り組み（ライフサイクルアセスメント）", 日本機械学会誌, Vol. 109, No. 1053, pp.18-19 (2006.8)
42) 高橋淳, "運輸省エネ技術とその効果", 第2回日中環境エネルギー物流フォーラム, (2006.7)
43) J. Takahashi, "A global perspective for the future development of sustainable land transport", Carbon Fibre Composites For Transportation (A Road To Sustainable Land Transportation Systems) (2006.4)
44) 山口晃司, 北野彰彦, "CFRPのリサイクル手法", 材料 (2007)
45) 岸肇, 今出陣, 稲田雄一郎, 松田聡, 佐藤千明, 村上惇, "耐熱性と解体性を兼備した構造用接着剤の組成設計", 第45回日本接着学会年次大会講演要旨集, pp.53-54 (2007)
46) H. Kishi, J. Imade, Y. Inada, C. Sato, S. Matsuda and A. Murakami, "Dismantlable epoxy adhesives for recycling of structural materials", Proceedings of the 16 th International Conference on Composite Materials (2007.7.8-13, at Kyoto, Japan), CD-ROM
47) 今出陣, 岸肇, 稲田雄一郎, 松田聡, 佐藤千明, 村上惇, "構造用解体性接着剤の組成設計", 日本接着学会関西支部第3回若手研究者の会, P-5 (2007)
48) C. Sato, T. Inoue and T. Yamada, "Stress analysis of adhesive-mechanical fastener hybrid joints", ACE-X 2007, p.121 (2007, at Algarve, Portugal)
49) T. Matsuda and C. Sato, "Experimental Invesigation of Impact Strength of Adhesively bonded joints", 2007 Beijing international bonding and technology symposium, pp.010-1-010-3, (2007, at Beijing, China)
50) H. Koyama, T. Ando, T. Okazumi, I. Ohsawa, K. Uzawa and J. Takahashi, "Influence of the Pretreatment on the Mechanical Properties of the Recycled CFRP", Proceedings of 10 th Japan International SAMPE Symposium, No.AMC 3-5, pp.1-6 (2007.11)
51) H. Uno, T. Okazumi, I. Ohsawa, K. Uzawa, J. Takahashi, K. Yamaguchi and A. Kitano, "Mechanical Properties of CFRP after Repeating Recycling by Injection Molding Method", Proceedings of 10 th Japan International SAMPE Symposium, No.AMC 3-4, pp.1-6 (2007.11)
52) Y. Kan, R. Shida, J. Takahashi and K. Uzawa, "Energy Saving Effect of Light-weight Electric Vehicle Using CFRP on Transportation Sector", Proceedings of 10 th Japan International SAMPE Symposium, No.AMC 3-3, pp.1-6 (2007.11)
53) R. Shida, K. Uzawa, I. Ohsawa, A. Morita and J. Takahashi, "Structural Design of CFRP Automobile Body for Pedestrian Safety", Proceedings of 10 th Japan International SAMPE Symposium, No.AMC 1-3, pp.1-4 (2007.11)
54) K. Satoh, R. Shida, Y. Kan, J. Takahashi and K. Uzawa, "Proposal of Commuter Bus Using CFRP for Sustainable Transportation", Proceedings of 10 th Japan International SAMPE Symposium, No.PS 14, pp.1-4 (2007.11)
55) T. Okazumi, I. Ohsawa, K. Uzawa and J. Takahashi, "Improvement of the Mechanical Properties of Recycled CFRP", Proceedings of 10 th Japan International

SAMPE Symposium, No.PS 13, pp.1-6 (2007.11)

56) D. Suzuki, J. Takahashi, K. Kageyama, K. Uzawa and I. Ohsawa, "Purpose and Target of the Development of Carbon Fiber Reinforced Thermoplastics", Proceedings of 10 th Japan International SAMPE Symposium, No.PS 11, pp.1-6 (2007.11)

57) 大澤勇, 高橋淳, 鵜沢潔, 芦田哲朗, 柴田勝司, "リサイクル炭素繊維を用いたUD-CF/Epoxyの再成形と曲げ特性評価", 52 nd FRP CON-EX 2007 講演要旨集, No.A-25, pp.1-2 (2007.11)

58) J. Takahashi, N. Matsutsuka, T. Okazumi, K. Uzawa, I. Ohsawa, K. Yamaguchi and A. Kitano, Mechanical properties of recycled CFRP by injection molding method, Proceedings of the 16 th International Conference on Composite Materials (Abstract, pp.1184-1185), No.FrFA 2-02, pp.1-6 (2007.7)

59) 高橋淳 "自動車軽量化に向けたCFRP開発の方向性", 技術情報会自動車CFRPセミナー (2008.10.20)

6　まとめ

各技術の成果についてまとめると下記の通りである。

6.1　ハイサイクル一体成形技術の開発

(1)　超高速硬化型成形樹脂の開発

① ハイサイクル成形樹脂 HS 3 を用いた CFRP 物性データを取得し，従来の RTM 用樹脂と同等のレベルにあることを確認した。

② DSC，NMR を用いた反応率測定法，および GPC，NMR，FAB-MS を用いた分子量，末端基構造解析を実施し，ハイサイクル樹脂 HS 3 は，従来のエポキシ樹脂と比べて長い流動時間と短時間硬化とを両立することを確認した。

③ 耐熱性ハイサイクル樹脂として，硬化剤の配合検討により，酸無水物/有機フォスフィン化合物が有効であることを見出し，ガラス転移温度 100℃以上の耐熱性ハイサイクル成形樹脂 HR 01 を開発した。また，耐熱性ハイサイクル樹脂 HR 01 を用いた CFRP 物性データを取得し，従来の RTM 用樹脂と同等のレベルにあることを確認した。

(2)　立体成形賦形技術の開発

① 多軸ステッチ基材製造装置を導入し，ハイサイクル成形用基材を創出した。

② 賦形シミュレーションを用いて，三次元立体形状を持つ自動車実部材の自動賦形用カットパターンを創出した。

③ 多段プレスによる賦形方法を適用してドアインナーパネル形状の自動賦形装置を開発した。

④ ドアインナーパネル成形において，プリフォームの搬送技術を開発し，RTM 成形における自動賦形および自動搬送の一貫成形システムを実証した。

(3)　高速樹脂含浸成形技術の開発

① 多点注入方式による高速樹脂注入技術を開発し，平板形状，ドアインナーパネル形状，フロントフロア形状において，樹脂含浸時間 2.5 分および樹脂硬化時間 5 分を達成した。

② 多点注入方式における樹脂含浸シミュレーション技術を確立した。

③ 三次元測定機を用いて CFRP 成形品の寸法精度検証を実施した。

6.2　異種材料との接合技術の開発

① CFRP 部材と金属材料を接合する構造用接着剤が，自動車が曝される温度環境下（−40℃〜80℃）で接着強度 20 MPa 以上を有する事を実証し，クリープ，衝撃における強度確認も実施した。

② CFRP/金属材料の接合部構造について，接合部モデルの実験を実施して，荷重値，破壊形態をフィードバックすることにより接合部解析精度を向上させ，接合部の設計に貢献した。

6.3　安全設計技術の開発

(1)　CFRP の動的解析技術

① CFRP エネルギー吸収部材の動的解析を実施し，衝撃負荷を受ける CFRP 製角柱の破壊形態とエネルギー吸収量の解析精度 5 %以内を実証した。

② CFRP 動的物性データ，エネルギー吸収部材落重試験での荷重値，破壊形態を解析モデルにフィードバックし，解析精度向上に貢献した。

(2)　スチール，アルミ等／複合材料ハイブリッド構造体の設計・解析技術の開発

① ハイブリッド構造体の動的解析を実施し，衝撃負荷を受けるガードビーム形状アルミ/CFRP ハイブリッド構造体の破壊形態とエネルギー吸収量の解析精度 5 %以内を実証した。

② ハイブリッド構造体を構成する因子に水準を設定，落重試験を実施し，破壊形態，荷重値を解析技術にフィードバックし解析精度向上に貢献した。

(3)　エネルギー吸収技術の開発

① 圧縮型エネルギー吸収部材の最適化を図り，フロントサイドメンバー形状で動的実験にて 52.5 kJ を実証した。

② スチール製構造体と同等のエネルギー吸収量が得られる構造を検討し，アルミ/CFRP ハイブリッド材（ドアガードビームおよびセンターピラー）を強化材として用いる構造体を適用してスチール製構造体と同等のエネルギー吸収量が得られることを確認した。

③ CFRP 製車体設計において，スチール比 51%軽量化，全面衝突およびオフセット衝突性能同等以上を解析にて検証した。また，プラットフォーム，他の車体部品を CFRP 化した CFRP 製車体を製作して台車実験（前面衝突試験）を実施し，スチール比 1.89 倍のエネルギー吸収量を実証した。

6.4　リサイクル技術の開発

(1)　スチール，アルミ等／樹脂の分離技術の開発

① 解体性接着剤のスクリーニングを実施し，発泡剤として膨張黒鉛を見出した。

② 解体性接着剤のベース樹脂特性を向上させ，強度，耐久性および解体性のバランスのとれた接着剤を開発した。また，開発した解体性接着剤の物性データを取得した。

③ 解体性接着剤を用いて CFRP/金属において 5 分以内での分離を実証した。

(2) 再加工性技術の開発

① 射出成形によるリサイクルCFRPを作製し，リサイクルCFRPの材料物性データを取得した。また，3回リサイクルを確認した。

② リサイクルCFRPが適用可能な自動車部材を選定，作製し，部材試験データを取得した。また，部品形状での3回リサイクルを実証した。

第6章　材料技術先導性から見た自動車用複合材料の諸問題

野間口兼政[*]

「材料技術先導性」（Material Technology Iniciative）とか，「軽量設計」（Lightweight Design）という言葉が設計関係者のキーワードとなっている。一方，自動車の生産現場では一層，「無人化・自動化」が進み，多品種の量産体制も強化される方向にある。これら一連の動きは「エネルギーとコスト」の大幅低減目標の意欲的革新である。次期自動車の開発はこの産業が始まって以来かと思われるくらいの大革新の時に遭遇している。

材料技術先導性とは新しい素材とその加工法（いわゆる，材料技術）によって従来のものより便利で有力な部品や道具を提供する状況を言っている。例えば，石器時代の石製刀よりも鉄器時代の鉄製刀は強力である。また，鉄板製自動車後部内外装部品を例えばプラスチックで周辺の小物付属品も含めて成形し，モジュールとして一体化することで，自動車組立コストの低減が可能と考えられる。この時，このプラスチックは単なる一素材の性能だけでなく，全体を統合させるという機能も果たしており，他材料に求められないこの材料特有のものであり，ものづくりとして有効に働いている。

このような見地から新材料技術で注目されている代表的なものを本章では選ばせて頂き，斬界第一人者の方々にご執筆頂いた。代表的な日本・欧州の材料メーカーでその情報は世界リアルタイムで発信されている先端的なものである。

第1節の自動車用ガラスの樹脂化は軽量化に大きく貢献する。他の例ではビデオカメラの光学レンズは既に樹脂化して軽量化に役立っている。航空機や鉄道車両でも窓ガラスの樹脂化は行われている。実現性高い話題である。

第2節はエンプラ（エンジニアリング・プラスチック）の自動車への適用である。エンプラの代表はポリアミド樹脂である。耐熱性能アップもあり永く使われている。米国では使用量は減っていない根強い材料である。

＊　Kanemasa Nomaguchi　金沢工業大学　大学院工学研究科　高信頼ものづくり専攻
客員教授；㈳強化プラスチック協会理事　樹脂ライニング工業会会長

第3節のLFT，第4節のGMTはそれぞれドイツ，スイス生まれの新しい材料である。ともに欧州，特にドイツの強化プラスチック協会（AVK-TV, Arbeitsgemeinschaft Verstarkte Kunststoffe, Technische Vereingung GmbH, 強化プラスチック協会技術開発部会）の一プロジェクト，EATC（European Alliance for Thermoplastic Composites, 熱可塑性樹脂複合材料欧州連盟）の会議で2003年頃から熱心に議論している。当初GMTが伸びていたが，その後，LFTが伸びているとも言われている。

第5節は，第3節,第4節で述べているLFT，GMTの応用例である。この第5節の始めの8行の記述にあるように組付部品を一体化してモジュールとするとあるが，これが前述の「材料技術先導性」をよく示しており，このような事例が複合材料を用いて今後増えると考える。

材料技術先導性は単に新材料だけで効果が得られるとは限らず，従来材料との組合せで奏効することもありうる。例えば，従来の鉄材を強度部材とし複合材料と組合せていわゆるハイブリッド的構造で受け入れられることもある。材料技術を多機能的に応用して頂き，一層進化した優れた将来の自動車の創出に役立てて頂ければ幸いである。技術や事業に携わる方々の真剣な努力の結果，思いもよらぬ優れた成果が生まれることがあり，それにより，新しい時代を拓くことが往々にしてあるだろう。その真摯な努力に期待したい。

1　ポリカーボネート樹脂を用いた自動車用ガラスの樹脂化～要求規格と樹脂化における課題～

今泉洋行*

1.1　はじめに

近年，燃費規制や炭酸ガス排出削減の点から，自動車の軽量化は重要課題となっている。また，コンパクトカーにおける車内開放感の拡大や，高級車の特徴付けなどの目的で搭載されてきたパノラマルーフの認知度が上がるなど，自動車の表面積に占めるガラスの割合が多くなってきている。ガラスという素材は非常に重たい素材であるため，ガラス面積の増大は自動車の重量を増加させる。その重い素材が車の高い位置に利用される機会が多くなっていることなどもあり，自動車ガラス部品のプラスチック化は，自動車軽量化に対する対策として非常に要求の高いテーマとなっている。

日本では，1994年に自動車保安基準が改訂され，フロントウインドゥを除く部位にプラスチック製のガラス（以降，プラスチックグレージングと記す）を搭載することが可能となった。それに伴い，1990年代後半から2000年にかけて，プラスチック製のサンルーフやリアクォーターウインドゥを搭載した車両が市場に登場した[1)]。しかし，残念ながらそれ以降は量産車としてプラスチックグレージングが搭載されたものは出ていない。これに対し，欧州においては1990年代後半から現在まで，継続的にプラスチックグレージングが市場車輌に採用されている。最近の車では「Smart For Two」「Smart For Four」と「ベンツ A クラス」のパノラマルーフや，「5ドアーシビック（欧州限定車）」のエクストラウインドゥが代表的な例である[1,2)]。その，技術的変遷は2004年に開催された欧州最大のプラスチック展示会「K-Show_2004」において Engel社（オーストリア）が1.1 m^2 のサンルーフを対向反転式の射出成形機を使い成形実演し，「プラスチックグレージングで大きいものが出来ます，出来ました」という内容から始まり，プラスチックグレージングでの軽量化効果，炭酸ガス排出量削減効果が大きく取り上げられ，現在は，「デフォッガや熱線遮蔽という付加機能」や「実用評価の重要性」に対する報告が多くなっている[3)]。この流れを見ても，プラスチックグレージングが非常に具現化してきていることがお解かりいただけると思う。

1.2　プラスチックグレージングに対する要求規格

自動車用窓ガラスに要求されている規格は，

＊　Hiroyuki Imaizumi　三菱化学㈱　コーポレートマーケティング部　自動車関連事業推進センター　開発グループ

日本：JIS R 3211／自動車用安全ガラス
　　　JIS R 3212／自動車用安全ガラス試験方法
欧州：ECE R 43／UNIFORM PROVISIONS CONCERNING THE APPROVAL OF SAFETY GLAZING MATERIAL
米国：ANSI Z 26.1／American National Standard for Safety Glazing Motor Vehicles and Motor Vehicle Equipment Operating on Land Highways-Safety Standard

が代表的な規格である。その他各国特有の規格もあるが，概ね上記規格を参照しているものである。

それぞれが要求している規格値は異なるものの，評価すべき具体的な項目は概ね同じである。代表的な要求特性の相違点は，①欧州規格には搭乗者の頭部が接触する可能性があるガラス体に頭部衝撃試験が要求されている，②米国規格には耐衝撃性の評価として「落球」と「落錘」の両者が要求されている，③耐擦傷性の評価法は同一であるものの，評価サイクル数と，要求している△Hazeの値が異なる，④促進耐候性の光源と紫外線暴露量が異なる，などの点である。

プラスチックグレージングにポリカーボネートを適用した場合，表面の傷つき性はハードコートにその特性を頼ることになる。このため，耐擦傷性の要求値がどのレベルにあるかを詳細に確認しておく必要がある。この耐擦傷性の要求レベルは各国規格によって異なるが，概ね，そのガラスが運転中の運転者視野にあるかないかで要求値が大きく変わってくる（図1）。特に，欧州規格ではルーフに設置される窓ガラスへの耐擦傷性評価の要求が免除され，これが欧州でプラスチックグレージング採用の追い風になっている要因の一つと想像される。

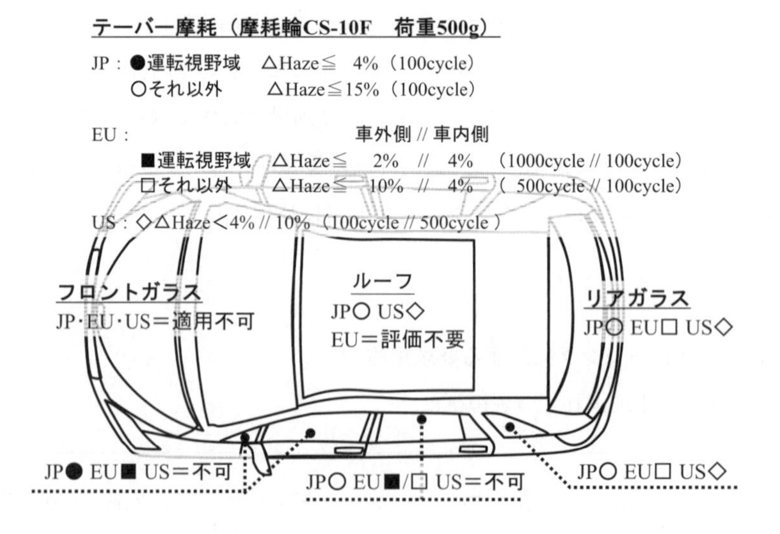

図1　プラスチックグレージングに対する耐擦傷性規格

製品の仕向け地によっては，それぞれの規格を満足する必要があるため，それぞれにおいて詳細にご確認頂く事を推奨する。

1.3　プラスチックグレージングの技術的課題

1.3.1　成形加工と予測技術

欧州で採用されているプラスチックグレージングは透明窓部と周縁クロセラ部を多色成形にて一体化した製品が主流である[2]。多色成形は，固化が進行した1次成形体の上に，2次成形材料が溶融充填されるため，1次成形体と2次成形体の収縮状態が異なる成形体である。このため，1次側の残留成形収縮分と，2次側の成形収縮分のバランスによって完成成形体のそりの状態が支配されるという課題がある。

三菱エンジニアリングプラスチックス㈱では，2007年秋に700トンの型締め力を持つ対向反転式の多色成形機を導入し，大型多色成形技術の蓄積をするとともに，三菱化学㈱と共同で，多色成形時の反りを予測する技術を開発しており，反り発現の方向性を把握することが可能となった（図2）。

1.3.2　ハードコート技術[2]

先述の通り，プラスチックグレージングにポリカーボネートを適用した場合，その表面にハードコート処理を行うことは必須となる。自動車透明部品へのハードコート技術としては，ヘッドランプレンズに適用されているアクリル系樹脂をベースとしたUV硬化タイプのハードコート材が広く一般的である。しかし，プラスチックグレージングには高い耐擦傷性と耐候性が要求さ

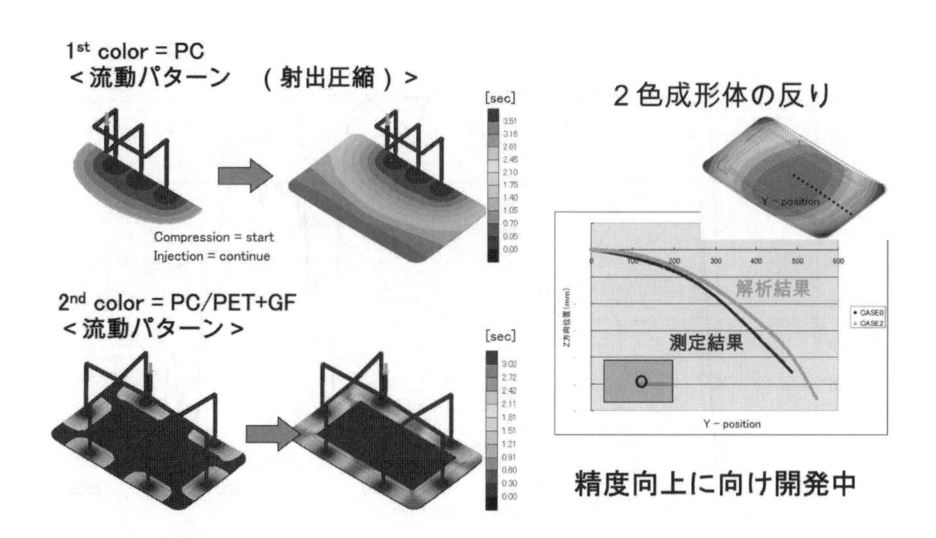

図2　2色成形体の反り解析

れるためヘッドランプレンズに適用されているハードコート材では，その要求特性を満足することが出来ない。このため，欧米などでは熱処理によりシリコーン硬化膜を形成する熱硬化タイプのハードコート材が利用されている。また，さらにガラスに近い皮膜を形成するために，真空引きしたチャンバー内に反応性ガスを導入してプラズマ状態にし，熱硬化ハードコートの上にさらに硬い皮膜を形成するプラズマCVDタイプのハードコートなども報告されている。三菱化学㈱では，このハードコート処理時間の短縮，それに伴うコスト削減を狙い，処理時間が熱硬化タイプに比べ極めて短いUV硬化タイプのハードコート材を開発している[2]。

1.3.3 熱線遮蔽技術

ポリカーボネートは近赤外～赤外域を透過する素材である。一般のガラスプレートも同じように近赤外～赤外域を透過する特性を持つが，自動車用の窓ガラスに広く使われているグリーンガラスは，近赤外域の透過を抑制する性能を持ったガラスである（図3）。このため，プラスチックグレージングにポリカーボネートを適用する場合，車内への赤外線の透過を抑制する機能を持たせることが必要になってくる。また，最近では，温室効果ガスの削減や，燃費向上を目的として，カルフォルニア大気資源局が自動車用窓ガラスを透過して車内に到達する太陽光量を規制する動きがある[4]。この規制値は，太陽光が直接車内に透過する日射透過率（Tds）と，ガラス自身が吸収した熱量のうち車内側に放射される輻射熱の和である全日射透過率（Tts）が規格要求されている。規格要求されている提案値はガラスの色調を調整し，可視光線域を調整するだけでは到達することが難しい領域であり，熱線遮蔽機能を持つプラスチックグレージングの実現が急務となっている。

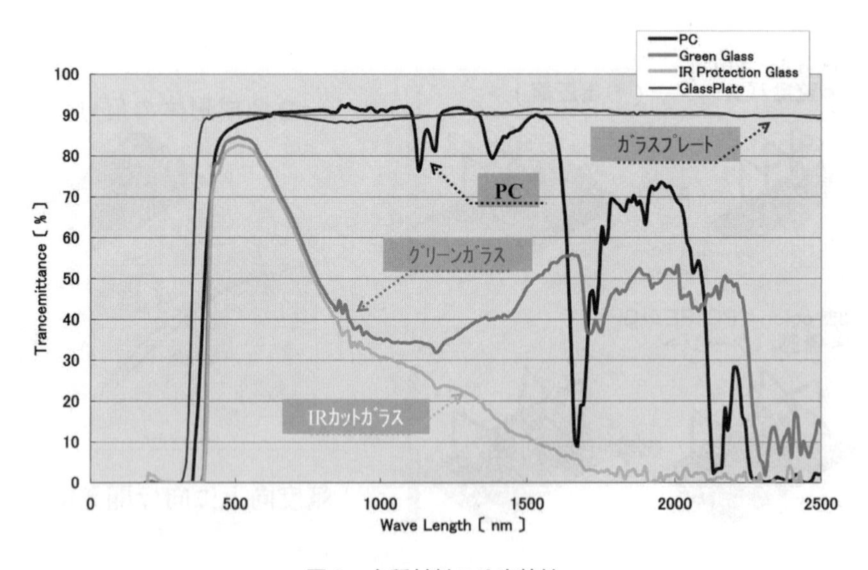

図3　各種材料の分光特性

プラスチックグレージングに熱線遮蔽機能を付設する手法は，①成形材料に熱線吸収機能を持たせる，②付設するコーティング層に熱線吸収機能を持たせる，③熱線反射機能を持つ機能層を付設する，などが挙げられる。射出成形材料やコーティング層に熱線吸収性能を持たせる手法は熱線吸収性能を持つ物質を混合するなど，各社積極的に検討を行っている。対して，熱線反射機能は屈折率の異なる層を兼ね合わせた超多層フィルムや，金属蒸着膜を持つハーフミラー状フィルムが報告されているが，一方は非常に高価である点，一方は鏡状の外観を嫌う意匠性などの点から，新しい技術の発現も期待されている。

三菱エンジニアリングプラスチックス㈱では，プラスチックグレージングに用いられる射出成形材料（ポリカーボネート）の中に，熱線吸収機能を付与した熱線吸収ポリカーボネートを開発し，プラスチックグレージングの熱線遮蔽機能の付与に当たっている。また，三菱化学㈱では熱線反射機能を持つ薄膜層を塗装工程で成形体に付設する開発が行われている[3]。

1.4　おわりに

今後，自動車の駆動元がハイブリットや燃料電池へ大きく変化していくことが予想される。この駆動元変化の潮流においても軽量化は大きな課題であり，プラスチックグレージングへの期待が更に高まっていくことが予想される。また，周辺部品を取り込んで一体化し部品点数を削減する試みや，形状自由度を活かし空力性能を改善する機能を持たせるなど，プラスチックの特徴を最大限に活かした部品設計の工夫などが今後の展開において大きなポイントになると思われる。

文　　献

1）飯森康司, "ガラスの樹脂化と今後の展望", 自動車技術, 63, No 4, 55 (2009)
2）"低コスト化に挑む樹脂製ウインドー", 日経 Automotive Technology, No 5, 83 (2009)
3）Chris Smith, "Car makers towards PC glazing", European Plastic News, Dec., 19 (2008)
4）カルフォルニア大気資源局 HP　http://www.arb.ca.gov/cc/cool-cars/cool-cars.htm

2　BASFのエンプラを用いた自動車部品軽量化への開発支援の取り組み

大高　淳*

2.1　背景

自動車を取り巻く環境は近年大きな変革期を迎えている。リーマンショック以降の世界経済不況による自動車販売の落ち込みで，途上国に代表される低価格車のニーズは更に高まる一方，各国政府による景気刺激策の支援を受けて，ハイブリッド車や電気自動車などの環境対応車の需要も伸びてきている。この様な環境の変化に対応するために，部品の軽量化とコストダウンは，従来以上に大きなニーズとしてクローズアップされている。自動車部品の軽量化に向けて，アルミなどの軽量金属と同様にプラスチックスも軽量素材として採用が加速されてきている。たとえば，従来難しいと考えられていたエンジン周辺部品や衝突安全性能を必要とする様な厳しい環境下で使用される部品への採用も広がってきている。

しかしながら，依然として樹脂部品の採用状況は地域の違いを反映している。図1では日本とドイツの代表的な2L車の樹脂使用量を比較しているが，日本車はドイツ車に比べ20％から35％ほど樹脂使用量が少ないという結果が見られる。

また，図2ではエンジン周辺部品等で多く使用されている，高耐熱性樹脂の代表格であるポリアミド樹脂の使用量を国別の比較で示しているが，日本車においてはその使用量が相対的に少ない結果となっている。ポリアミド樹脂製のエンジン周辺部品の代表例では，ラジエータータンクエンドキャップやエアーインテークマニホールド等があるが，その他のパワートレイン系等の高機能部品でも更なる樹脂化の可能性が残されていると言える。

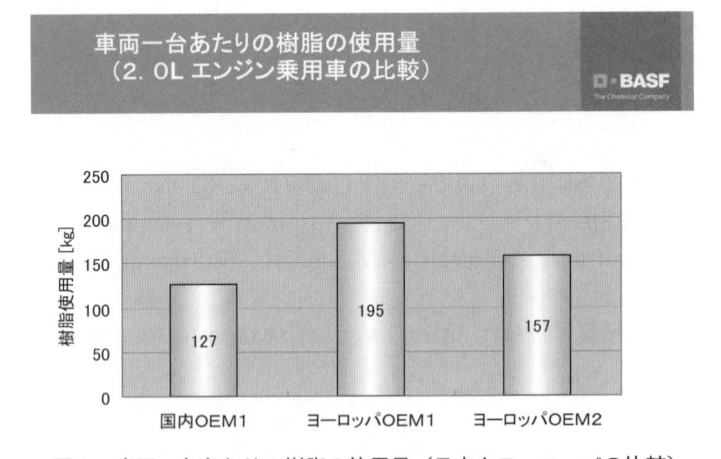

図1　車両一台あたりの樹脂の使用量（日本とヨーロッパの比較）

＊　Atsushi Ohtaka　BASFジャパン㈱　ポリマー本部　ゼネラルマネージャー

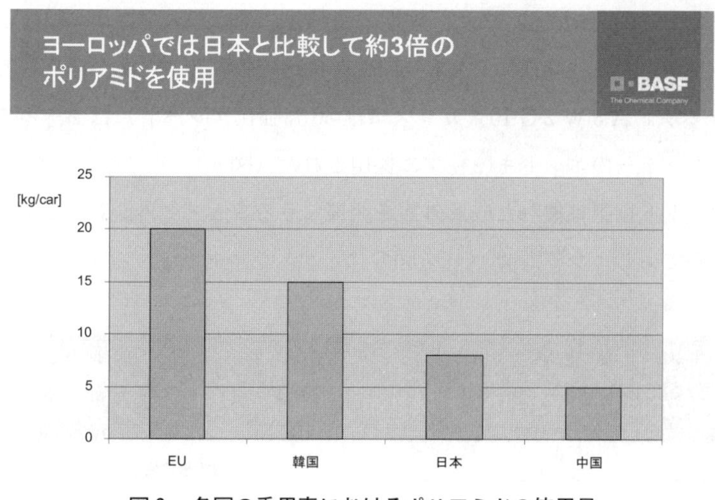

図2　各国の乗用車におけるポリアミドの使用量

2.2　採用事例

日本では自動車の環境性能の向上のために，ハイブリッド車や電気自動車の導入が進んできているが，ヨーロッパにおいては主流のディーゼルエンジンの高性能化により環境性能の向上を目指すトレンドがある。その場合エンジンルーム内の温度が更に厳しくなることで，樹脂に要求される耐熱性も高くなる。BASF はこの様な要求を満たすために，新たなグレードとして超高耐熱性 PA 66 ガラス強化グレードのウルトラミッド A 3 W 2 G シリーズを上市した。特殊な高耐処方により耐熱性を向上させた結果，190 ℃での長期耐熱性が PA 46 樹脂や PPA 樹脂と同等以

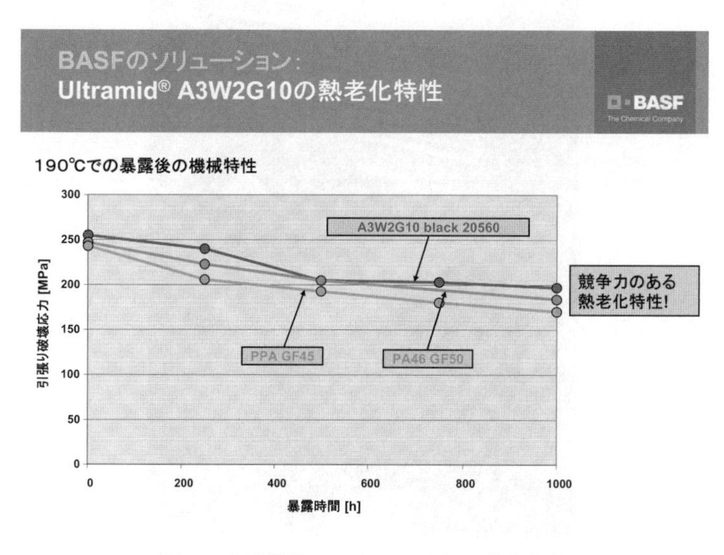

図3　高耐熱性 PA 66-GF 50 %の熱老化性

上の性能が得られている（図3）。また，短期の耐熱性に相当する弾性率の温度依存性を図4に示しているが，長期の耐熱性同様にPA 46とPPAに比較し同等の性能が得られている。

このウルトラミッドA3W2G10（ガラス繊維50％強化グレード）はターボディーゼルエンジン用インタークーラーのエンドキャップに採用された（図5）。

また，ポリアミド6樹脂は優れた成形外観を発揮しうることで，外観意匠部品にも採用されている。その最新例であるエンジンカバーを図6に示す。ウルトラミッドB3WGM 24 HP（PA 6

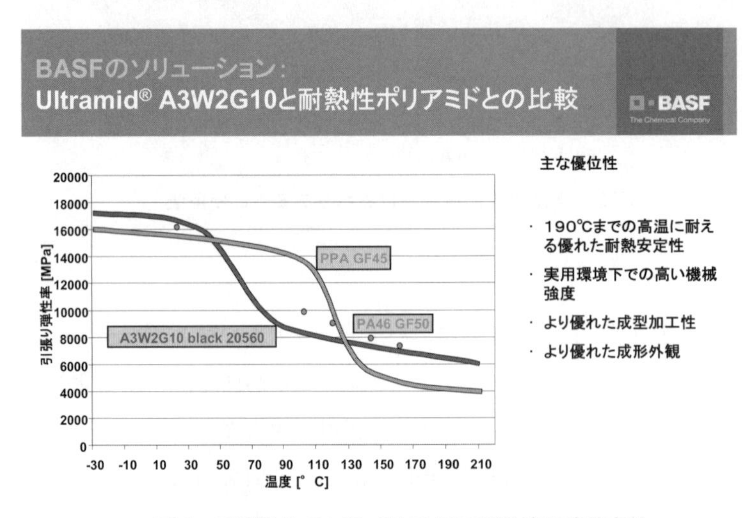

図4　高耐熱性PA 66-GF 50％の弾性率温度依存性

図5　ターボディーゼルエンジン用インタークーラーのエンドキャップに採用されたウルトラミッドA3W2G

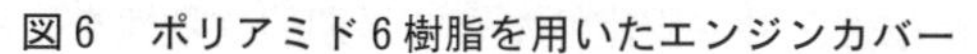
図6　ポリアミド6樹脂を用いたエンジンカバー

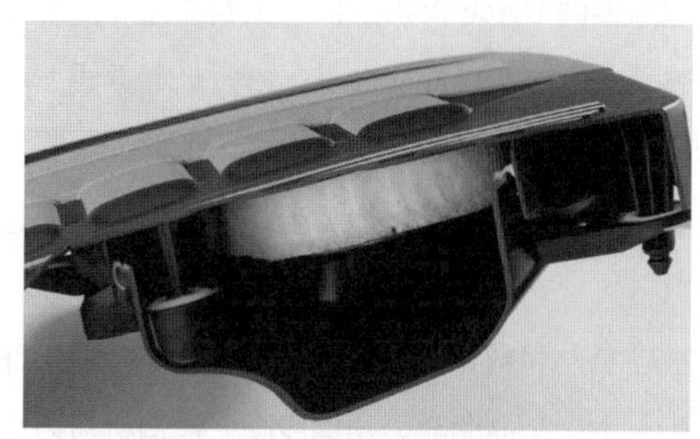

図7　エアーフィルターモジュール

GF 10 % MF 20 %）という，寸法安定性を向上させながら高外観・高流動性を達成した特殊グレードが採用された。図 7 に製品の断面を示しているが，エアーフィルターと一体性を持たせた構造となっている。本グレードの採用理由としては，先程の説明のとおりエンジンルーム内温度の高温化に対応することや優れた外観にあるが，更には遮音性，歩行者の衝突安全性も向上させた特殊な設計に対応している。

その他，衝突安全性能を高めながら金属代替で軽量化を達成した例としては，ロアーバンパースティフナー（図 8 ）があげられる。

素材としては耐衝撃性を向上させたグレードのウルトラミッド B 3 WG 6 CR（PA 6 GF 30 %）が採用された。ロアーバンパースティフナーは歩行者との衝突時に歩行者の膝のダメージを低減させるための部品で，ヨーロッパで導入された新たな歩行者保護の法律に照らし合わせ設計された部品である。この部品の開発に当たり BASF は材料の改良ばかりでなく，図 9 に示すような動的な衝突解析を含め様々な CAE 技術による設計支援を行った。その結果，当初予定されていた金属から樹脂への置き換えで 40 %の軽量化が達成できた。

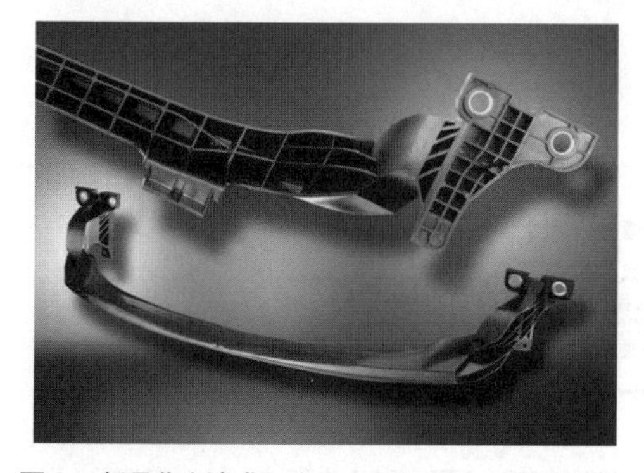

図8　軽量化を達成したロアーバンパースティフナー

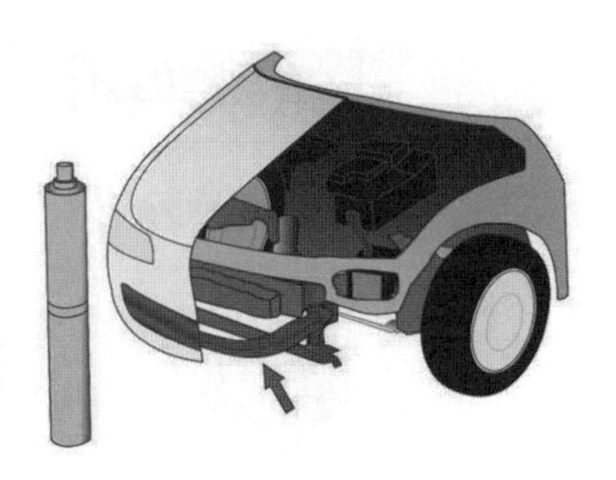

図9　動的解析例

2.3 BASF の開発支援

採用事例で示したように，金属部品の樹脂化はただ単に軽量化を達成するだけでは無く，樹脂の特長を生かした性能向上への貢献も重要となる。たとえば，エアーインテークマニホールドの樹脂化の例では，3％のエンジン性能が向上したという例もある。つまり，新規樹脂部品の開発においては，軽量化に加え製品性能の向上を達成するための，より高度な開発支援体制が必要とされる。

BASF が材料メーカーとして取り組む樹脂部品の開発支援における重要なポイントは，

① まず製品開発の初期段階で最適材料の提案が出来ること。つまり，予想される製品使用環境下での耐熱性・耐薬品性や強度・剛性・耐衝撃性・寸法安定性などの長期的信頼性を確保することの出来る材料が整っていることにある。

② 二つ目には樹脂の持つ特性を十分に引き出すために樹脂に合わせた製品設計の最適化の提案ができることと言える。そのためには個別のグレードの材料基礎データを豊富に蓄積し，実部品での実証試験との整合を取りながら，より精度の高いシミュレーション技術に進化発展させることが必要となる。

二つ目のシミュレーション技術に関し，BASF は流動解析と構造解析とを連成させて，より解析精度を高めたウルトラシム（Ultrasim™）という独自のシミュレーション技術を開発したので，その特徴について紹介する。

まず，樹脂成形品の開発で行われる一般的な CAE シミュレーションを図 10 に示す。

一般的な成形工程・金型設計支援の CAE としては，流動解析・そり解析等があり，金型設計の最適化としてゲート位置・ランナー形状・成形条件の最適化等を行い，製品形状としては流動

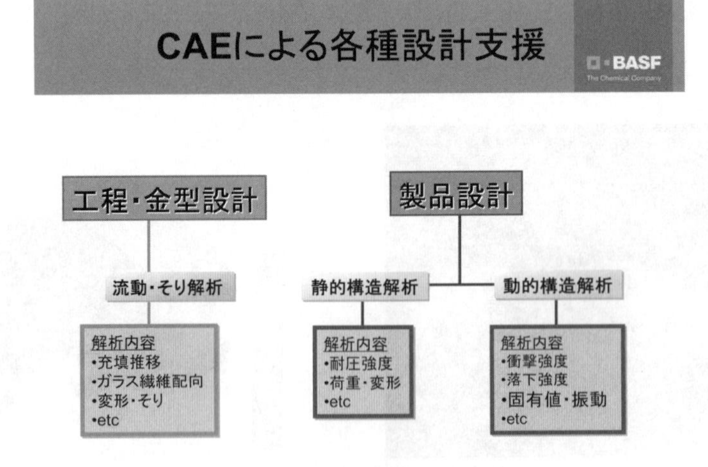

図10 CAE 支援による効果・開発期間の短縮。開発コストの低減。

性やそりに基づいたリブ形状や肉厚等の最適化を行う。

次に一般的な製品設計支援のCAEとしては構造解析があり，大きく分けて静的な構造解析と動的な構造解析を行うことが出来る。静的な解析ではインマニなどの耐圧強度解析，応力変位解析，シール部品のシール解析などを行い，動的解析では衝突・落下解析，固有振動・振動解析等を行っている。

それぞれの解析から得られる結果を元に，最適な製品形状の提案にフィードバックする作業は，解析結果の精度が低いほど多くの経験とノウハウが必要とされている。従来，構造解析で使用される材料データとしては一方向にだけガラス繊維が配向した引張試験の結果を採用していたので現実の製品の物理特性をCAEで予測する精度には難があった。

図11にはBASFが開発したウルトラシム（Ultrasim™）の特徴を示している。

左から

① ガラス繊維の配向度が成形時の金型内での流動方向や成形品の厚み方向に変化していることを構造解析に取り込んだ。

② 材料機械物性のひずみ速度の依存性を考慮した計算を行う。特に高速での破断試験データを動的解析に取り込んだ。

③ 引張りと圧縮の非対称性を考慮した構造解析を行う。

④ 材料モデルの破壊則として，樹脂マトリックスと繊維だけでなく，総合的な形状構成，繊維含有量，繊維配向方向・配向度なども材料モデルのパラメータに含まれている。

また，図12に示すように，従来の一般的な材料物性データベースに加えBASFが独自に追加測定した材料データを用いることと，流動解析と構造解析との連成解析により，飛躍的に高精度

図11　ウルトラシム（Ultrasim™）の機能

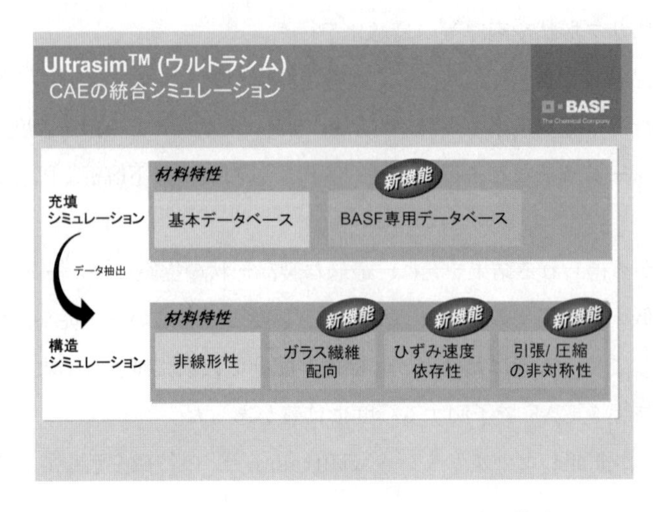

図12　ウルトラシム（Ultrasim™）の適用範囲

の解析結果が得られるようになった。

精度の高い解析により，開発プロセスの簡素化・開発期間の短縮に貢献することで総合的に開発コストの低減にも大きく寄与できるようになった。

2.4　おわりに

本稿ではポリアミドを中心とした採用事例を紹介したが，BASF のエンジニアリングプラスチックスのラインナップとしては，下記の豊富な材種を取り揃えている。

ウルトラミッド　：PA 6，PA 66，PA 6/66，PA 6/6 T

ウルトラデュアー：PBT，PBT/ASA，PBT/PET

ウルトラフォルム：POM

ウルトラゾン　　：PES，PSU，PPSU

ウルトラデュアー（PBT）は電装系部品に多く採用されているし，ウルトラフォルム（POM）は燃料系や内装ファスナー部品，ウルトラゾン（PES）はオイル機構部品やランプリフレクターなどに採用されている。この様に，多種多様の部品にエンジニアリングプラスチックスが採用拡大していくことで，自動車の軽量化・コストダウン・高機能化，更には自動車業界のイノベーションの創出にも大きく貢献していくものと確信している。

3　LFT-D（ダイレクト方式）による長繊維強化プラスチック部材の製造設備

阿部　徹*

3.1　はじめに

ドイツのプレスメーカー，ディーフェンバッハー社（所在地ドイツ国エッピンゲン）は，軽くて強い自動車部材の製造のため，フラウンホーファー化学技術研究所の協力を得て，GFRP成形工場の生産ラインを改良し，ガラス繊維連続糸と樹脂とを連続的にコンパウンドしながらプレスで圧縮成形する全自動設備を開発した。

3.2　LFT-D方式

これは，Long Fiber Reinforced Thermoplastic Direct In-Line Compound Technology，略してLFT-D ILCと呼ばれる長繊維強化熱可塑性樹脂ダイレクト・インライン・コンパウンド技術による製造設備であり，多くの国々の工場が採用し稼働している。図1に原料の供給から製品までの経路を示す。

従来のガラス繊維強化熱可塑性樹脂製品は，樹脂及び添加剤とガラス繊維を混練したシートやペレットなどの半製品を原料に用い，射出成形や押出成形によって製品化されるが，LFT-D法は成形工場に原料の樹脂，添加剤及びガラス繊維を供給し，これらを直接生産ラインに投入してコンパウンド化と製品の成形を連続して行う製造方法である。LFT-D法は，中間的な半製品の

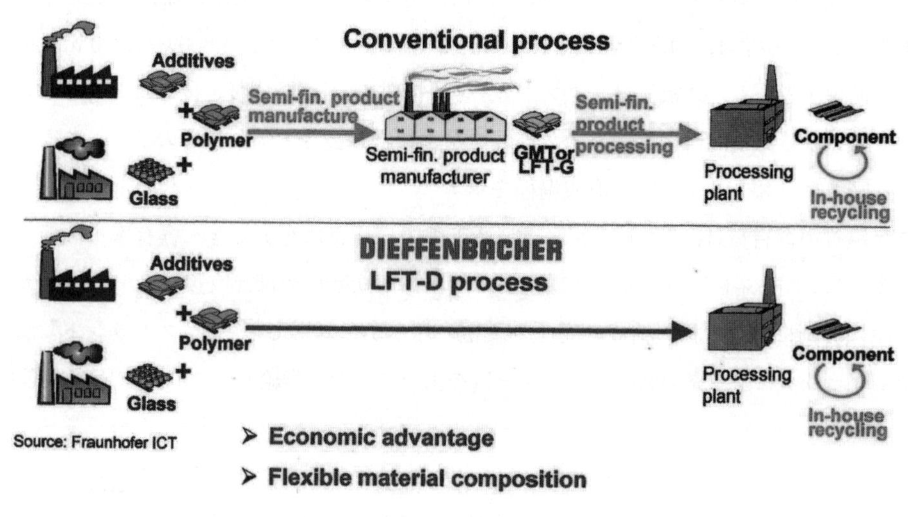

図1　従来法とディーフェンバッハーLFT-D法の製造工程
（出典：Dieffenbacher）

＊　Toru Abe　ディーフェンバッハー社　成形部門　コーディネーター

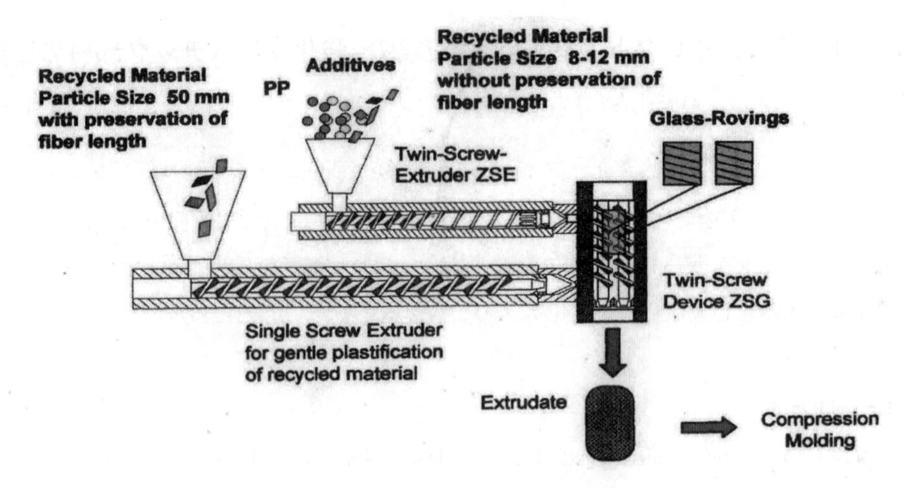

図2　LFT-D 法における原料の混合方法

製造コストを省き，半製品のハンドリングの手間も不要であり，経済性に優る製造方法である。図2にガラス繊維連続糸，樹脂，添加剤及びリサイクル原料の供給方式を示す。

ポリプロピレンと添加剤をツインスクリュー・エクストルーダー（図2 Twin-Screw Extruder ZSE）に投入し，コンパウンディングしたあと，熔融した高温のカーテン膜状の流れとなってツインスクリュー・ミキシング・エクストルーダー（図2 Twin-Screw Device ZSG）に導入する。ガラス繊維連続糸（ロービング）はZSGの入口部分から挿入し，樹脂，添加剤とガラス繊維を混合する。ガラス繊維は，通常2,400 g/1,000 m（2400テックス）及び4,800 g/1,000 m（4800テックス）を使用する。ガラス繊維はエクストルーダー出口部において所定長さに切断する。このようにして得られる原料混合物は，ダイスを経て金型に合う長さ・幅・厚さの“ストランド”に切断する。図3に“ストランド”の形成過程を示す[注)]。

ガラス繊維の含有量は，“ストランド”製造工程中に任意に変更でき，含有率を設定することができる。“ストランド”中のガラス繊維長は，出口部切断機の部品交換によって変更が可能であり，生産計画に応じて材料構成の変更や設定に速やかに対応できる。“ストランド”はコンベヤー上でロボットによる充填装置（ローダー）を用いて金型に供給し，プレスで圧縮成形した後，

注）日本工業規格 JIS R 3412 ガラスロービングでは「ロービングとはEガラスのストランド又はストランドを引きそろえたもの。通常は，円筒状に巻き取ったもの。なお，ストランドとはガラスの単繊維に集束剤を塗布し集束した，よりのないものをいう。」と定義されている。ここでは，樹脂を含浸したガラスロービングを所定の長さ・幅・厚さに切断したチップ状物をストランドと呼んでおり，混乱を避けるため“ストランド”と表記した。

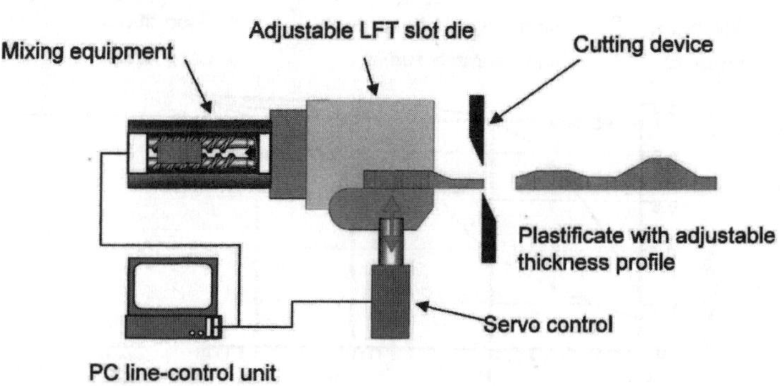

図 3　“ストランド”の形成過程

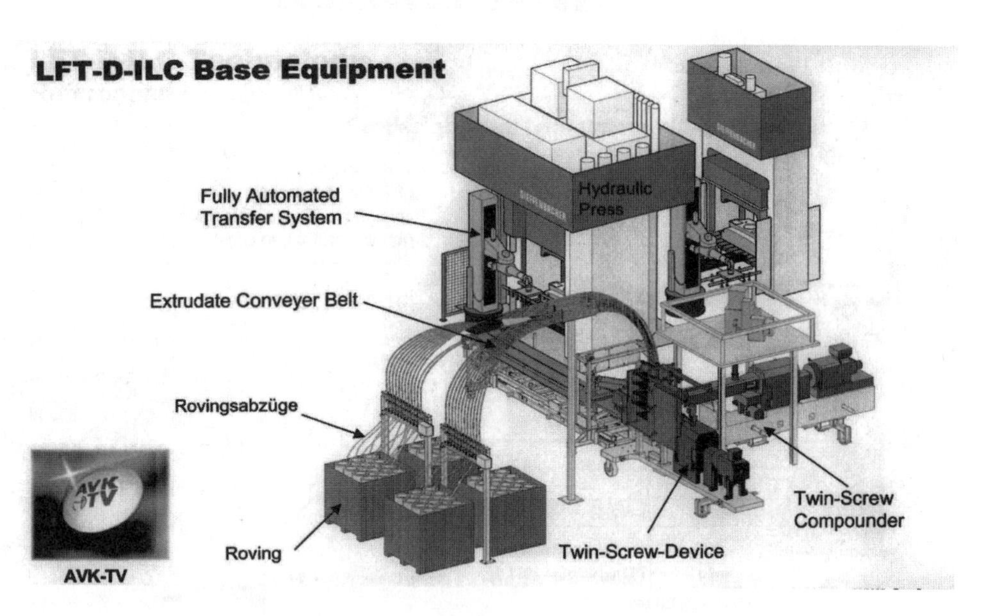

図 4　コンパウンディングから成形までの全自動制御製造ライン

金型から取出装置を用いて取出し，冷却部を経て次工程（例えばパンチングプレス）に送る。コンパウンディングから成形までの一連の全自動制御のラインを図 4 に示す。

3.3　繊維の長さ

また，図 5 に成形材料中のガラス繊維長さと成形品の強度性質－剛性・強度・耐衝撃性－の関係を示す。

LFT-D プロセスでは，図 6 に示す通りガラス繊維長が 10 ～ 50 mm 位であり，20 mm 以上の

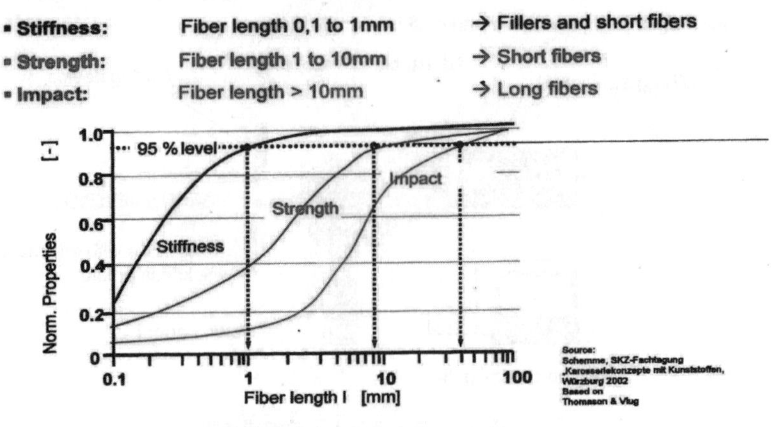

図5　繊維長分布と成形品強度性質の関係

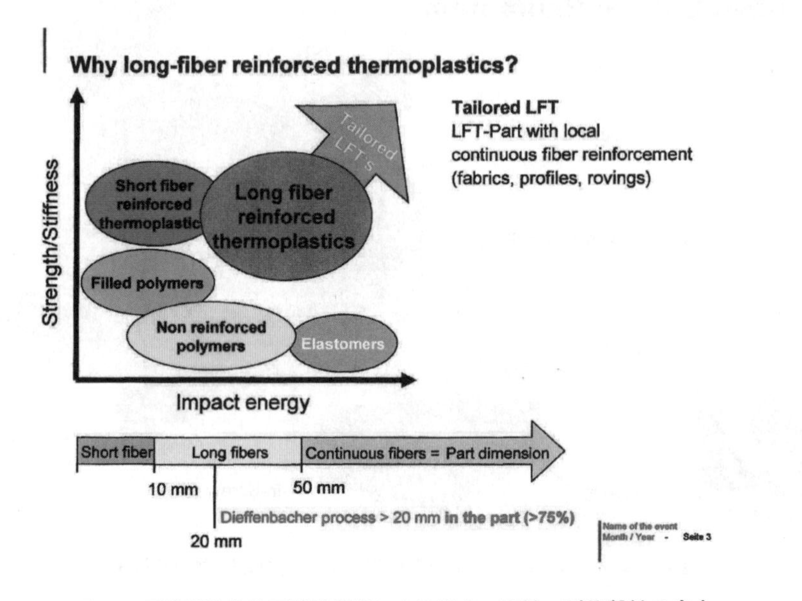

図6　長繊維強化熱可塑性樹脂による強さ・剛性・耐衝撃性の向上

繊維が75%以上を占めている。従来の製造方法の5～10 mmに比べ，長い繊維を多く含むところが特徴であり「長繊維強化」と称されている。

3.4　Tailored LFT-D

構造部材や強い力が局部的に加わる部材は，意図的にガラス長繊維織物やガラス長繊維糸を併用し，補強効果の発現によって要求を満足することが可能である。図7はLFT-D材の表層に織

Tailored LFT
Integrated improvement of structural performance
Adjustment of mechanical properties

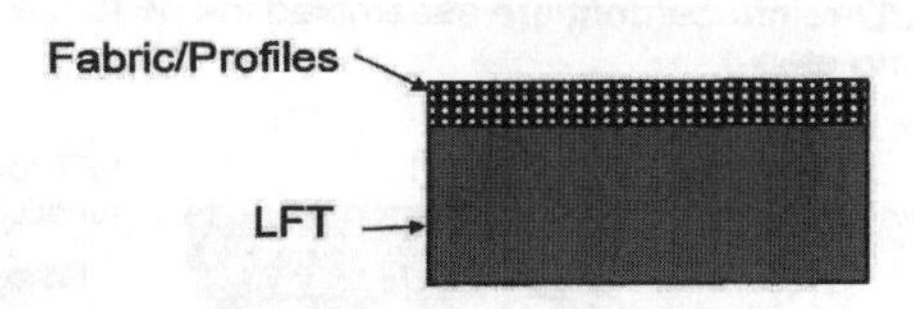

- **Important parameters are :**
  - Fiber orientation of each layer (fabric and LFT)
  - Positioning of continious rovings/profiles
  - Volume ratio of fabric/profiles and LFT (thickness of each layer/section)
  - Properties of each layer/section

図7　織物・糸束の併用による機械的性質向上－テーラードLFT

Tailored LFT
Development of the BMW E 46 front end structure

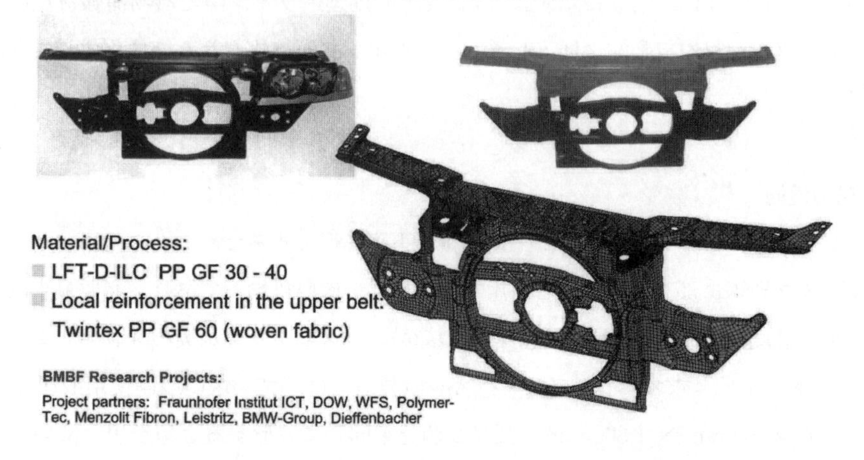

図8　BMWフロントエンドのガラス繊維織物局部補強の例

物層を重ねて補強した構造の例を示す。この場合，LFT-D材の製造工程において，ガラス短繊維“ストランド”の上に，層状に積層したガラス長繊維織物及びガラス長繊維束を配置し，次いで“ストランド”全体を圧縮することによって局部補強した“ストランド”を得ることができる。この方法は，必要最小限の範囲のみを対象に補強できるため，経済性に優っている。

図8のBMWとの共同開発によるフロントエンドは，LFT-D材PP GF 30-40（PPに対するガラス繊維重量比が30～40％）にPP GF 60織物（PPに対するガラス繊維織物重量比が60％）を部分的に組合せたテーラードLFT-D部材である。LFT-D材のみで製作すれば，その強度から見て重量3.75 kgが必要であったが，局部織物補強により機能が同一であって重量が30％軽

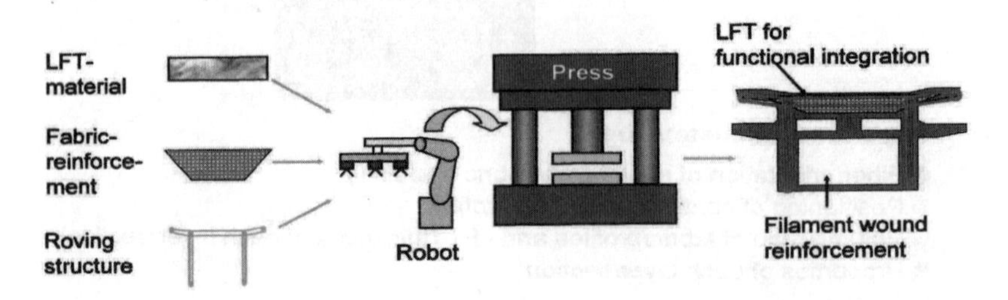

図9　テーラードLFTによるフロントキャリア製造コンセプト

減された例である。

テーラードLFT-Dは，図9に示すように，LFT-D製造ライン中で織物補強材及び予め賦形したロービング補強材を自動的に挿入し，プレスを用いて圧縮成形し，一体化することによって製造する。

3.5　設備の性能

プレスは液圧下押しプレスを用い，上盤の平行下降を保証するためアクティブ・パラレル・レベリング・システムによる精密制御を採用し，成形品の肉厚は均一であり，必要最小限の肉厚によって目的の強度が達成されるため，材料費の節減とコストダウンが実現されている。

生産例を挙げると，アンダーボデー・パネルの製造では，プレスの最高使用液圧30,000 kN，テーブル寸法2,100 mm × 1,800 mm，製品2個分を同時に成形する金型を用いている。他の例では，アンダーボデー・シールドについてPP 30 %GF（リサイクル材10 %含む），最高使用液圧21,000 kN，テーブル寸法2,100 mm × 1,800 mm，サイクルタイム25秒（金型2個取り）。フロント・アッセンブリー・キャリアーについてPP 40 % GF（リサイクル材30 %含む），サイクルタイム35秒（1個取り）などがある。図10にアンダーボデー・シールド製品例を示す。また，ヨーロッパにおけるアンダーボデー・シールド生産量の例を挙げると，稼働日数230日／年，3シフト勤務／日，7.5時間／1シフト勤務，稼働率95 %とすれば，成形サイクル時間25秒，1サイクル2個取りであり年間生産量は約1,350,000個となる。

図10　アンダーボデー・シールドの外観写真
（出典：Dieffenbacher）

3.6　おわりに

PP とガラス繊維から製造される長繊維強化熱可塑性樹脂製（LFT）自動車部品の適用部材別占有率を図 11 に示す。自動車部品として多くの品目に使用されている状況が分る。

米国における LFT の特徴を生かした用途としてゴルフ・キャディカーがある (図 12)。PP に

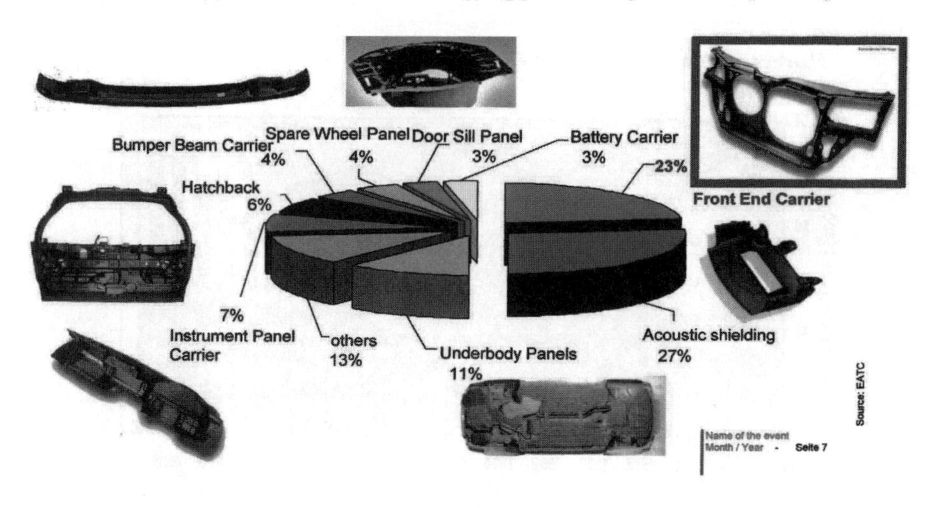

図11　ガラス長繊維強化熱可塑性樹脂（LFT）の自動車部品別使用割合
（出典： EATC）

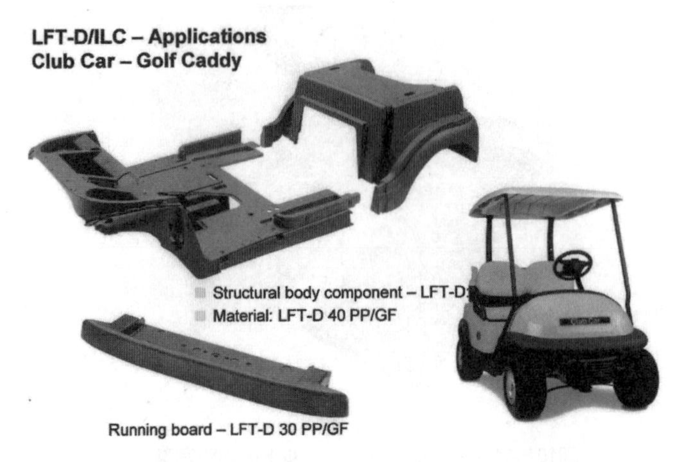

図12　ゴルフキャディカーへのLFTの応用例
（出典：Dieffenbacher）

GFを30％及び40％（重量比）配合した高強度品が構造部材として用いられている。

図13は，西ヨーロッパにおけるLFTの総生産量推移を示した図であり，この数年間にLFT-Dの生産量が急速に増加していることが顕著である（図13縦軸目盛は年間生産量1000トン単位)。

LFT-Dの製造方法は，①製品の特性が優れている，②新規用途への展開の可能性が大きい，③生産性が高い，④生産コスト低減の実現などにより，自動車軽量部材製造の分野で設備の納入実績が多く，本設備による生産量が急速に増加している。

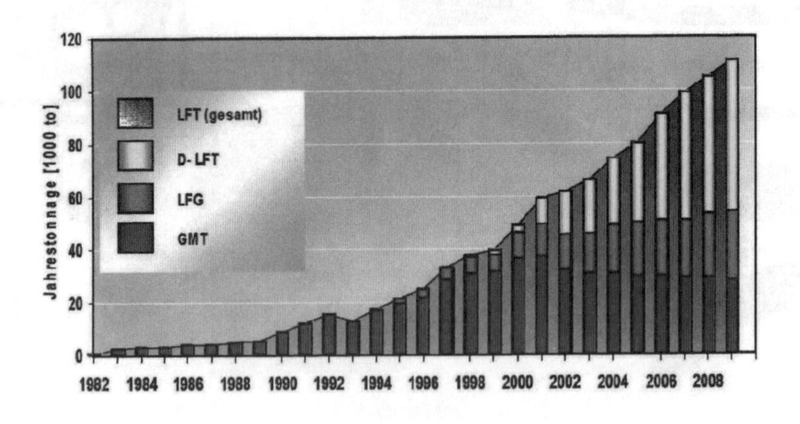

図13　西ヨーロッパにおけるLFTの生産量推移
（出典： AVK）

4　GMT技術の現況と用途展開の可能性

吉田智晃*

4.1　はじめに

GMT (Glass Mat reinforced Thermoplastics, ガラス長繊維マット強化熱可塑性樹脂シート）は，軽量でありながら，高い強度，剛性，耐クラッシュ性を有し，かつ量産性にも優れることから，自動車の構造，準構造部材として様々な部位に採用されている。最近では金属のみならず，LFTなど他のコンポジット材・工法も開発され，競争が激化している。これに対し，GMTの良さを生かしながら，より強く，より軽くを目指した材料開発を進めることで，用途の拡大につなげている。本稿では，GMT技術をベースとした様々な材料の特性とその用途，及び今後の可能性について述べる。

4.2　GMT

「金属に代わる自動車向け成形材料」を目指し開発されたGMTは，30年以上にわたり，多くの自動車部品（バッテリートレイやバンパービーム，オフロード車のアンダーカバーなど）の金属代替と軽量化に貢献してきた。GMTは，図1に示す構成のとおり，ランダムに振りまいたガラスの連続繊維及びチョップ繊維をニードルパンチしたガラス繊維マットに，熱可塑性樹脂（主にポリプロピレン）を含浸させたシート状の成形材料である。GMTの代表グレードの物性を表1に示す。GMTの最大の特徴は，強化材であるガラス繊維が，3次元にランダムに配向していることから，方向による物性差が出にくいこと，衝突によるエネルギーを効率よく吸収できること，寸法安定性に優れること，マトリックスにポリプロピレンを使っていることから，耐酸・耐

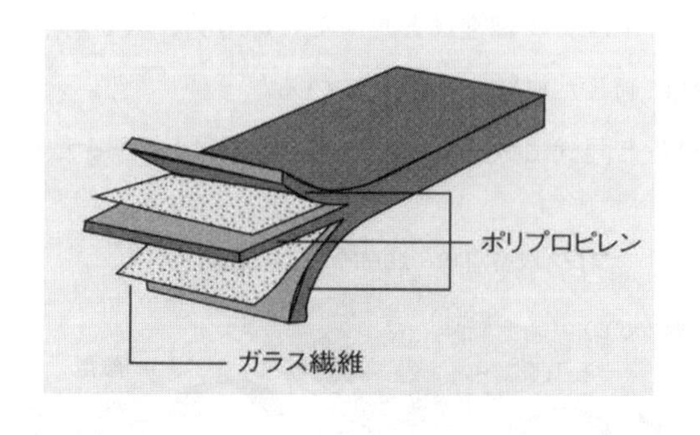

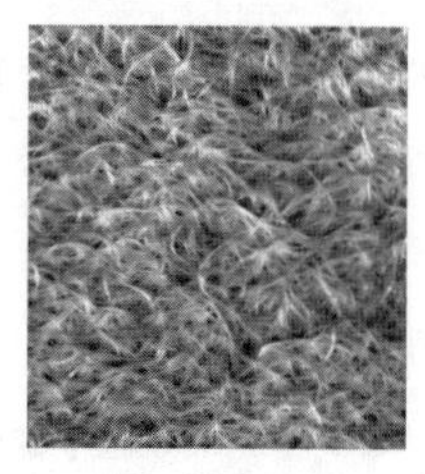

ガラス繊維マット

図1　GMTの材料構成

*　Tomoaki Yoshida　クオドラント・プラスチック・コンポジット・ジャパン㈱　営業・市場開発部　ヘッド

表1　GMTの物性

項　目	単　位	GMT		
		P 2038	P 3038	P 4038
GF 含有率	Wt %	20	30	40
引張強度	MPa	50	70	90
曲げ強度	MPa	110	135	155
曲げ弾性率	MPa	3400	4300	5300
衝撃強度（ノッチ付き）	J/m	500	700	900
熱変形温度（18.6 kgf/cm²）	℃	145	150	160

アルカリ性に優れることなどが挙げられる。

GMTの成形方法を図2に示す。製品の容積に合わせた材料（ブランク）を，遠赤外線若しくは熱風循環炉により200℃前後に加熱し，金型内に投入し，面圧10～20 MPaをかけ，スタンピング成形で形状を作る。GMT材料はガラス繊維とポリプロピレン樹脂が共に型内を流動，端部まで充てんさせた上で，冷却，固化される。そのため，型内での保持時間は60秒以内にすることが出来，量産性が高い。また，投入した材料が製品となるため，トリムロスなどが出ず，材料を最大限活用することが出来る。

4.3　GMTex

「より強いGMTを」のニーズにこたえ，開発されたのがGMTexである。これは，GMTに織物強化材を一体化させた成形材料である。GMTexは，最終製品の要求特性に応じ，図3にあるように織物の材質（ガラス繊維やポリエステル繊維など）やその織り方，及び織物を積層させる位置を変えることができ，それぞれに適した材料を提供している[1)]。

GMTexの成形は，図2にあるGMTと同様にスタンピング成形で形状を作るため，GMTと

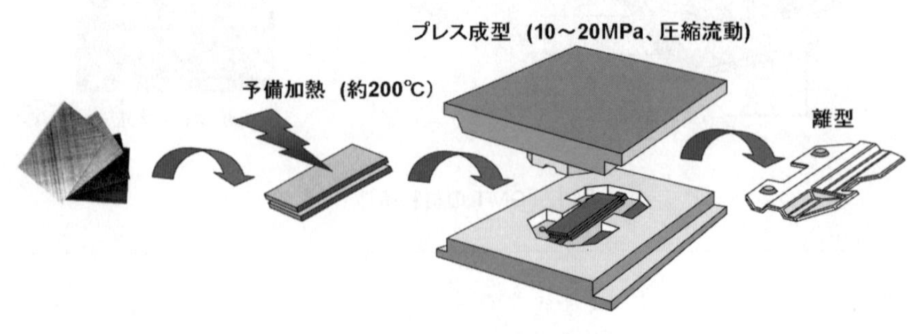

図2　GMTの成形方法

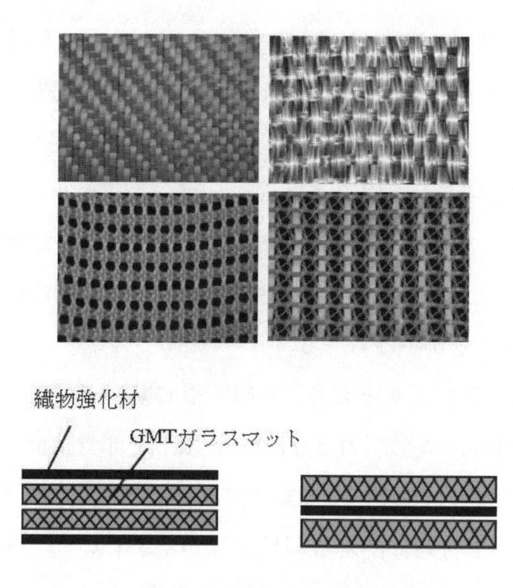

図3　GMTex の織物形態と積層構成の例

GMTex の同時成形が可能である。GMTex の織物は，材料（ブランク）を置いた場所に留まり，ガラスマット状の繊維が流動部に充てんされるため，補強させたい場所に材料を置き，使うことが出来る[1)]。

GMTex の登場により，従来，GMT に金属のブラケットを取り付けた製品を GMTex で一体化させた事例や，耐クラッシュ性や耐熱剛性の向上に繋がった事例もある。これらを図4に示す。今後は，更に強い GMTex の開発により，適用範囲の拡大を目指していく。

4.4 SymaLITE

一方で，「より軽いコンポジット材料を」のニーズにこたえ，開発されたのが SymaLITE で

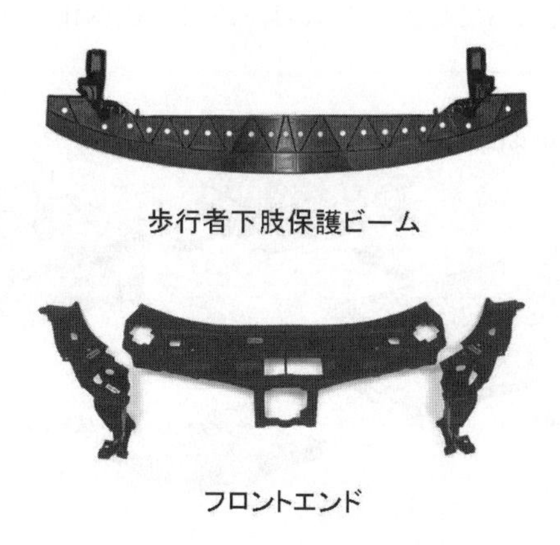

図4　GMTex の採用例

ある。SymaLITEは，GMT/GMTexと異なり，ガラスチョップ繊維と熱可塑性樹脂（ポリプロピレン）繊維をフィラメント状にしたフリースを基材にし，最終製品に応じた表面層（樹脂シートや不織布など）を持つコンポジット材料であり，製品の基材部分は，連続気泡を有する。特徴は，基材のガラス繊維長は，50 mm以上と長く，かつ，ニードルパンチにより3次元にランダムに配向していることから，加熱時の膨張が大きく，製品板厚の設定幅が大きい，形状の自由度，特に深絞り形状で繊維の絡みがほどけにくい，製品端部で，繊維が裂けにくいこと，また，連続気泡により，吸音性をもつことが挙げられる。

SymaLITEの成形法は図5に示すとおり，GMTやGMTex同様，予備加熱からスタンピングプレスにより成形されるが，成形圧力は0.5 MPa以下と非常に低く，低圧で大型製品を成形することが出来る。一方で材料は金型内で流動させないため，製品より大きな材料サイズが必要となる。したがって，材料を有効に使える製品設計が望ましい[2)]。SymaLITEは，内装基材のみならず，近年では図6にあるような一体型の軽量・吸音アンダーカバーにも広く採用されており，車体の軽量化と機能向上に貢献している。

4.5 GMTによる用途展開の可能性と課題点

GMTex，SymaLITEの材料開発は，欧州が先行して，サプライヤー及びエンドユーザーと共同で，用途開発を伴って積極的に行われてきた。その結果，図7に見られるように，車の様々な箇所に採用範囲が広がっている。勿論これらは，単なる材料置換ではなく，プラスチックコンポジット材料が持つ形状の自由度によるモジュール化，それによる後加工や組立工程の簡素化なども考慮され，結果，トータルコストの低減にも繋がっている。

金属からGMTへ置換えられた初期の用途では，強度，剛性や長期の使用を考慮し，十分な安全率を見越して設計される例が多いが，水平展開され，実績が積みあがるにしたがって，軽さと機能のバランスの取れた形となっていく。これは，設計の最適化もさることながら，新たなコン

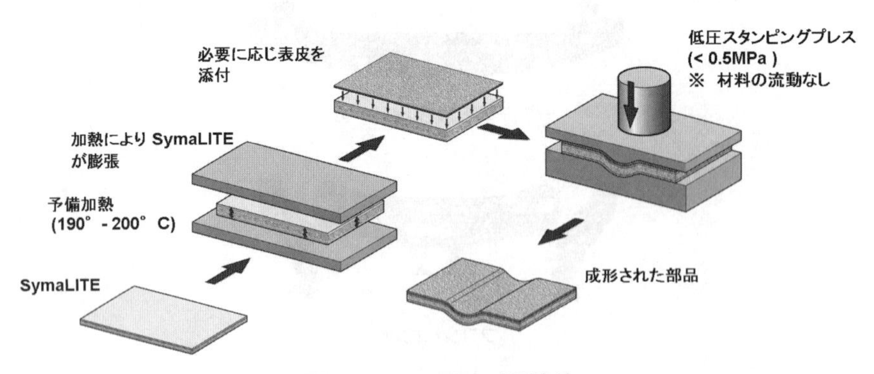

図5 SymaLITEの成形方法

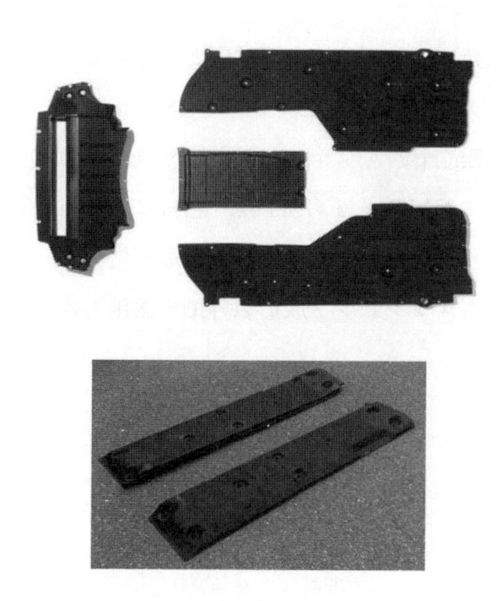

図6　SymaLITE の用途例

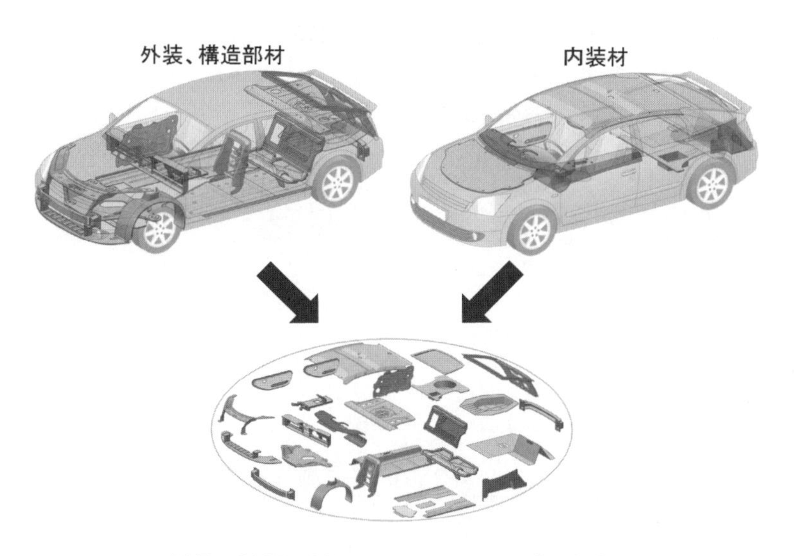

図7　GMT，GMTex，SymaLITE の適用部位

ポジット材料の開発，適用によるところも大きい。

一方で国内では，欧州をはじめ，諸外国の実例に対し高い関心を示すものの，新規性のある材料，製品の採用には，十分な実績を要する傾向にあった。しかし最近では，既存の手法で対応できる以上の大幅な軽量化のニーズが高まり，GMT をはじめ，コンポジットシートに対する見方にも変化があらわれつつある。採用を実現するには，ユーザーに対し，他のコンポジット材にない特徴を理解いただくのと共に，材料供給側では，対象製品の要求される特性を的確につかみ，必要に応じ材料の改良，開発につなげることが課題となる。

欧州では現在，GMT 及び GMTex にスチールコードをラミネートし，強度向上とエネルギー吸収特性を高めた EASI（Energy Absorption Safety Integrity）材や，板材として実用化されている MultiQ（表面層に GMT 又は GMTex，芯材に SymaLITE で構成されたサンドイッチパネル）の応用など，より高い特性を求められる構造部材をターゲットとした，新規材料の開発，また，加工法においてもスタンピング成形以外での適用も視野に入れた開発を進めて，その可能性をより広げていく。

文　　献

1） 西岡宏幸, B. Baser, 工業材料, **54**, No.7, 37-41（2006）
2） 吉田智晃, 強化プラスチックス, **54**, No.4, 172-175（2008）

5　樹脂バックドアモジュールの現状と展望

鈴木繁生*

自動車を取り巻く環境として，環境負荷低減を目的とした軽量化がますます求められている。樹脂バックドアモジュールは従来の鋼板製に比較し，軽量かつ造形自由度があり，組付部品を一体化することにより，生産性を向上できる特長をもつ。当社は，高強度，高剛性のガラス繊維強化熱可塑樹脂材料をプレス成形してなるインナーパネルと，外観に優れたエンジニアリングプラスチック製アウターパネルを接着剤で接合一体化したバックドアモジュールを国内で初めて開発し，2001年に量産化した。その後，さらなる軽量化および生産効率の向上を図るため，インナーパネルの成形工法を射出成形に転換するとともに，アウターパネルは汎用ポリプロピレン樹脂材料を採用し，2004年に量産を開始した。

5.1　はじめに

図1に車両重量と燃料消費率の関係を示す。車両重量が増加するとともに燃料消費率は悪化し，自動車メーカは軽量化による燃費向上と環境負荷低減，モジュール化を進めている。モジュール

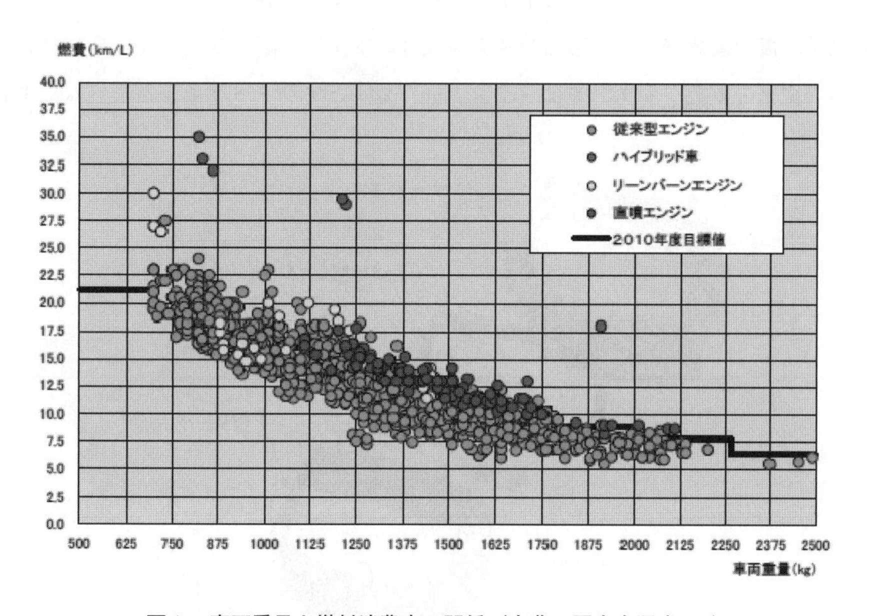

図1　車両重量と燃料消費率の関係（出典：国土交通省 HP）

*　Shigeo Suzuki　日立化成工業㈱　自動車部品事業部　車体系樹脂コンポーネンツ部門　開発部　主任技師

とは車を機能または構造ごとに分割し，個々の部品を組み付け一体化したものである。具体的にはインストルメントパネルのメータ類やエアコン等を組み付けたコックピットモジュール，ヘッドランプやラジエータサポート等を一体化したフロントエンドモジュール，バックドア本体とガラスおよびワイパーユニット等の機構部品を組み合わせたバックドアモジュール等がある。自動車メーカは，モジュール化によって，部品の統廃合による部品コスト低減，組立ラインの混合ライン化促進，部品メーカへの開発委託による先行開発への開発資源集中化が図れる。また，それを樹脂化と組み合わせることでさらなる部品統廃合による軽量化も狙いとしている。

当社でも，従来の鋼板バックドアに対して，軽量化，造形自由度の向上を目指して高強度，高剛性熱可塑樹脂を活用した樹脂バックドアモジュールの開発と量産化に取り組んできた。本稿では，バックドアモジュールに用いられているプラスチック材料について，国内で初めて量産開始した第一世代と，材料および工法を転換することによりさらなる軽量化および生産効率化を図った第二世代を比較しながら報告するとともに今後の動向について述べる。

5.2　樹脂バックドアモジュールにおけるプラスチック材料の構成

5.2.1　第一世代樹脂バックドアモジュール

図2に樹脂バックドアの基本構成を示す。バックドアには，高強度・高剛性の他に，疲労および振動耐久性，後面衝突安全性，冷熱サイクル後寸法安定性，耐クリープ性，高い外観品質等が要求される。従来の鋼板バックドアは，インナーパネルとアウターパネルとをヘム加工および溶

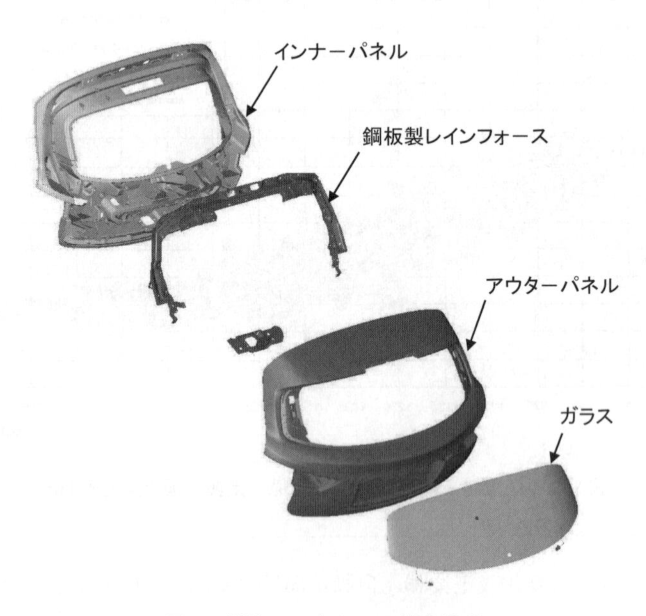

図2　樹脂バックドアの基本構成

表1　インナーパネル材の比較（比剛性及び比強度の高い材料ほど軽量になる）

材料名	比重	曲げ弾性率 GPa	曲げ強度 MPa	曲げ比剛性 $\sqrt[3]{MPa}$ /(kg/m^3)	曲げ比強度 MPa/(kg/m^3)
GMT	1.2	4.3	150	0.0136	0.125
SMC	1.85	10	170	0.0116	0.092
鋼板	7.9	210	－	0.0075	－

接によって接合一体化する構造で剛性およびその他要求性能を満足させていた。一方，樹脂バックドアでは，剛性および強度は基本的にインナーパネルで受け持つ設計構想とした。表1に示すように，第一世代のインナーパネルには従来は構造材として用いられてきたSMC（Sheet Molding Compound）よりさらに比剛性・比強度の高いGMT（Glass Mat Thermoplastics，ガラス長繊維強化のプレス成形材）を採用し，剛性の補完と後面衝突時のパネル分離防止の目的のために鋼板製レインフォースを採用した。

またアウターパネルには耐熱および外観品質に優れたPA/PPE（ポリアミドとポリフェニレンエーテルの非結晶性変成樹脂製射出成形材料）を採用した。両パネルの接合には接着剤を用いているが，インナーパネル材とアウターパネル材とでは線膨張係数が異なるため，ゴム弾性のあるウレタン系接着剤を使用して膨張差を吸収し，高低温雰囲気中で発生する変形を抑制するとともに両者間のシール性を確保する構造とした。

5.2.2　第二世代樹脂バックドアモジュール

第二世代バックドアモジュールの最大の特長は，インナーパネル材をGMTから同じガラス繊維含有率のLFT（Long Fiber Thermoplastics，ガラス繊維強化の射出成形材）に材料変更し，プレス成形から射出成形に工法転換したことである。

表2にGMTとLFTの主な特長の比較を示す。LFTの特長は，成形材料が安価である，製造

表2　LFTとGMTの主な特徴比較

項　目	LFT	GMT
材質	ガラス繊維強化PP	ガラス繊維強化PP
材料コスト	安<高	
工法	射出成形	プレス成形
成形サイクル	早>遅	
成形時の穴形成	可	不可
外観	良>悪	
強度・弾性率	＝	
衝撃強度・クリープ性	悪<良	
成形後の反り予測	可	不可

工数が低減できるなどの長所がある。図3に第一世代と第二世代のインナーパネルの製造工程比較を示す。成形工程については，GMTによるプレス成形よりLFTを用いた射出成形のほうが，材料投入時間を短縮でき，成形サイクルの短縮が図れるとともに，工法上成形バリの発生がなくなり，バリ取り工程を廃止できた。穴明け工程に関しても，射出成形化により成形と同時に穴形成が可能となり，穴明け工程を廃止または縮小することができた。また，GMTでは材料に含まれるガラス繊維が製品外観に悪影響をおよぼす現象が発生し，塗装および補修を行っていたが，LFTは外観に優れるため，塗装および補修工程の縮小が可能となった。また，第二世代の初期段階ではガラス繊維重量含有率を40％としていたが，最近のモデルでは構造最適化により同含有率を30％まで低減することが可能となった。アウター材にはバンパーフェイシア等に使用されている汎用PP（ポリプロピレン樹脂）を採用した。PPはPA/PPEに比べて安価，軽量，湿度による寸法変化がない等の長所があるが，曲げ弾性率が小さくなり剛性に劣る，修正困難な外観欠陥であるウエルドが出やすい等の短所がある。これらを改善するため，剛性についてはインナーパネル側に剛性を補助する構造を設け，ウエルドについては射出成形型のゲート点数とその配置，成形条件を最適化することで，ウエルドの発生を抑制した。

図4に開発，量産化した第一世代および第二世代バックドアモジュール搭載車両を，表3に各バックドアの軽量化効果を示す。車種によって異なるが，鋼板製バックドアモジュールに対して10～20％の軽量化を実現した。図5に示すが仮に車両重量を約20％軽量化することで，製造か

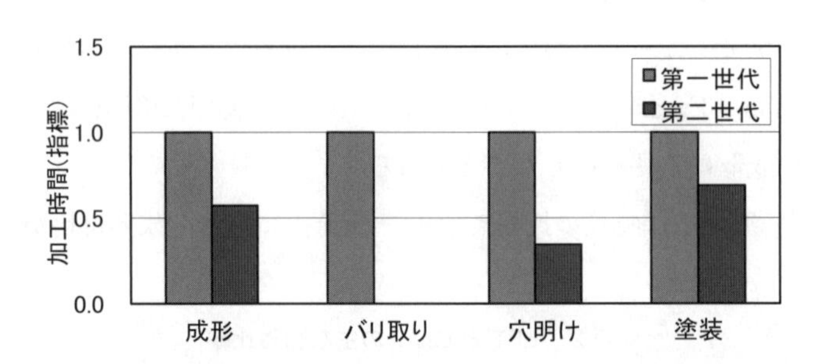

図3　第一世代と第二世代のインナーパネルの製造工程比較

図4　樹脂バックドアを搭載した車両

表3　樹脂バックドアモジュールの軽量化効果

項　　目	ムラーノ ('02 モデル)	Infiniti FX ('03 モデル)	ムラーノ ('07 モデル)	スカイライン クロスオーバー
発売時期	2002年	2003年	2007年	2009年
製品重量 (出荷重量)	32 kg	28 kg	28 kg	23 kg
鋼板製に対する 軽量効果	10 %	18 %	20 %	20 %

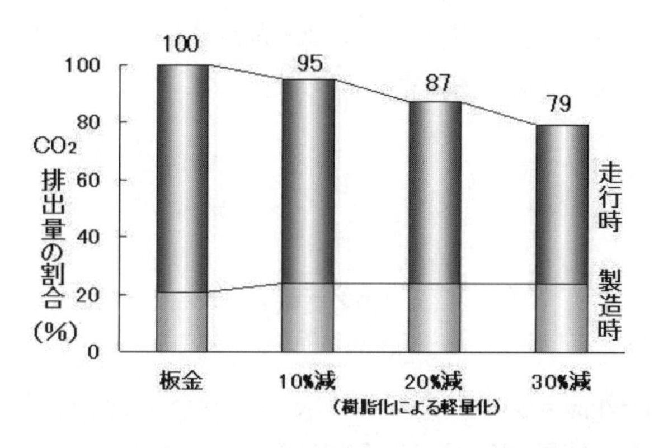

図5　ライフサイクル（製造～10万km走行時）でのCO_2削減効果（日立化成試算）

ら10万km走行時までのCO_2総排出量の約13 %低減が可能となる（当社試算値）。

5.3　今後の展開

前述の通り，樹脂バックドアにおいて当社では，インナーパネルの材料にガラス繊維強化プラスチックを採用し，その工法をプレス成形から射出成形化することで生産性の向上を，またアウターパネルについては汎用のプラスチックを採用することで軽量化を推進してきた。今後はさらなる軽量化を図るため，ガラス繊維に代わる補強材として炭素繊維を採用する検討も進んでいる。表4にLFTの補強材にガラス繊維を用いた場合と炭素繊維を用いた場合の特徴の比較を示す。炭素繊維はGMTやLFTに比べてより軽量化の期待される補強材であるとともに電波遮蔽性も有していることから，車室と外界の電波遮蔽などの機能とあわせ今後の拡大が期待される。自動車分野において炭素繊維を使用した部品は，現在レーシングカーや天然ガス車の燃料タンクなど一部に採用されているにとどまるが，これは材料コストが高価であることが一因である。炭素繊維の採用にあたっては材料コストとこれに見合った軽量化効果が必要となる。また，アウターパネルは現在，塗装により外観の色調，質感を確保しているが，欧州のスマートフォーツーのよう

表4　インナーパネル材の比較（比剛性及び比強度の高い材料ほど軽量になる）

材料名	比重	曲げ弾性率 GPa	曲げ強度 MPa	曲げ比剛性 $\sqrt[3]{MPa}$ /(kg/m^3)	曲げ比強度 MPa/(kg/m^3)
LFT (PP+CF 40%)	1.1	20	250	0.0246	0.227
LFT (PP+GF 30%)	1.1	5.5	150	0.0160	0.136
LFT (PP+GF 40%)	1.2	7.5	200	0.0163	0.167

CF：Carbon Fiber，GF：Glass Fiber

に外板パネルに着色化した材料を採用し，車体と同一の色調を確保しているケースも現れてきた。塗装コストの低減および製造工程で排出される CO_2 削減にも貢献が期待され，今後はアウターパネルに限らず外板パネルへの適用も検討していきたい。

参考文献

- 岩田輝彦ほか，日立化成テクニカルレポート No.44，P.22（2005.1）
- 岩田輝彦ほか，自動車技術，**61**，No.10，52（2007）

自動車軽量化と複合材料 《普及版》　(B1176)

2010年9月24日　初　版　第1刷発行
2016年9月8日　普及版　第1刷発行

監　修　金原　勲，松井醇一　Printed in Japan
発行者　辻　賢司
発行所　株式会社シーエムシー出版
東京都千代田区神田錦町 1-17-1
電話 03 (3293) 7066
大阪市中央区内平野町 1-3-12
電話 06 (4794) 8234
http://www.cmcbooks.co.jp/

〔印刷　株式会社遊文舎〕

ISBN978-4-7813-1118-0 C3043 ¥4000E